青春正能量

袁 宜◎编著

中国财富出版社

图书在版编目（CIP）数据

青春正能量／袁宜编著.—北京：中国财富出版社，2013.9（2014.7 重印）
ISBN 978-7-5047-4746-4

Ⅰ.①青…　Ⅱ.①袁…　Ⅲ.①成功心理—青年读物 ②成功心理—少年读物
Ⅳ.①B848.4-49

中国版本图书馆 CIP 数据核字（2013）第 153248 号

策划编辑	王秋萍	责任印制	方朋远
责任编辑	康书民　宋　宇	责任校对	梁　凡

出版发行	中国财富出版社（原中国物资出版社）		
社　　址	北京市丰台区南四环西路 188 号 5 区 20 楼	邮政编码	100070
电　　话	010-52227568（发行部）		010-52227588 转 307（总编室）
	010-68589540（读者服务部）		010-52227588 转 305（质检部）
网　　址	http：//www.cfpress.com.cn		
经　　销	新华书店		
印　　刷	北京京都六环印刷厂		
书　　号	ISBN 978-7-5047-4746-4/B·0364		
开　　本	710mm×1000mm　1/16	版　　次	2013 年 9 月第 1 版
印　　张	19.25	印　　次	2014 年 7 月第 2 次印刷
字　　数	314 千字	定　　价	32.80 元

青春

Qingchun

青春不是年华，而是心境；青春不是桃面、丹唇、柔膝，而是深沉的意志、恢宏的想象、炽热的感情；青春是生命的深泉涌流。

青春气贯长虹，勇锐盖过怯弱，进取压倒苟安。如此锐气，二十后生有之，六旬男子则更多见。年岁有加，并非垂老；理想丢弃，方堕暮年。

岁月悠悠，衰微只及肌肤；热忱抛却，颓唐必至灵魂。忧烦、惶恐、丧失自信，定使心灵扭曲，意气如灰。

无论年届花甲，抑或二八芳龄，心中皆有生命之欢乐，奇迹之诱惑，孩童般天真久盛不衰。

人的心灵应如浩淼瀚海，只有不断接纳美好、希望、欢乐、勇气和力量的百川，才能青春永驻、风华长存。

一旦心海枯竭，锐气便被冰雪覆盖，玩世不恭、自暴自弃油然而生，即便年方二十，实已垂垂老矣；然则只要虚怀若谷，让喜悦、达观、仁爱充盈其间，你就有望在八十高龄告别尘寰时仍觉年轻。

《青春》的作者翁缪尔·厄尔曼。

1840年生于德国，儿时随家人移居美国，参加过南北战争，之后定居伯明翰，经营五金杂货，年逾70开始写作。

《青春》一文，仅寥寥几百字，此文一出，不胫而走，以至代代相传。第二次世界大战期间，麦克阿瑟与日军角逐于太平洋时，将此文镶于镜框，摆在写字台上，以资自勉。

前言 Preface

趁年轻，去拼！去爱！去成功！

许多人喜欢匈牙利著名诗人裴多菲的诗篇《我愿是激流》：

我愿是一条激流，是山间的小河，穿过崎岖的道路，从山岩中间流过。只要我的爱人，是一条小鱼，在我的浪花里，愉快地游来游去；

我愿是一片荒林，坐落在河流两岸，我高声呼叫着，同暴风雨作战。只要我的爱人，是一只小鸟，停在枝头上鸣叫，在我的怀里作巢；

我愿是城堡的废墟，耸立在高山之巅，即使被轻易毁灭，我也毫不懊丧。只要我的爱人，是一根常青藤，绿色枝条恰似臂膀，沿着我的前额，攀援而上；

我愿是一所小草棚，在幽谷中隐藏，饱经风雨的打击，屋顶留下了创伤。只要我的爱人，是熊熊的烈火，在我的炉膛里，缓慢而欢快地闪烁；

我愿是一块云朵，是一面破碎的大旗，在旷野的上空，疲倦地傲然挺立。只要我的爱人，是黄昏的太阳，照耀着我苍白的脸，映出红色的光艳。

喜欢它，不单单因为它描述了美好的爱情，更是因为字里行间表现出的包容、牺牲精神以及青春的热忱，对爱人、对亲人、对朋友的热爱。诗句把人性中的美丽、青春的情愫、生命的悸动、岁月的美妙演绎得淋漓尽致。

对大多数人而言，青春是过往、是逝去、是一种百转千回的怀念，他们在怀念中，让青春变成了一种伤感。没有经历过的孩子们渴望着，他们将青春视为最美丽的幻想；正处于青春中的年轻人却不曾感受到青春的存在与踪影，无望地消磨着转瞬即逝的时光；只有那些真正经历过青春，并且再也回不去的人，才会真正意识到那些曾经握在手中此时又姗姗而去的日子。

青春是人生的重要组成，那些或甜蜜、或辛酸，或美好、或苦涩的故事，都在泪与笑之中慢慢沉淀下来，雕琢出我们各自不同的命运。在成长的岁月中体会那稍纵即逝的光阴，只有保持着追逐的脚步，一路向前，才会到达绚烂的高度。

有一部日本电影《娜娜》，描述的就是这样一群肆意绽放青春的年轻人。他们有斑斓的梦想，有美好的心愿，在青春的路途上努力追寻着自己的梦与未来。为了梦，有人放弃了爱情，在痛苦挣扎中仍坚定地前行；也有人为了爱情，放弃了理想，因为他们将爱情看做是青春岁月的全部意义。放弃也好，坚持也罢，他们在看似混沌的日子里挥霍着青春，但无一不是认定了心中的那片未来。他们旁若无人地从各自单薄的青春中走过，于磕磕绊绊中成长，但绝不回头，因为每一个人都还年轻。

“你好，我是NANA。”简练的语言，黑色的短发，烟熏般的眼线，鲜红的唇彩，所有张扬的词语组成了故事的主角：大崎娜娜。她就像是一朵在绚丽时刻独自绽放的莲花，那么纯洁与高贵。所有的人都在她飘落前离去，因为不忍看到她在东京雪地上像一朵艳丽的花瓣般凋零。

她倔强而又霸道，但内心深处却无比的脆弱。她永不服输，为了自己的梦想而舍弃了心心念念的爱情。在一个下着雪的冬天，她看着心爱的人离去而倒在雪地里哭泣，天地间只留下她那嫣红的衣角，在纯白的雪地上尤为刺眼。她像是一个固执的追逐者，在青春激昂的岁月中经历友情、爱情的无奈与辛酸，获得了无数年轻人的共鸣。

青春的路，充斥着甜蜜的笑与苦涩的泪，一路向前，永不停歇，我们都是打马扬鞭飞驰而过的追逐者。无论这条路前面通往哪里，沿途都刻画着我们年轻的身影与心路的历程。正因为青春的短暂，才在整个生命中凸显出来；正因为青春的无比珍贵，才让我们不想浪费一分一秒。

青春对于每个追逐者来说都该如此，不需要考虑太多，不需要迷茫不前，更不需要在有限的时间内望穿秋水。青春也许会迷失方向，但终究会找到通往繁华的蹊径。无论哪一种寻觅都强过停下来观望，无论哪一条路都会到达幸福的终点。尽管在旅途中有坎坷，有选择，有挂念，也有不舍，但最重要的还是有一颗为了寻梦而拼搏的心灵。

普希金在《大海》中豪迈地抒发了这样的胸臆——

> 大海的勇敢的水手，我多么羡慕你，生活在帆影下，在风涛里，直到年老。
>
> 已经花白了头，你是否早已寻到平静的港湾，享受一刻安恬的慰藉？
>
> 然而诱人的风浪，又把你喊叫。
>
> 伸过手来吧，我们心里有同样的渴望，让我们离开这过去的海岸，去漫游于遥远的天空，遥远的地方。
>
> 我在地面住厌了，渴求另一种自然，让我跨进你的领域吧，自由的海洋……

激情飞扬、热血沸腾、勇于去闯去拼永远都是年轻人证明自己存在过的词语。在这条遍布足迹的青春旅程上，不需要太多驻足与停留，也不需要频频地回首。生活永远有下一个目标，也永远有意料不到的惊喜，不管经历了多少挫折，不管前方的路是否坎坷，都不该丢弃那颗寻梦的心灵。当呼啸的风从耳边划过时，我们才了解了时光飞逝的全部意义；当青春的厚茧一层层被剥离时，我们才能看到最后那颗坚定的心灵以及心灵中蕴藏着的巨大能量。生命中再没有什么能阻挡前进的脚步，因为我们还很年轻。

青春是易逝的，年轻的时光对每个人只能历经一次。如果把青春华年比作一个时钟，我们年轻时所经历的每一件事，所走过的每一段人生旅程就是时钟上的指针，一分一秒地倒数，慢慢地流逝。

然而那些青葱岁月的流逝，抹不掉的是曾经扣动心弦的过往，有一天繁华落尽，凸显出来的是属于青春越来越深刻的印痕。我们应该学会让每一个毫无波澜的日子重新获得生机，让我们好好把握住一生中最动人的节奏，认真地对待青春中的每一天，珍惜每一次去奋斗的机会，去拼、去爱、去成功！青春这样走过，人生可以无悔。

年轻人，让我们用行动证明自己存在的意义，用坚定的足迹刻下每一段辉煌的历史，让生命迸发出最强大的正能量吧！

编　者

2013年6月

目录 Contents

青春第1季 谁的青春不迷茫

青春第2季 青春需要正能量：人生要活得出彩

青春第3季 成长比成功更重要

青春第4季 苦才是人生，痛才叫青春

青春第5季 干才是得到：年轻就要拼一把

青春第6季 伟大是熬出来的：年轻就是资本

青春第7季 孤独要趁好时光

慢慢来，一切都来得及

青春第8季

趁年轻，下班就去谈恋爱

青春第9季

青春第10季 在路上，为与最好的自己相遇

青春第11季 有一种幸福叫微幸福

青春第12季 慈悲是最高贵的生活方式

青春第❶季

谁的青春不迷茫

九把刀曾对年轻人说："成功之所以可贵在于失败概率实在是太高，我想鼓励大家好好地珍惜你手中那个关于梦想的礼物盒子。也许一开始你会觉得非常非常的不顺利，但是只要你真心真意对待手中的礼物，努力把它打开，不管看见的东西是什么，它一定会成为你拆到下一个礼物的动力。"

每一枚青涩的果子，都有一条漫长的成熟之路。青春路上有迷茫，有困厄，有欢笑也有泪水。面对青春的重重迷雾，只有勇敢、无悔地将它们一一穿过，才能在最后回首时，发现一切都是值得而动人的。唯此，我们终会在阳光洒落时，悄然成熟。

“我的青春，全部都是沈佳仪”

如果要评出一部从2011年一直火到2012年，引发空前的青春怀旧风的华语电影，那就非《那些年，我们一起追的女孩》莫属了。作为这部电影的编剧兼导演，九把刀被越来越多的年轻人所熟知。其实，在此之前，他已经是雄踞台湾畅销书排行榜榜首多年的著名作家，网络上还一度流传过这样一段话：“最惬意的生活就是：养最蠢的狗，交最贱的朋友，看周星驰的电影，听周杰伦的歌，看九把刀的小说。”

九把刀原名柯景腾，也就是《那些年，我们一起追的女孩》里男主角的人物原型，九把刀曾说过：“喜欢一个对的人，自己身上会放光！”也许，这就是他的小说和电影能如此打动我们的原因，也是他能凭着一腔热血战斗到今天的原因。

接下来，我们不妨一起去看看，九把刀究竟是怎样炼成的。那里面，也有我们自己的影子。

九把刀小时候十分喜欢画画，以至于每次上绘画课时，他的同班同学都会把画纸拿到他面前，让他帮忙构图、描边，这让学习成绩和运动都不行的九把刀找到了一种强烈的“存在感”。后来，九把刀不满足于帮同学画画，他开始以铁臂阿童木的形象为蓝本，自己创作漫画故事，久而久之，他的画成了班上的“班报”，在同学间广泛传阅，乐在其中的九把刀甚至从此立志当一个漫画家。

不出所料，后来九把刀顺利考上了精诚中学第一届美术资优班，这让从小学习成绩就不好的九把刀得意不已，他觉得：嗯，我就是要成为一个漫画家的！所以，之后不管是数学、化学还是历史、地理课，九把刀都在下面一个劲地画漫画。但是，直到有一天，他偶然看到隔壁班的一个同学画的漫画时，他才发现，原来有些东西是讲天分的，自己虽然很努力，但真的差太多了。这就像上帝给了你一个礼物，你开心地打开一看，原来里面什么都没有。

和其他人一样，九把刀也感到了失望、沮丧，甚至是愤怒，但他却并不遗憾，因为，那些画画的日子里，他收获的是满满的快乐。这就像最美的风景不在终点，而在旅途当中一样。

没过多久，上帝为九把刀送来了第二份礼物——沈佳仪。那时，老师为管住上课调皮的九把刀，便把沈佳仪调到了九把刀的后面“监督”他。结果，九把刀很快就被漂亮可爱的沈佳仪俘虏了，也就有了我们在电影里看到的一幕幕。

九把刀为了让沈佳仪看得上自己，便铁了心地埋头苦读，同时，他还有自己的小聪明，有时他会先把几道很难的数学题的解题过程背下来，然后再假装请教沈佳仪，等沈佳仪简单讲解了两句后，他再很随意地说：“哦，就是……就好了对吧？”然后看着沈佳仪惊讶的目光，九把刀就开心不已。后来他回忆这段过往时说道：“我们喜欢的女孩子真的容易让我们男生觉得自卑，自惭形秽。我们在喜欢的女孩子面前装腔作势，装得好像很聪明自在，其实只是在希望我们的自卑不要被发现。”

后来，成绩突飞猛进的九把刀终于如愿和沈佳仪一起直升精诚中学的高中部。然而，高中的生活还是和之前一样，九把刀每天就是学习、学习、学习，连下午放学后，他都要留下来陪沈佳仪自习到九点多。九把刀后来也说：“我的青春啊，就全部在努力用功读书，我的青春，全部都是沈佳仪。”

后来，高三毕业，沈佳仪在联考中意外失利，于是两人便上了不同的大学。再后来，两人本来进展不错的关系却因为九把刀的一次热血爆发戛然而止。那时，九把刀为了在沈佳仪面前显示自己的能力，便举办了一次“九刀杯”自由格斗比赛，当他满心欢喜地告诉沈佳仪自己在比赛中是如何英勇如何顽强时，换来的却是沈佳仪的一句：“柯景腾，你真的非常幼稚！”结果大吵一架之后，两人就没再联系了。

这是上帝给九把刀的第二件礼物，打开之后，好像还是什么都没有。

伤心难过之余，也发现自己因此空出了很多时间可以做自己喜欢做的事情，机缘巧合下，他开始写小说。没想到，虽然他从没有接受过任何文学训练，但他利用长期画漫画总结的独特的分镜感和叙述技巧，将自己闭上眼睛所看到的画面用文字翻译出来，再让读者据此去想象他脑中所看到的景象。这更好地释放了九把刀天马行空的想象力，所以他从1999年开始，一写就写到了今天。

当然，和所有励志故事一样，九把刀最初的小说创作道路并不平坦，虽然他的小说连载在网上很火，可一旦出版，真掏钱去买的人却寥寥无几。但他后来却十分感谢这段经历，因为这让他跟小说维持了很长一段没有金钱的关系，这也让他静下心来想清楚了自己是不是真的要把写小说当做自己一生的事业。他发现，自己在写小说时，是真的感受到了快乐，因此，不管有没有鲜花和掌声，他都愿意坚持下去，或者用他自己的话说："不是坚持，而是继续快乐下去。"

之后，九把刀的母亲突然病倒了，需要一笔庞大的医疗费，九把刀便更加发奋写小说赚稿费。那一年，他居然写了14本小说，其中包括广受欢迎的《猎命师传奇》第一集、《杀手系列》、《楼下的房客》和《少林寺第八铜人》等。后来，她的母亲在他的悉心照料下渐渐好了起来，他也渐渐在小说界崭露头角，战斗至今。

这时，他终于发现，上帝给他的这个叫做"小说家"的礼物打开后，里面一片灿烂。

青春，本就是生命赠与我们的最美的礼物。这个礼物也许又分成许多小礼物，只要我们耐心而开心地将他们一一打开，总有一天，我们会发现，过往的每一件礼物，都会成为今天成功的基石，就像九把刀曾对年轻人说到的："成功之所以可贵在于失败概率实在是太高，我想鼓励大家好好地珍惜你手中那个关于梦想的礼物盒子。也许一开始你会觉得非常非常的不顺利，但是只要你真心真意对待手中的礼物，努力把它打开，不管看见的东西是什么，它一定会成为你拆到下一个礼物的动力。"

致我们终将逝去的青春

2013年4月，电影《致我们终将逝去的青春》热播，引发了许多人对青春话题的极大思索。电影的剧情是：自喻为“玉面小飞龙”的郑微，洋溢着青春活力，心怀着对邻家哥哥——林静浓浓的爱意来到大学。可是当她联系林静的时候，却发现林静已经瞒着她出国了。生性豁达的她，埋藏起自己的爱情，享受大学时代的快乐生活，却意外地爱上同学校的陈孝正，板正、自闭而又敏感、自尊的陈孝正却在毕业的时候选择了出国放弃了郑微。几年后，林静和陈孝正都出现在郑微面前，而工作后的郑微也纠葛在工作、感情甚至阴谋之中。郑微感情的天平，会倾向于哪一个呢？

许多观影者，或多或少的都能在电影中找到自己的影子。

青春，是上天送给我们的最美丽的季节。青春，是最柔软也是最坚强的，我们已经失去的青春，只能留在记忆中慢慢回味，酸甜苦辣五味杂坛，伴着我们成长、成熟、老去，无数令人内心柔软的时刻，大多是在青春的梦里徘徊的时光。

曾几何时，那年夏天，有一种情感叫忧伤，有一种坚强叫伪装，有一种悲伤叫做被世界遗忘……

看着窗外的阳光，刺的眼微微发疼，半睁着眼遥看天空，却发现那是一个属于我的天堂，挥笔而下，描述一个感伤的青春，华丽的年华……

青春属于任何人，年华只给有情感的人。因为青春可以任你挥霍，但年华是你触及不到的渴望……

在青春里有种情感叫忧伤，在年华里有种逆境叫坚强。

我们心里的想法只有自己懂，你不要去渴望天涯海角的某一个角落会有人悄悄打开你的心房，忧伤掠过我们18岁的天空，而在那片湛蓝的天空下，哭泣、忧伤、遗忘、伪装……像一把把尖锐的刀刺进心房，形成无数绝望的伤疤。花季以后的我们学会用时间抚平伤疤，坚强地绽放自己的青春年华，寻找并渴望触及那从未到达过的天空。

但是谁又能了解，过去那些隐隐的痛却依然留在了心头，时间虽然可以抚平伤疤，但却永远抹不去烙印在伤疤上的痛。而那种痛，只有我懂。

青春的麻木，用年华来疗养。

伤痛过后的我们选择了麻木，内心的想法会逐渐滋长、发芽。这会和现实中的你不太一样吧！也许，这就是所谓的叛逆。

有时候叛逆才会体现一个真实的你，现实的人都太过虚伪，仿佛生命的跳动都是顺应着四季，周而复始，而生命里那唯一真实存在的灵魂，却被自己深深埋葬。

青春是一场多么华丽的葬礼，而年华始终是一场平平淡淡自导自演的花絮。

闭上眼睛，敞开心灵，试着忘记伤痛、忘记忧伤、忘记遗忘、孤独……忘记不该有的，收起用眼泪浇灌的伪装，种下坚强的种子，收获真实的果实，在这个被冷酷、现实摧残的世界里，打磨出尖锐的外壳，抵御一切用谎言编织的梦境，就在这样一个和青春对抗，与年华为伴的花季中，找寻一个真实的自己。

细心的网友为我们总结了小说《致我们终将逝去的青春》中的60句经典语录，其中不乏触动人心之语：

1. 在这个世界上，没有人真正可以对另一个人的伤痛感同身受。你万箭穿心，你痛不欲生，也仅仅是你一个人的事，别人也许会同情，也许会嗟叹，但永远不会清楚你的伤口究竟溃烂到何种境地。

2. 谁先爱了，谁就输了。

3. 一个人要是伤害了另一个他爱的人，绝对比被伤害那个更痛。

4. 月光再亮，终究冰凉。

5. 曾经我们都以为自己可以为爱情死，其实爱情死不了人，它只会在最疼的地方扎上一针，然后我们欲哭无泪，我们辗转反侧，我们久病成医，我们百炼成钢。你不是风儿，我也不是沙，再缠绵也到不了天涯，擦干了泪，明天早上，我们都要上班。

6. 别让我再等你，我怕我没有足够的勇气一直等在原地，更怕我们走着走着，就再也找不到对方了。

7. 我不可能一次又一次相信你，不可能。这世上没有谁会永远等谁，更没有谁会永远相信谁……曾看到一句话，相信你，就像相信我自己，可是当自己都不相信自己的时候呢……

8. 少年意气的时候我觉得有很多东西比感情更重要，后来才发现我们能记住的偏偏只是一些小的幸福。

9. 人和人之间的隔阂永远比默契更坚固。

10. 也许那句老话说得对，对于女人来说，爱情是生活的全部，但对于男人来说，那只是他的生活的一小部分，不管当初他给过怎样的承诺，在面临选择的时候，他们永远比女人现实而理性。在男人的世界里，女人其实只是一片点缀的白云，他偶尔会赞叹它的无暇和美好，也会对它留恋，但绝不会为了它而放弃浩瀚的天空。当然，还有更聪明一些的男人，可以踏着云彩叠成的阶梯一步登天，又或者在风雨来临之前，希望在云下得有片刻安身之地。

11. 在爱情里付出的心血和收获的幸福从来不成正比，越想去爱的人就越得不到爱。

12. 他即使有千般不好，万般辜负，毕竟是我爱过的人。

13. 上帝是智慧的，他让女孩的第一次在男人的入侵下感到不可抑制的疼痛，因为快乐是转瞬即逝的，唯有疼痛可以铭记于心，她可以忘记一个给予了她最强烈快乐的男人，却永远忘不了最初的那个人给她的疼。

14. 时间真是一副霸道的良药。得不到才会念想，送上门去他未必真的会要。功名利禄在手，就偶尔额搓叹往昔，有些人，要的也仅仅是念想而已。

15. 再好的过去，回忆的次数多了味道也就淡了。

16. 注定要失去的东西，失去了，也不过是早死早超生。

17. 看得见的伤口，迟早有一天会痊愈的。

18. 女人碰到什么样的男人都不要紧，就怕遇到了传说中的洋葱王子，你想要看到他的心，只有一层一层地剥掉他的外衣，在这个过程中他不断地让你流泪，最后才知道，原来洋葱根本就没有心。

19. 也许这才是成年人的感情，放在天平上小心计量，你给我几分，我还你多少。我们可以付出的东西是那么有限，再也经不起虚掷和挥霍，而年少时不计代价去爱的我们又到哪里去了？

20. 人世间的感情为什么不能像打地基一样，挖一个坑，就立一个桩，所有的坑都有它的那根桩，所有的桩也都能找到它的那个坑，没有失望，没有失败，没有遗恨，永不落空。

21. 她来过，她爱过，她努力过，得之是幸，不得是命。当然，年少时的我们如何会相信会有得不到的宿命。

22. 当年舟车劳顿只为与爱人片刻相依的她，一心只想把那份感情守成天长地久的她，可曾想到会有今天？爱着的时候，以为那个人就是自己的一生，谁料到一朝梦醒，就站在了另一个人的身边。

23. 任敌千变万化，我自岿然不动。

24. 郑微想，她毕竟比阿正幸福，不管是过去还是现在。因为她爱的时候没有保留，流泪的时候淋漓尽致，在这份感情里，她没有亏欠，她的爱是圆满的。正因为陈孝正给过玉面小飞龙跌宕起伏的爱，才让后来的郑微学会在平凡的幸福里甘之如饴。

25. 原谅她不能给他安慰，每个人最终都能自己舔着自己的伤口。

26. 我们一生里有可能遇到很多人，有时正好同路，就会在一起走一段，直到我们遇到了真正想要共度一生的那个人，才会把余下的旅途全部交给这个人，结伴一起到终点。

27. 万物守恒，所以一个聪明人一般都搭配一个傻子。

28. 郑微挠了挠头，想起他摇晃了一下的背影，嘿嘿地笑了，转而又认真地对阮阮说：“我这么急也是有道理的，我要是不说，他怎么会知道我喜欢上了他，他什么都不知道，我一个人想得肝肠寸断的多冤呐，怎么也得给他内心斗争一番，说不定他想着想着就走火入魔，也喜欢上我了。再不济，就算没有立刻喜欢上，他以后看我的心态肯定也不一样的，从前他看我，就是看一个普通的人，以后他再看我，就是看一个跟他有感情纠葛的人，多暧昧呀，这对于他这么个青春少男来说，绝对是有强大的心里冲击力的。再说了，我听黎维娟说，他身边是有个‘准女友’的，我估计他们两个也郎情妾意好一段时间了，不过都在玩矜持罢了，这种情况下我更不能等了，先下手为强，后下手遭殃，撑死胆大的，饿死胆小的，小说里不都这么写吗，越是这种纯洁朦胧的情愫就越脆弱，经不起一点儿风吹雨打，我要以我强有力的介入，将这段感情扼杀在萌芽阶段，打得他们从此天各一方，今生无望！”

29. 郑微想起了那个故事，出轨的男人死前把房子和遗产留给了妻儿，却把最爱的一片树叶赠给了他爱的女人。爱情的分量，也不过是一枚落叶和死后的尘灰。

30. 陈孝正艰难地反驳：“妈，你跟爸爸感情那么好，你应该知道有些人一辈子只能遇到一个。”

31. 为别人的故事流自己的眼泪。

32. 连他自己都不相信自己可以拥有，所以注定得不到。

33. 跟一个陌生的男人就这么过一辈子，我会认命。但如果那个人是你，我不甘心！

34. 是我的，就是我的，走了的，只能说明他从来就没有属于过我。

35. 总有一天会在他的心中插上我的五星红旗！

36. 醉笑陪公三万场，不用诉离觞。

37. 这个男人的语调永远是温和而矜持的，陈孝正不会忘记，当自己在某个午夜，看着这个男人怀抱着猫一步步走下她家的楼梯，然后笑着说：“听说陈助理的任命就要下来了，贵公司欧阳总经理对你厚望有加，你是聪明人，这个时候，为谁风露立中宵？”那个时候，陈孝正就知道自己手上已经没有了筹码。

38. 她重重地叹了口气，觉得自己跟他在一起应该有半辈子那么长了，原来不过是十三个月。她现在觉得，青春有什么用，她恨不得一夜之间跟他一同白头，顷刻就白发苍苍，到那时尘埃落定，一切都有了结局，便才是真正的天长地久，再也没有未知的未来和变故，再也没有任何人、任何事可以把他们分开。

39. 眼泪是无谓而徒劳的液体，流泪的人是愚蠢而可悲的。

40. “我吃了什么亏？谁拿枪逼着我了，别跟我唧唧歪歪地说吃亏，没谁逼良为娼，这事就图个你情我愿。我愿意傻，他愿意走，谁也不欠谁的……即使他走了，我那几年的快乐也不可能喂了狗。”

41. 但是，现在的她也知道，身在其外的人，又怎么能懂得别人的感情世界？

42. 对于自己的工作，郑微的总结便是以下内容：出差，领导未行我先行，看看道路平不平；吃饭，领导未尝我先尝，看看饭菜香不香；开会，领导未讲我先讲，看看话筒响不响。

43. 很久以后，当有人称赞已是资深员工的郑秘书为人精明谨慎，讲话做事滴水不漏时，郑微都在心里苦笑着感激李阿姨，感激那些给她上过一堂又一堂课的凉薄的人们，其实并不是这个世界变得丑陋，世界原本如此，不过是她往日太过痴傻，等她终于一觉醒来，心怀孤勇，不顾一切的小飞龙已消失在身后。

44. 这些年，我缝缝补补这段感情，始终不愿意离开他，那是因为我珍惜青春的时候最初最好的感情，现在才发现，这段感情从来就不是我想象中的样子。

45. 郑微一再地拒接，他一再地打来，时间长了，慢慢地电话也少了，终于归于沉寂，就像我们的一颗心，曾经火热地揣在胸膛里，滚烫得无处安放，急不可待地找人分享这温度，从没想过它也有一天会冷却，冷到我们只得自己环紧自己，小心翼翼，唯恐连这仅有的暖意也守不住 。

46. 她如何能不爱，感情不是水闸，说开就开，说关就关。那场感情，她豁出了自己，一丝余力也没有留下。而他是在她最快乐的时候骤然离开，中途没有争吵，没有冷战，没有给过她机会缓冲，让热情消散，如同一首歌，唱到了最酣畅处，戛然而止。

47. 他已经走得太远，而她不可能永远等在原地，也许他们真的就再也找不回对方，这些他早已知道，他只是后悔回头，就像登山者沿着一个注定的方向往上爬，途中多少苦都在意料之中，但是唯独不应该回头望，因为回头的那一瞬，他才惊觉自己身在悬崖。

48. 于是他的沉默便有了绝望而自弃的味道。

49. 痛苦只为无处言说。

50. 少年人的爱恋，也许爱情的方式是错的，然而爱情的直觉永远是对的。

51. 为什么我们总要到过了半生，总要等退无可退，才知道我们曾经亲手舍弃的东西，在后来的日子里再也遇不到了。那声声喘息也渐渐微弱，林静抬起脸，恰恰迎上林介州的视线，身前生后声名都可以抛却，连躯壳都可以抛却，只为回到最初的地方，这值得吗？如果这不值得，那什么又是值得？

52. 法律的存在有什么意义？她居然不能把这种男人判为死刑。我们希望负心的人不得好死，可是他偏偏活得好好的，短暂的伤痛过后，他还是会结婚生子，顺利老去。

53. 幸福就是求仁得仁。

54. 月亮只有一夕如环，夕夕长如玦，何况是人？那就一辈子吧，大多数女人都没有嫁给最刻骨铭心的那一个，她得到了林静，并非不爱，何须伤感？

55. 青春是有限的，不能在犹豫和观望中度过。

56. 爱情是足以焚身的烈火，不管是聪明人还是笨蛋，爱上了，都成了飞蛾。谁都知道飞过去会成为飞灰，但那又怎么样，百年之后，不管燃烧过与否，我们都将成为尘土。

57. 在时间和现实的夹缝里，青春和美丽一样，脆弱如风干的纸。

58. 喜悦出于巧合，眼泪何必固执。

59. 见鬼去吧，什么终将逝去的青春，我赌一次永恒！

60. 郑微在这一刻忽然感到释然，她彻底原谅了这个给过她辜负的男人，也原谅了自己年少时不问因由的爱。她曾经把最好的青春都灌溉在这个男人身上，用尽了笑和泪，让爱萌芽，虽然最终也没开出一朵花，可是这又有什么关系，即使没有陈孝正，郑微的青春也不会永垂不朽。正如故乡是用来怀念的，青春就是用来追忆的，当你怀揣着它时，它一文不值，只有将它耗尽后，再回过头看，一切才有了意义——爱过我们的人和伤害过我们的人，都是我们青春存在的意义。

电影的热播，唤起了人们心底关于青春的一切怀想，唤醒了那些或甜蜜或淡淡哀伤的记忆。青春，是一个永恒的话题，是一个时代的热点。不管是谁的青春，不论精彩抑或是平凡，不顾一切的追逐，追逐梦想的感动，追逐未来的刺激。追逐爱，追逐着自己的青春，这就足以为自己的青春抹上绚丽的一笔。青春，总有太多的人和事去追忆，就像追忆似水流年般；总有太多的曾经去感伤，以至于将往昔的酸楚都升华成心底最可口的甜。

一晃而过的青春留给我们太多的美好与遐思，也许还太年轻的我们总在挥霍着为数不多的青春，骑着单车呼啸而过，不管路人异样的眼光和他人的评论。也许，这就是青春，骄傲，张扬。

谁不曾有过对美好未来的完美勾勒？谁不曾有过对“执子之手，与子偕老”的无限憧憬？谁不曾有过“得一知己，今生足矣”的执着追寻？谁不曾有过那段放荡不羁的年少轻狂？那些美好的青葱岁月，到处是翠绿，到处是希望和生机。

青春，就是用来追忆的。当你怀揣着它时，它一文不值，只有将它耗尽后，回过头看，一切才有了意义。爱过我们的人和伤害过我们的人，都是我们青春存在的意义。青春的过往和点滴最终也只不过是年久失修的陈黄纸画，轻轻一碰，就碎飘于风中，化于无痕，想起是谁给了我们一刹那宠爱，却让我们用一辈子送他离开……在那个古老的不再回来的夏日，血色的夕阳，年轻的脸庞，温暖的笑容和背影……

青春是一本太过仓促的书，含着泪，我一读再读，翻开那发黄的扉页，早已模糊的字迹和笑容却会陪着我走过以后的岁月。没有开始没有结局，却让每个人都难以忘怀，只是青春，便足以回味！青春没有散场，更不会落幕。

别迷失在城市森林

无数年轻人都有着北漂的经历，也漂在上海、广州、成都这样的城市森林……但我们却从不会思考这样一个问题：城市，对我来说究竟意味着什么？

是一个熟悉的地名，是一条走了许多年的街道，还是一段回不去的时光？是父母的亲切叮咛，是朋友的欢声笑语，还是爱人的蜜语甜言？是每个早晨的车水马龙，是每个午后的昏昏沉沉，还是每个夜晚的灯火辉煌？是一个还没开始的梦想，还是一个已经破碎的愿望？

城市——这张五彩斑斓的蛛网上，谁也不知道自己究竟是幸运的蜘蛛还是倒霉的飞虫，唯一可以确定的是：我们的青春、热血和真诚，都将在一天天的觅食或被食里遗失殆尽……毕竟，微薄的薪水，干瘪的荷包，也许连一份“瘦瘦的幸福”都负担不起吧。难怪汪峰在《北京，北京》里苍凉地唱到：“人们在挣扎中相互告慰和拥抱，寻找着追逐着奄奄一息的碎梦。我们在这欢笑，我们在这哭泣，我们在这活着，也在这死去……北京，北京……”其实，岂止北京，哪座城市的大路上没有落满梦想的碎片和无声的叹息呢？

不过，城市里的梦想虽然过于昂贵，但生活中的温暖却俯拾皆是。家人的几句宽慰，朋友的几个拥抱，都能给予我们深深的慰藉和感动。遗憾的是，城市却似乎连这点安慰都不想留给我们，所以我们看到：那些在上班时侃侃而谈的人，回到家却疲惫懒言；那些在聚会应酬时笑容满面的人，面对亲友时却麻木冷淡。这些充斥在城市各个角落的“下班沉默症”患者，就像一座座冷漠的城市本身，只知道在炫目的霓虹灯里茫然地向前狂奔，却忽略了家里那盏最初也最暖的灯火。

只有当他们——其实也就是我们自己，终于在狂奔中力竭，颓然跌坐，蓦然发现父母的青丝已成白发，朋友的上次问候已是去年，甚至连身边的他或她都很少跟自己说话时，我们才会明白：对一些人来说，城市是一本通往幸福和成功的白皮书，但对剩下的大多数人来说，它却只是一张通往迷茫和孤独的地图。

悲伤之余，我们不禁要问：难道我们这一辈子，就要在这样的无奈里踽踽独行吗？这张通往迷茫的地图，是否还藏着其他隐秘的出口？

一个和我们一样普通的人——杨玲，也许能给我们一个不错的建议：

一个如往常一样无聊的周日午后，杨玲照例陷在沙发里看电视，当所有的台已经被她切换了三次以后，她终于有点意兴阑珊，便随手翻开了家庭相册。在看到一张与老公的合影时，她忍不住笑了出来：一米八的他肩上背着一个极不协调的女包——那个包自然是她的。笑到一半，杨玲却突然感到有些心疼，她想起两人第一次逛街的情景：见面，微笑，点头，还没握手，他就在第一时间把她手里的包接过去挂在自己肩上，似乎这是天经地义的事，当时杨玲就有一点小感动。

只是，结婚后，杨玲像所有白天忙于工作，晚上回家就往沙发或床上一瘫的白领一样，渐渐忘记了那些温暖岁月里的动人瞬间。更让此刻的杨玲感到惭愧的是，从那以后，只要两人在一起，所有的包都是他主动揽下，而她对此却只是习以为常，不再感动。也许，这也是“下班沉默症”的后遗症之一吧，让我们在不断的重复里，对幸福的嗅觉不再灵敏。

杨玲的“忏悔”并没有一闪即过，她静下心来，渐渐回忆起更多的甜蜜往昔……最后，她轻轻地擦干了泪水，找来纸笔，给老公写了一封浓情满满的信……

杨玲的爱情故事就像我们大部分人的生活一样，并没有什么惊天动地之处，有的只是无数细小却暖人的瞬间。但是人们往往只记得馥郁的鲜花和香浓的巧克力，却忽略了那些真诚的拥抱和不经意的搀扶。久而久之，我们就渐渐失去了感受幸福的能力。最后，当鲜花和巧克力都不再能让我们开心，当戒指和项链都不再能让我们满足时，我们还剩什么值得回忆一生?

不如让我们学学杨玲吧，用甜蜜的回忆将沉睡的心唤醒，再用懊恼的泪水将心头的冰冷融化。下班了，闲暇了，就忘掉捆缚我们的那张蛛网，扔掉拖拽我们的那张地图，把自己的一切，都交还给家人和朋友……

总之，别让良辰辜负美景，别让青春辜负流年，别让这颗心，辜负那些一直注视着你的眼睛……

这真的是我们想要的生活吗

许多时候，我们之所以过得按部就班，浑浑噩噩，只是缺少了一个醍醐灌顶的问题而已。现在，就让我们问问自己：如果就按今天这种方式生活下去，10年之后，你会是怎样?

电视里在放着最新的热播电视剧，这部打着“青春三部曲”终结篇旗号的《北京青年》一上来就让尹思洋感到有点别扭。那个整天喊着“重走一回青春”的何东在尹思洋眼里实在糟透了——玩弄女孩感情，耽误别人的青春去换取自己重走青春的资本，实在糟蹋了李晨这么淳朴的形象啊！尹思洋满心怨念地想着，电水壶的开关不合时宜地跳了起来，打乱了她的思路。热气瞬间腾满了这个不足十平方的出租屋，尹思洋泡上面，压上一本考研英语词汇，耐心地等着面熟。

沈芳倒是迷上了这部电视剧，每天回家都会追着看。她租的房子没有电视，每天只能上网看直播，有时候网速太慢，她就等到晚上11点之后网上有更新了再看。在那之前，她正好抢在同屋女生回来之前洗澡、洗衣服，有时候再煮个饭……每天充斥着各种琐碎的小事，但却显得不急不躁，也不知道她是想通了，还是日子过得麻木了。沈芳从小内向，不善与人沟通，也怕与陌生人打交道，于是她很羡慕那些八面玲珑的女孩，也很羡慕那些活得很主动很积极的人，所以她喜欢看《北京青年》这样的电视剧，喜欢何东那样人。

尹思洋和沈芳没有关系，非要说出点关系来的话，她们都是首都的异乡人，都要面临一年一度甚至两三度的满京城找房子租的麻烦，都在早晚高峰最繁忙的地铁上丢过手机、钱包、发卡等一系列东西。她们有可能在哪个地下通道听过同一个歌手唱歌，也可能没有；她们可能在公交车上面对面坐过，暗自评价了对方的穿着和发型，也可能没有；她们甚至可能在赶集网上买过对方的二手物品，也可能没有……总之，在这个平淡的故事里，尹思洋和沈芳并没有直接的关系，她们只是这个偌大的城市里，两只被人潮裹挟着前行，无法停留的微不足道的小蚂蚁。

尹思洋边工作边准备考研，她有一份马马虎虎的工作，但这同时也带来一个问题，就是不能安心准备考研，她已经考了两年了，第一年英语不达线，第二年拼命学英语，结果总分又不够。其实也难怪，虽说工作不算辛苦，但每天至少朝九晚五，每个星期至少去一次超市扫两次地洗三次衣服，有时候手头紧了还得自己做饭……尹思洋也想过一门心思考研，但她特别害怕像打赌一样把宝押在一件事情上，万一还是没考上这一年就等于完全白费了。直接工作放弃考研的话尹思洋又咽不下那口气，当初是自己信誓旦旦向父母承诺一定要考研的，就这么放弃，心有不甘。总之，这就像她对那些电视剧的态度一样，虽然看不上那些人，自己却也不会作出更好的选择。

沈芳没这么多复杂的选择，她就是个普通的打工妹，每天坐在柜台后面上货、取货，工作简单，也很单调。一个人在北京总有点磕磕绊绊，有几次特别不想再干下去的时候，回头一想也就罢了——自己又没什么学历，在家乡工作拿的钱不如这里的一半，除了早早嫁人就没有出路了，再说在这也待了两年多了。其实，这些事情说来琐碎，真的去经历了也就那样。沈芳还是个很大大咧咧的女生，按时上班下班，看喜欢的综艺和电视剧，会憧憬电视剧里的情节，挺平常一个姑娘，和你我，和你我的朋友，没什么两样。

只是，偶尔被一些事情触动了，沈芳也会显得有点不那么淡定了。这不，每天看着电视里姑娘小伙过得那么多姿多彩，她还挺动心的，恰好那两天隔壁姑娘攒了一万元钱，请了半个月假跟男朋友去了梦寐以求的西藏，这更让沈芳觉得自己的生活太无趣了。尹思洋最近也有点想法，也是被那电视剧闹的，尹思洋倒不是憧憬什么“重走青春”，她只是为自己感慨。她很清楚自己也迷失了，当年在学校里的时候她也是一个挺明白的姑娘，没有为了学分为了奖学金拼死拼活，也没有像有些人一头扎进网游的世界里出不来的，整个大学挺轻松也挺充实的，完全在自己的掌控之中。现如今却完全不是这样了，生活不能自己掌握，未来的方向不敢明确选择，偶尔还得为生活发愁。

尹思洋和沈芳那几天都没睡好，沈芳想跟电视剧里一样出去看看走走，尹思洋则在想要不要回老家去找份长久的工作，跟考研、北漂这样的生活一刀两断。在那期间，她们还是每天穿梭在地铁上，上班下班，洗衣做饭。

最后，她俩并没有做出什么让人眼前一亮的选择。尹思洋还是接着考研，沈芳也没有辞职，因为这不是电视剧，而是我们真实的生活。这样的“真实”，也许10年、20年之后，依然不会有任何改变，虽然那时尹思洋和沈芳可能都已经做到了主管的位置，但不变的是，她们依然不会选择任何主动的改变。可悲的是，对我们大部分人来说，这就是生活……

在这个略显平淡的故事里，我们也许会觉得意兴阑珊，其实，故事里的主人公何尝不是这么觉得？因为一部电视剧，内心产生一些波澜，等电视剧结束了，波澜也许就在每日重复的平淡中不兴了……然后，再等待另一部剧，刺激自己其他的心绪……电视剧不断开始又结束，生活却只能选择平淡地继续。

也许，我们都忘了认真地问问自己：这真的是我们想要的生活吗？难道我就真的无从选择？即使答案是消极的，我们也可以换个方式去问问自己：10年之后，我是不是还是这样压抑和不快乐？想到那样的场景，难道我们不会感到恐惧吗？也许就像那句古老的谚语：“要想翻过一座高墙，就先把自己的帽子扔过去。”等我们真的明白了，自己无法承受那样可怕的结果，必须做出一些或大或小的改变时，那我们的青春，也许真的会开始变得与众不同。

不妥协是青春特有的底色

前段时间网上有段广告词在年轻人群体里广为流传，聚美优品的CEO陈欧用几句令人热血沸腾的话语宣告了“为自己代言”时代的到来：“你只闻到我的香水，却没看到我的汗水；你有你的规则，我有我的选择；你否定我的现在，我决定我的未来；你嘲笑我一无所有不配去爱，我可怜你总是等待；你可以轻视我们的年轻，我们会证明这是谁的时代。梦想，是注定孤独的旅行，路上少不了质疑和嘲笑，但，那又怎样？哪怕遍体鳞伤，也要活得漂亮。我是陈欧，我为自己代言。”

的确，能够定义生命的，只有青春；能够定义青春的，只有你自己！不妥协就是青春洗不去的底色，每个年轻人都可以为自己的青春，为自己的生命代言！

杜琪峰曾经导演了一部短片，讲述了五个“一无是处”的年轻人的故事，故事里的五个主人公并没有具体的名字，其实，这五个人可能就是我们在街上随处可见的他和她，或者就是我们自己。但为了方便叙述，我们就以演员的名字代称好了：

阿希是一个快递员，每天背着一大袋东西，走街串巷，有时因为路上太堵，货物送迟了，免不了要受到客户的一通责骂。

阿豪是一个运动鞋品牌店的营业员，由于人手不够，他常常要在隔着一条街的两家店之间来回穿梭取货，往往刚刚气喘吁吁地把一款鞋拿过来，顾客已经走了。

阿乐是一个小厨师，每天跟在老厨师后面打下手，由于新厨师很多，老厨师来不及一个个教，只能在每次做菜前大喊一声：“谁有空？我教你炒个菜！”只是，嘴笨的阿乐每次都被人抢了先。

阿伦是一个保险推销员，每天的工作就是四处拉保险，当然，与老客户吃饭、应酬，维持良好关系也是他每天的必修课。只是，这样的应酬往往只是被客户又蹭吃了一顿而已。这不，刚刚跟一个客户吃完饭，另一个客户就打电话过来说“明年我不想续保了”，害得他又是一顿好哄。

日子一天天这么既忙碌又空虚地过着，有时连他们自己也不知道自己是谁了。

这天，送快递迷路的阿希、气喘吁吁地拎着鞋盒的阿豪、拿着大垃圾袋的阿乐和从酒吧垂头丧气着走出来的阿伦相遇在了街角，他们的眼睛同时被一个巨大的广告牌所吸引：“环市自行车赛即将开始，欢迎报名！”四个人驻足半晌，才突然发现了彼此，他们在彼此的眼神里看到了自己，也看到不甘！他们纷纷用力地扔下了手中的东西，仿佛想和这碌碌无为的生活来一个决然的了断！他们没注意到，就在他们下定决心的时候，一个站在街角默默发着传单的年轻人眼里闪过了一丝微光。

第二天，一个新的自行车队成立了，他们四人居然纷纷辞了工作，重拾小时候的梦想——骑车。于是，他们开始了刻苦的训练，每天沿着公路一圈圈地练习，只为将成绩提高几秒……他们自我激励，也彼此鼓励，每天累得要死，却十分充实。而在他们训练的时候，那个曾站在街角的年轻人总是远远地看着他们，眼里满是希冀。

很快，比赛的日子到了。当然，这并不是拙劣的励志故事，几个新手匆匆训练了一阵就能战胜职业选手。他们拼尽全力也只保持在队伍的中游，但他们每个人脸上都洋溢着一种热烈和执着，仿佛一种新的生活已经在面前徐徐展开，他们要做的就是不断向前，向前，向前！

在最后一段冲刺里，他们都听到了自己内心的声音：

阿希：“一秒的进步是许多天的汗水换来的，我会再去进修，希望自己能变得更好！”

阿豪：“我相信我已经找了自己想要的生活，只是还没想好，是要先去跳伞，爬山，还是冲浪！”

阿乐：“能够和志同道合的朋友完成挑战，实在是个愉快的经验，我会永远记得！”

阿伦：“小时候很爱骑自行车，到现在原来这样的感觉还在！终点就在眼前了，我知道，以后这样的冲刺机会还有很多！”

然而，就在终点前十几米，前面一个选手摔倒了，他们四人没来得及避让，也纷纷摔倒在地，但他们并没有放弃，他们扛起摔坏的自行车向终点跑去，在到达终点的一刹那，他们仿佛冠军一样，开心地呼喊着，四周也响起了热烈的掌声……

故事并没有结束，那个一直在远远观察他们的年轻人，在看到他们在车中的坚持和快乐后，默默地来到了路边，他脱去外套，里面居然是专业的自行车服，但当掀起右腿裤脚的时候，我们蓦然发现：原来那是一只假肢！

他安静地把假肢卸了下来，跳着孤零零的左脚，推起了路边的自行车，他用手调整好脚踏的位置，试着一只脚去骑车，但还没坐稳就跌倒了……就这样，他不断跌倒，又爬起，直到终于可以磕磕绊绊地骑行，慢慢远去……

影片并没有交代最后那个年轻人的故事，也许，他曾是一名职业车手，却在意外中不幸丧失了一条腿。本来他觉得和自行车已经不再有任何联系，但看到那四个可笑而执着的家伙，居然不甘于自己的一无是处，在骑车里获得了新生，他也忍不住怀念起骑车的快乐。于是，用一条腿，重新上路……

青春就是这样，别说是工作上碌碌无为的普通人，就算是身体上有所损伤的残疾人，都没有必要给自己贴上“一无是处”的标签。青春许给我们的，就是执着、热烈和不妥协！也许，就像影片最后的字幕所言：“只要不断挑战自己，大胆创造出自己想要的生活，生命就会更有意义！”

穿过青春的迷雾，我们终会成熟

每一枚青涩的果子，都有一条漫长的成熟之路。青春路上有迷茫，有困厄，有欢笑也有泪水。但是，只要我们谨记：莫把前路当绝路，不让往事成心事。穿透青春的重重迷雾，我们终会在阳光洒落时，悄然成熟。

人生一世，谁都会有顾忌和恐惧的时候，偶尔也会踟蹰犹豫；花开一季，谁都会有来不及抓住的美丽，忍不住扼腕叹息。这些是难免的，却也是可以规避的。在我们年少的时候，我们不知道什么是值得的，什么才是最需要努力的，只能凭借初生牛犊的劲头什么都试一试，闯一闯，虽然难免被现实刺伤，但倘若因此就把前路当作了绝路，停下脚步，另作他寻，那就很可能与成功擦肩而过；等到我们阅尽人生，渐渐体会到前半生的遗憾与失落，许多不完美的往事都渐渐浮现在心头，变成了心事。若是此时不能拥有一颗无怨无悔的心，明白走过的都是路，唱过的都是歌，所有的经历都会成为一种结果，你接不接受，它们都属于你，也只属于你，那我们只能一直纠结在这往事交织的心事里，纠结整个后半生，最后误了一生。

有首诗写得好："三十年来寻剑客，几回落叶又抽枝；自从一见桃花后，直至如今更不疑。"时光犹如刀光剑影，瞬息间摧落了花叶，可谁认识那舞剑的剑客呢？当冬去春来，树上又抽出新的枝条，再见桃花遍山，才发现即使是那被时光带走的事物，一旦再遇机缘，依然可以再次光照人间。这才想起，这匆匆三十年寻找的剑客，原来是我们自己！我们庸碌，时光便摧落我们的年华；我们精进，时光便让我们尽情开花。所有的一切，都在于我们自己的选择。

这是一个关于三十年的故事，也是一个关于三十年的祝福。三十年前，一个年轻人打算离开故乡，去寻找自己的理想。想想不可预知的未来，他有些迷茫，便先去拜访本族的族长，请求指点。老族长正在练字，听说本族后辈前来询问即将开始的人生旅途，便写下三个字："不要怕"。老族长将字条递给年轻人，温和地说："孩子，人生的秘诀只有六个字，今天先告诉你这三个，未来的日子，当你遇到困顿的时候，记得打开看一看，保你半生受用。"

年轻人揣着族长的字上路了。三十年中，年轻人尝尽了人间冷暖、世态炎凉，他先是凭着勤劳和踏实挖到了第一桶金，却在创业的过程中交友不慎，被骗得血本无归，还欠了一屁股债。好几次，在勉强送走了债主之后，他都想到了自杀，但当他看到墙上挂着的族长的三个大字"不要怕"，想到老族长还有三字真言没有告诉自己，便又重新打点精神，又一步步走了下去。

那些债主本以为这个年轻人会一走了之，没想到他用实际行动向大家证明了他是一个靠得住的人，凭借着在这次债务危机中他所体现出的人格魅力，越来越多的人选择与他合作，他的生意也越做越大，如今他已是一家连锁公司的老总，手下管着300多号人，娶妻生子，有了一个幸福的家庭。

但这并不表示他就从此高枕无忧了，公司壮大之后，他的应酬以及各种琐碎的烦恼自然也多了起来，导致他的脾气越来越差，陪家人的时间也少了，久而久之，儿子和他在一起时，都不像从前那么亲密了。终于，在一次酒醉晚归之后，妻子跟他大吵了一架，连夜带着儿子回了娘家。酒醒后，看着奢华却空荡荡的房间，他失声痛哭。

痛定思痛，第二天，他推掉了所有应酬，驱车赶到妻子娘家，当着娘家人的面，向她保证自己以后肯定减少应酬，多陪家人，才终于赢回妻子的芳心，许久不和他说话的儿子也主动抱紧了他。这一刻，他终于明白了什么对自己才是最重要的。

这时，他突然想起了和老族长的约定，想到自己还有三字真言没有听到，便和妻子儿子一起，回乡探亲，顺便探望老族长。等他们到了族长家里，才知道老人家几年前已经去世了。族长的家人取出一个密封的信封对他说："这是族长生前留给你的，他说有一天你会再来。"

当他五味杂陈地拆开信封时，只见里面写着三个大字："不要悔！"

举着这三个字，他百感交集，久久不语……

当儿子好奇地问他："爸爸，上面写的什么呀？"

他眼里闪着晶莹的微光，喃喃地说："这上面是爸爸的一辈子……以后爸爸也要说给你听！"

儿子似懂非懂地点了点头。

当年的"不要怕"激励了年轻人勇敢地去追求自己的理想，虽山高路远，但他铭记族长的话，"不要怕"，坚持、努力、奋勇向前，一步步走过人生的崎岖坎坷，一口口尝尽生命的酸甜苦辣，终于取得一定的成就。而等他功成名就时，却也明白了成功背后的五味杂陈，老族长此时又告诉他："不要悔"，不去惋惜，不去遗憾，坦然地接受生命的馈赠："得之我幸，失之我命”，我们要做的只是用心度过所有日子，生命自然会在最后给我们一个满意的回答。

我们的青春又何尝不是如此，不管是最开始的困难与迷茫，还是后来的叹惜与怅然，都是我们成长道路上的层层迷雾，只有勇敢、无悔地将他们一一穿过，才能最后回首时，发现一切都是值得而动人的。此时的我们，才算真的成熟了。

为什么不关掉电脑去做想做的事

很多人都听说过泰戈尔的那首抒情长诗《世界上最遥远的距离》：“世界上最遥远的距离，不是生与死的距离，而是我就站在你面前，你却不知道我爱你……”其实，这首诗并非泰戈尔所作，而是网友根据张小娴的一句话增改的。而在那些煽情的句子之外，还有一个略带搞笑和无奈的版本：“世界上最遥远的距离，不是我就站在你面前，你却不知道我爱你，而是我们坐在一起，你却在玩手机。”

不知不觉中，这样的一句调侃就成了我们周遭不断上演的现实。想想我们自己就知道了，在家里对着电脑，在办公室对着电脑，在地铁公交上对着手机，在朋友聚会时对着手机，我们的每一天，差不多都奉献给了那几块冷冷的屏幕。

有报纸就“饭局聚会大家都在玩手机，你怎么看”进行了一番调查，结果显示，有65%的读者都表示对此现象无法忍受，他们认为：“饭局是大家面对面的社交场合，每个人都玩手机发微博，和在家里对着电脑有什么区别？”可现实就是这样，手机成了小型的移动电脑，不管是在家还是在同学聚会上，我们的眼里都只有闪烁的屏幕，只有通过文字和画面表达的快乐和悲伤，没有新鲜的带着体温的微笑和眼泪。

也许我们还应该去调查一下，那65%的读者是不是自己也在聚会时不知不觉就拿出了手机摆弄呢？其实，这并不是某个人的问题，时代的浪潮如此，我们这些细微的浪花又能如何？在网络如此发达的年代，人的交际圈子看似不断变大，但在快节奏的现实生活中，多数人根本没有机会认识新朋友，在这个前提下，网络就成了人们找寻新鲜感和归属感的首选，所以出现那样的调查结果就不奇怪了。

更令人担心的是，我们对手机、电脑、网络已经不仅仅是习惯这么简单，更多的竟然是“依赖”！许多人都患上了“电脑依赖症”和“手机依赖症”，就像我们身边很多人表现的那样：在家的时候，对着闪烁的屏幕，无意识地从一个链接跳到另一个链接，不知道自己想干吗，但就是在不停打开网页，下载，点链接，这让人怀疑几十年后，会不会出现一种专为“电脑病”患者治疗的心理医生。在上班的路上，在聚会上，我们五分钟不看手机就会不自在，或者总是觉得自己的手机在响，再或者一个人在公交车或者地铁上的时候，收起手机就会无所适从，连手往哪放都不知道……

对此，许多人都感到深深的厌恶，却又不知具体该怎么做。是啊，不上网，我们还能干吗呢？你是否也有一段时间在网络里迷失的自己，你是否也觉得关了电脑仿佛怅然若失，你是否像浮士德一样与网络交换了灵魂？其实，虚拟而喧嚣的网络里，往往藏着更深的寂寞。你即使付出了灵魂，也不见得会换来温暖和安心。

一些豆瓣上的朋友专门为此成立了一个小组，叫做《你为什么不关掉电脑去做想做的事》，里面为我们提供了许多有趣的建议，我们不妨试一试：

有的人把QQ签名改成：每晚十点准时下网，欢迎大家监督！结果每天差不多快到点时，就会有很多“人肉闹钟”跳出来帮他倒数……

有的人每天把需要通过网络做的事列个清单，集中在一段时间内一次处理完，剩下的时间则用来看书或写作。

有的人自控能力比较强，就在意识里反复提醒自己：第一，上网时间不能太长，以肩膀和手指不酸为底线。第二，能用替代手段做的事就坚决不用网络，比如联络朋友，打电话就行了。第三，明确自己每次上网的意图，把上网当成一个手段，而不是休闲活动。是查资料，发邮件，还是下载文件？都要有明确的目的。第四，反复提醒自己：网络里再大的事也只是虚无，现实中再小的事都是实在！

有的人更绝，干脆把电脑椅搬走，这样想上网就必须站着——你有多爱上网，就要承受相应的痛苦……

对手机也有人想出了有趣的戒瘾方法，美国加州最近流行一种叫“手机叠叠乐”的游戏，规则很简单：吃饭时全部人交出手机，叠在一起，谁先受不了去碰手机，就要埋单。

总之，我们若是真的下定决心不再让电脑、手机、网络这些东西将我们隔绝在真实世界之外，方法还是有很多的。我们还可以用美好的事物来填充我们的时间：写感恩信、锻炼身体、表达善意，等等。这些远比网上的段子更能增加我们的幸福感。

生命太短，甚至不够我们完成一些必须要做的事，但它也许刚好够我们完成想做的事。所以，请别再把自己附着于那些光纤信号里。我们手边这真实的世界，有着更多值得我们注视和关心的事物，去发现它，轻抚它，拥抱它，我们才会重新找回那个最真实也最美的自己！

倾听那些扣动心弦的岁月声响

“这个城市很多人的悲伤就像衣服的褶皱一样，需要我熨斗一样的声音把它们烫平。”

再次听到广播里传来的这个永远带着懒散和不羁的声音，夏露瞬间泪如泉涌。8年了，秋雨还在电台那端温暖着一个又一个简单而平凡的灵魂，而夏露却已经不是曾经那个简单得可爱的小女孩了。那一刻夏露才知道“时光荏苒，岁月如梭”这样的字眼，也许并不只是一些好听的比喻。

那是2003年的夏天，夏露的爸爸被公司调来南京，14岁的夏露经历了人生的第一次“迁徙”。当她依依不舍地告别老家的同学，来到这个陌生的城市，起初是十分郁闷甚至自闭的。父母因为工作的关系，没有多少时间陪她，而她自己也不敢跟新班级的同学说话，更别说交上知心朋友了。那时的夏露就像一只怯懦无声的小猫，整天低着头，连说话都不敢看其他人的眼睛。后来，爸爸在她生日时送给她一个收音机，这个小小的礼物彻底改变了她的生活。

也许现在很多人觉得广播已经是20世纪的老古董了，但在那个时候，尤其是1999年到2005年那段时间，网络还不像今天这样普及，广播就成了许多人生活中必不可少的娱乐。尤其是被家长严格控制看电视时间的初、高中生，一般都会偷偷买个小收音机，一到晚上八九点左右，就打开自己钟爱的频道，聆听自己喜爱的声音。他们把自己最青涩单纯的时光，都印刻在了那些特定的频道和声音里。

那时的南京，算是全国广播做得最用心的城市了，刘伟的《蓝色音乐田》、叶帆的《夜色温柔》、大卫的《大卫的私房歌》以及后来红遍全国的《男生宿舍》，让每个守在收音机旁的或贫或富、或胖或瘦、或快乐或悲伤的人，都收获了同样温暖的慰藉。而在那么多优秀的DJ中，有一个来自北方的“异类”，他操着一口随意的东北话，时而戏谑，时而严肃，总是在插科打诨中，让很多人感到了一种别样的温柔陪伴，他就是秋雨。

夏露也被秋雨的亲切随和所吸引，每晚都准时收听他的《尖峰时刻》，听秋雨信口胡诌的一些口头禅：“吃饭不吃菜，好像很实在。”“累啊，我都累出双眼皮来了。”偶尔再拽上几句听起来很有道理的“箴言”：“睫毛上的灰尘，只有泪水才洗得干净。”“你已经趴在地上了，还会害怕跌倒吗？”……就这样，夏露每晚躲在被子里，随着秋雨的每句玩笑和“忠告”以及动听的背景音乐，开心地笑着，偶尔被他的一两句话触动心弦，也会忍不住掉下青涩的眼泪。

心里有了一份温暖作为积淀，夏露的性格渐渐变得开朗起来，她开始试着跟同学交流，结果发现班上居然也有好多人爱听秋雨的节目，很快她就交到了几个谈得来的朋友，她的生活也总算开始有了各种美丽的色彩……

那些美好的回忆一点一滴地爬回夏露的心头，让她一下子思绪纷飞。在南京待了两年后，父亲又调回了老家，夏露不得不挥别了南京满城的梧桐和城市上空那些动人的声音。一晃8年过去了，夏露早已不再听广播，取而代之的是人人、博客、微博……她也好久没想起来去打听秋雨的消息了，据说他后来也离开了南京，辗转武汉、大连、长春……温暖着越来越多的人。

要不是这次暑假来长春找同学玩，偶然间听到了电台里那个熟悉的声音，也许夏露早就忘了那些个守在收音机旁的美丽夜晚了吧……生活就是这样，那些曾让我们刻骨铭心的记忆，一旦投入浩瀚的时光之海，就会在不知不觉间被慢慢稀释，无处循迹……

随着回忆越来越清晰，夏露突然想起来，自己还有一份手抄的信，静静地躺在家里书房的一角。那时候，秋雨除了每晚的《尖峰时刻》，还有一个下午的节目叫《蚂蚁的洞》，他说："飞机，从我的头顶飞过；车轮，辗不碎我的希望。这里是，城市街边，一棵大树下，蚂蚁的洞。"他把自己比作一只大蚂蚁，慢慢挖掘着自己的梦想。而那些喜欢他的听众便自发组织成了一个"小蚂蚁"分队，夏露毫不犹豫地加入其中。一次，秋雨写了一封《大蚂蚁秋雨给你的一封信》，还号召"小蚂蚁"们传抄这封信，作为送给未来的自己的一份礼物。

夏露当时也很认真地抄了一份，但具体内容现在却想不起来了。被勾起回忆的夏露没玩几天便匆匆回了家，当她终于翻出那个已经有点泛黄的信封时，看着上面稚嫩的笔迹，满是青春的留痕，她忍着泪水，默默念着：

"一个人无论身处什么地方，只要内心是属于我们自己的，我们让我们的内心世界纯净，你就永远不会被周围的任何事物所侵袭、污染。蚂蚁的洞就是我们的精神世界。

"之所以让大家申请床位加入到这个大家庭当中是因为这会让我们的心有一种寄托，你会感觉时刻都有一种神奇的力量在支撑着自己弱小的身体。让我们彼此能靠的近一些、再近一些，让我们这些善良、执着的小蚂蚁可以感觉到彼此的呼吸，相互陪伴，相互取暖，相互支撑，一起痛并快乐地成长……"

夏露的泪水终于忍不住滴落在信纸上，8年前那些单纯而执着的笔墨，终于被今天这百感交集的眼泪所包裹，融化……

最后，夏露找出了那个存满了秋雨节目里推荐的歌曲的MP3，习惯性地找到了阿牛的那首《老朋友》——那是秋雨的节目最常用的结束曲：

“我是如此满足，
因为有你了解我的付出，
人有时候，因为了解，所以幸福；
生活会有痛苦，生命会有孤独，
只因为我们，都曾经真正投入；
记得那个有风的下午，你叫我换一个角度：
痛苦不过是生命赐给我们，还没打开的礼物……”

时光荏苒，韶华易逝。青春总是在不知不觉中就已老去。多少人蓦然回首，才发现那些还能回忆起的日子，已经无法回应自己。于是刹那间百感交集，热泪盈眶。青春是从生命的长河里舀取的一瓢光阴，不论慢啜还是渴饮，终须将这一勺清冽，还予不止的溪流。然而，许多人却忘了，那青春的甘醴，早已润泽了岸边的草木。当我们站在时光的枝头回望，就会发现那条来时路，已如我们的青春年华般郁郁葱葱。

其实，就像秋雨让“小蚂蚁”们抄写那封信的初衷：青春的每个脚印，每个声音，每个念头，都会以自己的方式持续地温暖着我们。不要因为我们要埋头努力生存，就忘了偶尔抬头去看看，那些美丽日子里的自己，正站在时光的枝头，对着现在的我们微笑……

感谢那些和你一起哭过的人

有些东西，就像我们的名字，或者日记里的文字，虽然想想还可以换些更美的方块字、更暖的形容词，可若是真换了，却再也不能亲切地喊出过往那些动人的秘密。我们的幸福，也是这类东西之一吧！我们每个人也许都曾幻想过这样的场景：回到十几岁时的自己，重新做一些事，重新认识一些人，为那些灰暗的时光抹上鲜艳的唇彩，这样，也许我们就能亲吻到真正属于我们的幸福的脸庞了吧！

只是，你有没有想过，你真的愿意用已经发生的故事和现在拥有的一切，去交换一个来自未来的不确定的亲吻吗？我们当然希望自己能交到或者位高权重，或者腰缠万贯的朋友，可回头想一想，若让你回到从前，你愿意放弃和他一起没心没肺大笑的时光，还是和她一起不管不顾痛哭的夜晚？他们中的哪一个，你愿意拿去交换呢？有时候，你会不会觉得，能在人群里亲切地喊出另一个人的名字，是一种能让人热泪盈眶的“荣幸”呢？

有人说：“青春是一场大雨，即使不小心感冒了，也盼望回头再淋它一次。”我想，那是因为在那场倾盆大雨里，有许多叫做朋友，叫做死党的人，在和我们并肩作战！也许是一个从小玩到大的哥们，也许是青梅竹马的初恋，也许是高中一起上晚自习的同桌，也许是大学里一起熬夜看球的舍友……不论是谁，我们都能亲切地喊出他或她的名字，说出只属于我们几个人的小秘密。也许如今的某个深夜，我们还是会躺在床上蓦然想起那些年一起经历的欢笑和泪水，并在心底深深感谢他们，感谢他们在那些年，陪我们一起打开这无与伦比的青春；也默默祝福他们，祝福他们在以后的旅途中，还能遇见同样可爱的人……

当然，有很多人不甘心只是感谢和祝福，对着这掺杂了太多回忆的青春，他们更多的是不舍与留恋。这就难怪网上会流传这么一段话了："如果有一天，你突然惊醒，发现自己在高中的课堂上睡着了，现在经历的一切只不过是一场梦，阳光照在你脸上，眼睛眯成一团，你告诉同桌，你做了个好长的梦，同桌骂你白痴，让你好好听课……你笑笑，一切还充满着希望……"许多人的眼眶，就这样被莫名地打湿了吧！是啊，若是真有这么一天，那该多好？

可这毕竟只是个美好的愿望罢了，我们除了在冰冷的文字和泛黄的相片里能寻找一丝往日的温暖和悸动，还能如何呢？

不过，既然是回忆，那就回忆地痛痛快快，酣畅淋漓一点吧！别把自己沉浸在那些哀怨的小情绪里，我们的青春岁月，我们当初和伙伴们相处时的状态，可不是这么娇弱的！让我们微笑着翻开老照片，微笑着翻开那些动人的记忆，至于翻阅之后的表情是泪雨婆娑还是宁静安详，又有什么关系呢？

重新翻开我们最动人的青春：那时候的我们只晓得"好好学习，天天向上"，打心眼里把中考和高考当成人生的头等大事，因为除了学习之外，我们也没有太多精力可以做其他事。那时候我们是如此天真可爱，以为毕业永远不会来临，同学永远不会分离。我们恣意地互取外号，互开玩笑，整天形影不离，以为这就是人与人之间唯一的关系。那时候我们情窦初开，于是白天和黑夜有了不同的色彩：白天因为相见，所以脸颊涂满羞怯的绯红；夜晚因为分离，所以眼睛盈满思念的幽蓝。那时候我们第一次离开自己温暖的小窝，开始尝试和3个、5个，甚至7个同学住在一间小小的宿舍；我们结伴去洗澡，结伴在宿舍磨磨蹭蹭，最后再结伴踩着点去上晚自习；有时实在来不及了，我们头发都不擦干净就抱着书往外跑，那湿漉漉的头发反射着夕阳的微光，让我们感到一种无比踏实的匆忙……

那时候的我们还对美好的事物怀抱着最初最单纯的想法，比如那时候的李健还没写出《传奇》，他还在水木年华里跟卢庚戌反复吟唱着《一生有你》，我们也以为音乐组合都像羽·泉那样，是一辈子的搭档，永不解散；那时候的《灌篮高手》还在全国风靡，cosplay还是很陌生的名词，很多人却已经拿起铅笔，在课本上描绘自己心头的幻想和涟漪；那时候的网络还没有像今天这样普及，没有人人，没有微博，没有铺天盖地的韩剧美剧，我们还在电台里搜寻着动听的声音，还在电视上等待着国产电视剧的更新……

翻开这令人怀念的青春，翻开无数个那时候，翻开那些有人相伴的年纪。虽然我们再也无法抚摸到她那动人的脸庞，但至少那个美丽的背影，已经给了我们足够多的温暖与柔软……

你是否也会时常怀念青春，怀念那些一起走过的日子呢？甚至设想这一切不过是一个午后的长梦，自己还坐在那间教室里，被同桌叫醒，或者叫醒同桌，又开始了一天的生活……还是说你会豁达地表态："青春只有一次，无法重来，也无须重来，正因如此，一切才显得那么动人美丽。"其实，这都无关紧要，最重要的事早已发生了，那就是：

那些年，我们一起打开了自己，打开了彼此，并将一切完整地刻在了那片柔软的时光里。这一切，足矣。

在怀旧中柔软了时光

时尚圈流传着一个经典的论点："一切过往的东西，都会是一个新的开始。"所以每隔一段时间，复古风就会盛行一次。其实，这正是源自每个人心底的恋旧情结。是的，我们都期待意外的邂逅，渴望新事物的崛起，但不论何时，我们在心底都会为曾经的美好，保留一间足够宽敞的暖暖的木屋，好让自己时不时进去坐坐，去重新听一听，那时的自己究竟对这个世界，倾吐了哪些呓语和秘密。

所以，真正懂得享受生活的旅人，不仅会放慢前行的脚步，还会时不时回头，望望那条来路，看它是否还像从前的年华般懵懵懂懂，却郁郁葱葱。当然，这样的回首，不只有一种单调的姿势。如果你愿意，请跟我一起，回到那间满是回忆的木屋里，做几件"有温度"的事。

一、听听经典的老歌

你是否也有过这样的体验，偶然听到一首曾经很喜欢的老歌，心里会莫名地一动，或欣喜或激动或是一阵揪心，然后便让自己陷入对过去的无尽回忆中？作家林白曾说："一部电影，只要它逝去了20年，它的歌曲就像一些柔软的手，从草编的花篮里伸出，舞动着各种令人心疼的手势。"是的，那些经典的老歌就像是一只只细小的手，从生活的许多隐秘角落里伸出来，触发我们的泪水，也拥抱了我们的心。

现在的生活节奏越来越快，很多年轻人已不太喜欢老歌，嫌老歌太"土气"，旋律太单一，甚至制作太粗糙。可老歌之于每个人，可能早就超越了一首歌曲的意义，它们更多地承载着我们过去的生活、成长和感情。一首老歌，就是一份记忆，就是一段往事，就是一片抹不去也忘不了的情感。听听曾经反复为之哼唱的老歌，品味曾经或欢喜或失落的心情，那样的心情或许我们此后的人生都不会再有，那个曾经与我们产生过交集的人，也许永远都不会再出现……

人生有时需要这样一份永远不会褪色的美丽，好让我们在这个生活节奏无比之快的世界疾走时，还能有回头看看的欲望和念想。

所以，不开心时，听听老歌吧，让那些曾经熟悉的旋律抚平我们受伤的心，带给我们久违的温暖与感动；当心灵渐渐麻木时，听听老歌吧，让我们借着它重温过去的岁月，回忆起那些原本不该遗忘的美好，让我们重拾积极生活的信心和勇气；心情浮躁时，听听老歌吧，让我们的心回归平静，让我们重新发现生活中那些细微的幸福与美好。

二、翻翻过去的日记

现在的人习惯在外人甚至亲人面前将自己包裹得严严实实，自然找不到一个合适的出口来记录，或说宣泄自己的情绪。于是，日记就成了一个很好的听众，因为只有它可以保证：永远不会主动向别人倾吐你的秘密。等时过境迁，岁月给那些艰涩的往事笼上一层晕黄的暖光，让一切苦痛和不堪都展露出生命的动人，你就会收获一本满满的幸福和满足。

所以，当忙碌一天后，当终于可以让自己的身心都放松下来的时候，不妨找个专属于自己的空间，打开从前的日记本，一页一页地翻看。从你还能找得到的最早的日记看起，按照时间的先后顺序，一篇一篇，一日一日地翻看，让你的心重沐年轻的永恒阳光，也再次淋淋那场青春的大雨。

日记里承载着你的喜怒哀乐，也记录了你的成长轨迹，就像老狼在《恋恋风尘》里反复吟唱的那句：“露水挂在发梢，结满透明的惆怅，是我一生最初的迷惘。”你的日记里，是否也藏着最初的惆怅，第一次的心动，抑或初次的热泪盈眶呢？

最重要的是，当你把所有的心情都如同日记本的纸页一样摊开来体会，全然地聆听自己心底的声音时，你才会遇见那个完全真实的自己。也许你常常会觉得自己都不了解自己的渴望和喜怒，那就去看看自己心底每个角落的风景，听听自己心头每段枝丫的摇曳吧！也许你会从中更清晰地看到自己的影子，或者是自己最渴望的样子。

看日记的时候，有兴趣的话，你也可以在每一篇的后面写上你现在的心情，写上你新的感想和领悟。这样，等你下次再看时，又是一番有趣的滋味。

三、逛逛童年待过的地方

成人的生活仿佛打印机打出的铅字，千篇一律。而每个人的童年时光，却是由不同的颜色和字体写就的：有的是乡间弯曲的小路，开满鲜花的田野；有的是深幽的胡同，方方正正的四合院；有的是普通的小区，准确而生硬的门牌号码……但无论在哪，它们都是最令我们怀念的地方。

诗人木之在《河》里写道：“那时，桥上的石头很暖；现在，水里的脚步很长。桥上的石头很暖，是因为一个叫童年的家伙，一直坐在那里；水里的脚步很长，是因为每一次回头，都是远望……”生活就是这样，只有童年一直坐着的那座小桥上才有温暖，而我们随着流水的脚步，只能一次次回头远望那最初，也最纯净的美好时光。

童年的记忆总是填满麦浪的香味，金色池塘的柔风，野花清晨奋力托起的露珠，填满对自然之美最真诚的爱；童年的记忆总是塞满伙伴天真的微笑，无邪的注视，温暖的身影，塞满最真诚的友情和欢乐；童年的记忆总是画满五颜六色的问号，千奇百怪的问题，听不懂的答案，画满对世界最真诚的好奇……

然而这一切都在后来的日子中被现实压抑，甚至向着相反的方向发展：浮华的炫目将自然挤出我们的视线，我们对伙伴的注视从眼睛转向衣着，冷漠与无视将好奇之心冰封。

所以，无论是你自己或是和你的爱人、你的朋友一起再回到童年居住的地方看看吧，回去逛逛那些曾经玩耍过的田野或街道，回去看看那些曾经流连过的风景和心情，我们才不至于将童年赠予我们的所有纯真都遗失殆尽。

如果你已经有了孩子，而他又未见过你儿时住过的地方，那就更该带他去看看。看看那片生你养你的土地，看看你小时候和小伙伴经常玩耍的地方，你每次上学经过的街道，带他摸一摸你曾环抱过的大树，玩过的玩具……这样的分享和传承，想来要比钢琴课对他更有吸引力，也更有教育意义。

听听老歌，翻翻日记，逛逛故地……这是每个人都能轻松拥有的快乐满足，也是很多人都会轻易忽略的简单美好。对此，我们不置可否，因为我们哪有工夫去惋惜别人的粗心大意呢？在这段匆忙的旅途中，属于我们的旋律刚刚响起，属于我们的记忆恰好摊开，我们还是先顾着自己，去做这件让自己心有所依的，有温度的事吧！

青春第❷季

青春需要正能量：人生要活得出彩

俞敏洪曾感慨道："一个人可以从生命的磨难和失败中成长，正像腐朽的土壤中可以生长鲜活的植物。土壤也许腐朽，但它可以为植物提供营养；失败固然可惜，但它可以磨炼我们的智慧和勇气，进而创造更多的机会。"诚然，所有的绝路都未必通向无法逃离的深渊，每一个绝境中总会暗藏着希望。当生活为我们关上一扇门时，上帝同时又会为我们打开另一扇窗。我们不需要消沉，也不需要远远躲避或是一蹶不振。有时只有经历过困境的挑战，我们才能变得更加坚强、更有韧性、更懂得生活、更懂得人生的价值，也才能焕发出生命的光彩！

年轻谁曾没有梦

对于一个年轻人来说，梦想是整个人生中至关重要的一部分。一个失去梦想的人，犹如一艘失去了帆的船，意味着失去了前行的方向。海浪的波涛汹涌犹如社会上的起起伏伏，没有了方向的船在激流中横冲直撞，没有梦想的人在社会中也只能随波浊流。因此，想要真正在人生路上站稳脚，拥有明确的目标是必不可少的，目标是人们奋斗的导航，让人们避免走那些不必要的弯路。

“西楚霸王”项羽自小与叔父项梁生活。时逢乱世，安身立命需要有一技傍身。项羽先是跟从叔父学习读书识字，可没学几天就觉得不耐烦，便放弃了，并且理直气壮地对项梁解释说：“读书识字，只要会写自己的名字就行了。”（这孩子，就跟现在的韩寒一个论调——数学只要学到初二也就可以了，一般人只要会算术就行）没办法，既然不肯学文那就教他习武吧。于是项梁又改教项羽学习剑术，结果和上次一样，项羽的态度依然非常不屑一顾，说道：“剑术再好，终究只能敌对一人，要学便学万人敌的本领。”项梁听后非常气愤，只恨这小子不争气。

一日，项羽随项梁出行，刚好遇到秦始皇出巡行至会稽郡，仪仗行伍繁盛，声势场面非常雄壮。项羽雄心顿起，目光直指秦始皇，豪言遂出，说道：“他日，我一定会取代他的地位。”项梁听他说出如此“大逆不道”的话，非常惊恐，赶紧捂住项羽的嘴，带着项羽离开了。此后项梁也知道项羽其志不在习文弄武，于是便教项羽学习兵法。

秦末，由于二世皇帝昏庸无能，朝政暴虐，因此我国历史上爆发了第一次反抗暴政的农民起义。项羽随叔父项梁也加入了以陈胜、吴广为首的农民起义军，在反抗暴秦统治的斗争中，项羽骁勇过人，战功赫赫，为推翻秦朝的残暴统治立下汗马功劳。

项羽本无尺寸之地，但凭一身虎胆、满腔干云之志，乘势起于陇亩之中，仅历时三年，便率领五路诸侯灭掉秦朝。项羽以盟主的身份，裂地封王，从此“政由羽出，号为‘霸王’”。

苏东坡说：“古之立大事者，不唯有超世之才，亦必有坚忍不拔之志。”一个要成大事的人，一定要有一个伟大的志向。

有一位普通的乡村邮递员，每天徒步奔走在各个村庄之间。一天，他在崎岖的山路上被一块石头绊倒了，他捡起那块石头，并不是勃然大怒狠命一摔。他左看右看，竟对这块石头有些爱不释手。于是，他把那块石头放进自己的邮包里。村民们看到他的邮包里除了信件之外，还有一块沉重的石头，都感到很奇怪，劝他把石头扔了。他取出那块石头，有些得意地说：“你们看，有谁见过这样美丽的石头？”人们有些不屑一顾：“这样的石头山上到处都有，够你捡一辈子。”

到家后，邮递员突然产生一个念头，如果用这些美丽的石头建造一座城堡，那将是多么完美！后来，他在送信的途中都会捎上几块好看的石头。年复一年，在梦想的感召下，他再也没有过上一天安闲的日子，白天他是一个邮差和一个运输石头的苦力，晚上他又是一个建筑师，他按照自己的想象来构造自己的城堡。对于这个近似疯狂的举动，人们都感到不可思议，认为他的大脑出了问题。

20多年后，在他偏僻的住处，出现了许多错落有致的城堡。1905年，法国的一名记者偶然发现了这群城堡，这里的风景和城堡的建造格局令他惊叹不已，因此写了一篇介绍城堡和它的建筑者的文章。文章刊出后，这位邮差——希瓦勒迅速成为新闻人物。许多人慕名前来参观，连当时最著名的艺术大师毕加索也专程参观了他的建筑。如今，这群城堡已成为法国最著名的风景旅游点之一，它的名字就叫做“邮递员希瓦勒之理想宫”。据说，入口处立着那块当年绊倒希瓦勒的石头，上面刻着一句话：“我想知道一块有了愿望的石头能走多远。”

敢于做梦，一块有了石头可以筑成一座理想宫，因为“有志者，事竟成”，上天是不会辜负有心人的。

年轻人，现在就在心中种下一棵梦想的种子吧，它指引着我们前进，激发着我们内在的动力。生活的路上，很多人因为漫无目的最终造成了庸庸碌碌的一生。何不趁着年轻，抓住自己内心的冲动，了解自己内心的需求，树立前进的目标与梦想，然后用自己的汗水与泪水，构筑自己的人生殿堂。

勇于追梦，人生才有出彩的机会

美国一位哲人曾这样说过："很难说世上有什么做不了的事，因为昨天的梦想，可以是今天的希望，并且还可以是明天的现实。"

梦想是什么呢？梦想是对美好未来的向往与追求，它在我们的生命中是不可或缺的。没有泪水的人，他的眼睛是干涸的；没有梦想的人，他的世界是黑暗的。

梦想对一个人是很重要的，一个没有梦想的人，就像断了线的风筝一样，没有任何的方向和依靠；就像大海中迷失了方向的船，永远都靠不了岸。只有梦想可以使我们有希望，只有梦想可以使我们保持充沛的想象力和创造力。

要想成功，必须要有梦想，而且还要坚定自己的梦想，因为你的梦想往往决定了你的人生。

一位成功人士回忆他的经历时说："小学六年级的时候，我考试得了第一名，老师送我一本世界地图，我好高兴，跑回家就开始看这本世界地图。很不幸，那天轮到我为家人烧洗澡水。我就一边烧水，一边在灶边看地图，看到一张埃及地图，想到埃及很好，埃及有金字塔，有埃及艳后，有尼罗河，有法老王，有很多神秘的东西，心想长大以后如果有机会我一定要去埃及。

"我正看得入神的时候，突然有一个大人从浴室冲出来，胖胖的，围一条浴巾，用很大的声音对我说：'你在干什么？'我抬头一看，原来是我爸爸。

我说：‘我在看地图！’爸爸很生气，说：‘火都熄了，看什么地图！’我说：‘我在看埃及的地图。’爸爸跑过来‘啪、啪’给我两个耳光，然后说：‘赶快生火，看什么埃及地图！’打完后，踢我屁股一脚，把我踢到火炉旁边去，用很严肃的表情跟我讲：‘我给你保证，你这辈子都不可能到那么遥远的地方！赶快生火！’

“我当时看着我爸爸，呆住了，心想：‘我爸爸怎么给我这么奇怪的保证，真的吗？我这一生真的不可能去埃及吗？’20年后，我第一次出国就去埃及，我的朋友都问我：‘到埃及干什么？’那时候还没开放观光，出国是很难的。我说：‘因为我的生命不要被保证。’于是我就自己跑到埃及旅行。

“有一天，我坐在金字塔前面的台阶上，买了张明信片给我爸爸。我写道：‘亲爱的爸爸：我现在在埃及的金字塔前给你写信。记得小时候，你打我两个耳光，踢我一脚，保证我不能到这么远的地方来，现在我就坐在这里给你写信。’写的时候我的感触很深。我爸爸收到明信片时跟我妈妈说：‘哦！这是哪一次打的，怎么那么有效？一脚就把他踢到埃及去了。’”

俄国文学家列夫·托尔斯泰说：“梦想是人生的启明星，没有它，就没有坚定的方向；没有方向，就没有美好的生活。”

梦想能激发人的潜能。心有多大，舞台就有多大。人是有潜力的，当我们抱着必胜的信心去迎接挑战时，我们就会挖掘出连自己都想象不到的潜能。如果没有梦想，潜能就会被埋没，即使有再多的机遇等着我们，我们也可能错失良机。

有了梦想，你还要坚持下去，如果半途而废，那和没有梦想的人也就没有区别了。如果你能够不遗余力地坚持，就没有什么可以阻止理想的实现。

梦想是前进的指南针。因为心中有梦想，我们才会执着于脚下的路，坚定自己的方向不回头，不会因为形形色色的诱惑而迷失方向，更不会被前方的险阻而吓退。

美国诗人朗费罗说：“在人生的道路上，当你的希望一个一个落空的时候，你也要坚定，要沉着。”耐得住寂寞，是成功的一个过程。沉得住气，在波澜不惊中蕴藏着勇猛精进的态度，在低调平实中饱含积极进取的决心。

将不顺的事情转化为正面的能量，将其变成一种学习。其实，人生中最困难的选择都不是我们自己做出来的，是时间在帮我们做决定，带领我们自然而然地走向结果，所以，很多事情都是未来无可期，而且没有定论的。不过，既然什么结果都有可能，我们为何不从现在开始努力，让事情朝着一个最好的方向前进呢？

这个世界和社会给了我们很多价值观、很多期待、很多的条条框框，大部分人都会循规蹈矩地跟着走下去，丝毫不敢越界，不敢和别人不一样。扪心自问，这样真的会快乐吗？

梦想是一盏指路的明灯，没有梦想，就没有坚定的方向；没有方向，生活也会失去乐趣。请确立自己远大的梦想吧，并坚定不移地相信你的梦想一定会在某一天实现，这样会增加获得幸运的可能！

当我们从内心深处为自己创造一个属于自己的梦想，并且不要害怕将自己的梦想说出来，不要害怕尝试，带着对这个世界的好奇心，为自己寻找一个确定的坚持和梦想。当你找到后，就要沉下心来，守住内心的宁静，守住心底的那片寂寞，淡泊名利，坚定向前，这样的人生才能走得稳，走得远。

在取悦世界之前，先取悦自己

取悦自己与让自己高兴是完全不同的两码事。取悦自己就是懂得自我欣赏、自我陶醉，使自己有成就感、优越感，更重要的是对自己有自信。要知道，自己也是我们应该用力去爱的对象之一。

很多时候，取悦自己是一种人生态度，一项人类生命中最基本的动力，就像吃饭、呼吸一样自然和不可或缺。在面对世界之前，我们要先取悦自己，让自己变得美丽迷人。当我们站在镜子面前能够深深感到自己值得被人爱的时候，我们就不会害怕失去什么。

很多时候，我们之所以感到不完整并不是因为我们失去了另一半，而是因为我们不懂得爱自己，不懂得最大限度地取悦自己。爱很难，但爱自己更难，所以我们要走得很小心。

生活美学专家金韵蓉在她的心灵励志作品《谁能写出玫瑰的味道》一书曾讲过关于如何取悦自我的一些经历：

这几年，不管是在写作还是在不同场合分享生活经验时，我都喜欢提到“态度”这个东西。其实这是有缘由的。因为在我这几十年的生命历程中，有过两次和它有关的“刻骨铭心”的痛楚和觉醒经验，因而促使我能比较深刻地去看待它。

第一次是我刚上大学时。记得那天我在台北的街头等公交车去上学，站在我身旁的是一位金发碧眼的年轻男老外，估计是来我们学校的交换学生或是来学中文的。等车的时间有点儿长，这位老外可能为了打发时间，因此转头问我读的是哪个科系。由于还不太有和老外直接对话的经验，我当时紧张得完全记不得我念的科系的英文该怎么说，所以结结巴巴地答不上来。

没有想到就在我满脸通红、结结巴巴的过程中，那个（没素质的）老外居然用十分鄙夷的眼光斜看着我，并冷冷地撂下一句话：你确定你是大学生？然后就转过头去，再也不瞧我一眼！

从那天之后，我就发誓要好好把英文口语学好。但那时我还没有领悟并学到“态度”。

第二次惨痛经历是在巴黎。

为了省下地铁钱，我在巴黎时每天都背着大大的书包走三站地往返于学校和住处之间。通往学校的路上有一排精致的商店，每天我背着书包，浏览商店的橱窗，走着走着就到了，因此不觉得路途遥远。在那排商店中，有一间十分精致美丽的服装店，每天“瞻仰”那家服装店的橱窗里所陈列的漂亮衣服，是当时手头拮据的我的一个小小的虚荣梦想。

有天早上上学时，我兴奋地发现这家服装店挂出了换季打3～5折的告示，当时就想：嗯，也许下课回来的路上可以进去看看（此前虽然每天经过，可我从来没敢走进去过）。

当天下午4点左右，我终于走进了这家美丽的小店。小店里除了左右两排吊挂的衣服之外，小小的店中央还摆了两个堆满衣服的花车。许多法国女人在那里挑选并试穿衣服。我怯怯地走近花车，怯怯地看看价格吊牌，怯怯地拿起一条长裤，并怯怯地询问店员我能否试穿。

当时那条长裤并不合身，我因此又拿了另外一条，可惜还是不合身，就在我伸手从花车里准备拿第三条长裤时，当着众人的面，那位（没素质的）法国女店员竟挡住了我的手，冷冷地说：你不可以再试穿了！

我当时只觉得全身的血液都冲到了脸上，身体因羞耻而轻微地颤抖。在一阵晕眩中，我慌乱地拿起收银台边挂着的一串项链，几乎是以“玉石俱焚”的心情，花了120法郎买下了它，然后几乎是脚不着地地逃离了商店。我为自尊所付出的代价是：连续两个星期只吃得起干干的法棍面包！而那串铭刻着羞辱、依照当时物价所费不菲的项链，早就被我下意识地给丢掉了！

满怀着受伤和羞辱的心情离开了那家商店之后，灰蒙蒙的天空正下着毛毛细雨，我一路跑回住处，和着雨水，我的脸早已被泪水完全浸湿。

当天晚上，心情稍微平复之后，我躺在床上强迫自己回想下午的情景，强迫自己找出问题的原因：为什么别人都可以一再试穿，而我却不能？为什么她敢用这种态度来对待我？

最后，我明白了，因为我“允许”她这么对待我！因为我的态度、我的神情、我的举止都告诉了她——“你可以欺负我”。

从这件事情之后，我开始学习并慢慢变得坚强，我从疼痛中看到了相信自己和肯定自己的重要，也了解了在平衡的人际关系中得先学会取悦自己再取悦别人。

尽管生活有些压抑低沉，但人生并不因此而日暮途穷。在取悦别人的同时，更多的人学会了先取悦自己，并在生活的琐碎中寻找简单的快乐，在枯燥的岁月中感受平淡的幸福，尽管这些快乐和幸福像火柴划出的光芒，短暂而微弱，但在他们的内心中，还是摇曳出了蓬勃而永恒的春意。

取悦别人，对别人付出爱，关怀、尊重别人以及责任心都是一个人是否有爱的能力的证明，而有没有用心地爱自己、取悦自己也同样能够证明你是不是有爱的能力。

其实，要想取悦自己其实不难。我们的心灵主宰着我们的情绪和心态，要想真正地取悦自己，第一步就要打开心胸、接受自己，相信自己就是自己的主人，我们无须为了什么去依赖别人，依赖是要付出代价的，要用你的自尊埋单。我们可以通过自爱来强化内心，从而让自己体验到更高价值的爱。

用正面的能量战胜负面情绪

年轻人找回自我的一条很重要的途径就是接受现实的自我：不但接受我们的优点，还要接受我们的不完美。大多数人对自我都有两种解释，都对自己描绘出两幅图画：在一个房间里高高挂起自己崇高的画像，画像色泽明快、笔触华丽，既没有阴影，也没有对比；而在另一个房间里，我们却挂起自责的画像，就像小说《道林·格雷的画像》那样稀奇古怪的讽刺画，色彩阴暗，绿色和黑色的色块扭曲变态，看不出光亮，也看不出任何立体的浮雕感。

我们不应该将这两幅画像放在两个彼此隔离的房间内，必须将它们摆在一起，在凝视的目光下渐渐让它们融为一体。我们心情愉快舒适的时候，就不愿意承认自己有罪，不承认自己心怀仇恨，不承认自己没有羞耻心，不承认这些缺点正是我们的天性；而我们情绪低落的时候，就不愿意相信自己确实拥有美德，不愿意相信我们取得过杰出的成就。

所以，我们要从现在开始描绘一幅新的画像，全然接受和了解真实的自我。人类是相对的生物，没有绝对可言，人的一切行动都会存在瑕疵。但在现实生活中，有很多人不知天高地厚，妄想染指神的领域，对自己提出只有神才能做到的绝对完美要求，这种现象实在是屡见不鲜。

在所有人的心灵深处，都存在着一个小暴君，企图成为批评家或者烈士。我们渴望主宰世间万物，对他人百般诋毁，让他人受苦受难。这些现象的确是有害的，但它们可以服从于人性中的优点，我们也必须始终让人性的善战胜人性的恶。

许多人之所以不幸，是因为他们认为，哪怕邪恶的念头或情感偶然出现在脑海中，他们也会立刻堕落为恶魔。亚里士多德有句名言“独燕不成春”，他告诉我们，不要害怕我们有一两种见不得人的念头，没有关系，甚至十几种邪恶的念头也不可怕，这些并不一定让人堕落。我们一定要明白，拥有一些不值得称颂的想法，并不一定会让一个人变得卑鄙。

两百年前，埃德蒙·伯克就向世人告诫，要整个社会警惕把罪恶普遍化的想法，哪怕有极少数人是罪犯，也不要对整个种族做出危险的定论。两百年后的今天，我们同样应该防备将个人的行为放大到整个群体的危险性。应该知道，虽然有时候我们对自己和他人有一些侵略性的想法和敌对的情绪，但没有必要因此觉得自己就是一个没有道德、被人唾弃的贱民。一旦你能这样想，便打开了通向美好自由的大门。当我们直面这些负面的情感时，没有必要装出一副道貌岸然的样子，要真正地面对自己！我们会发现，倔强地认为我们是完美的这种傲慢想法，才是我们内心的最大敌人；我们要学会拥有一种灵活的谦卑感，别要求自己十全十美，别要求自己拥有天使般的美德。这种直面现实的谦虚态度，有助于我们实现心灵的宁静。

人生的道路往往是很艰难的，我们很可能需要独自蹒跚前行，忍受着一次又一次的打击。但是，一个人如果学会拥抱并热爱生活的一切，那无论是挫折还是成功，都无法干扰他坦然的心灵。

纽约的一位心理医生曾经谈起他的一个病人，那是一个年轻的酒鬼，接受了为期两年的治疗。后来有一天，这个人来到心理诊所，说他前一天被老板炒了鱿鱼。他抱怨道：“大夫，实话和您说，如果一年前我被炒鱿鱼，我肯定无法接受。我可能会借酒浇愁，喝到一醉方休。其实我昨天晚上就想打开酒瓶。不过不知怎么回事，我觉得如果我能够勇敢地面对失业这件事情，我的心情会好很多。我想说，不幸的事情和成功一样，都是人生中伟大的体验，每个人都会遇到。”

医生认为，病人能够忍住不喝酒，并说出这番道理，表明他在对待生活的态度上有了明显的进步。这位曾经的酒鬼后来在不同的行业奋斗打拼，终于取得了巨大的成功，证明了医生当初的诊断是正确的。

只要对自己抱着接纳的、开放的态度，就可以学会坦然面对自己沮丧的心情、残忍的想法、敌视的态度等负面情绪，就可以意识到，虽然我们经常会出现这样或那样的坏念头，但这些情绪会瞬间消逝，不会永存我们的心间。

所有的绝路都暗藏生机

20世纪80年代末，中国出现了留学热潮。有个北大的学生，看到很多同学和朋友相继出国，在家庭和社会的压力下也开始动心了。后来，他托福考了高分，但就在他全力以赴为出国而奋斗时，又因为某些原因不得不拖延了出国的日子。时间慢慢地过去，他后来又因为在北大学习成绩并不算优秀，赴美留学的梦想终于付诸东流，一起逝去的还有他所有的积蓄。

为了谋生，他到外校去兼课教书，因触犯北大的利益而被记过处分，到最后不得不离开北大。但正是这些折磨使他找到了新的机会。尽管留学失败，他却对出国考试和出国流程了如指掌；尽管无法再在北大待下去，但他反而因此对培训行业越来越熟悉。在这些经验的基础上，他创办了培训学校——北京新东方。这个年轻人就是新东方的创办人、“留学教父”俞敏洪。2013年5月热映的电影《中国合伙人》，就是以俞敏洪和新东方的几个创始人的故事作为蓝本的。

俞敏洪有一次感慨地说：“一个人可以从生命的磨难和失败中成长，正像腐朽的土壤中可以生长鲜活的植物。土壤也许腐朽，但它可以为植物提供营养；失败固然可惜，但它可以磨炼我们的智慧和勇气，进而创造更多的机会。只有当我们能够以平和的心态面对失败和考验时，我们才能成熟，才能有所收获。而那些失败和挫折，都将成为生命中的无价之宝，值得我们在记忆深处永远收藏。”

所有的绝路都未必通向无法逃离的深渊，每一个绝境之中总会暗藏着希望。当生活为我们关上一扇门时，上帝同时又会为我们打开另一扇窗。我们不需要消沉，也不需要远远躲避或是一蹶不振，只需卸下肩头沉重的包袱，轻装上路，去寻找绝路中暗藏着的生路就好。

西娅在维伦公司担任高级主管，待遇优厚。很长一段时间，她都为到底去什么地方度假而烦恼。但是情况很快就变得糟糕起来。为了应对激烈的竞争，公司开始裁员，而西娅也在其中。那一年，她43岁。

她对自己遭遇的困境十分悲观，因为她已经在那个公司度过了十几年。当她听到自己被裁员的时候，那种感觉好像是别人揍了她的鼻子一拳，简直糟糕透了。从那以后很长一段时间，她都不能接受自己失业的事实。躲在家里，不敢出门，因为每当看到忙碌的人们，她都会觉得自己没用，脾气也越来越大，孩子们也越来越怕她。情况似乎越来越糟糕，但就在这时，转机出现了。一个月后，一个出版界的朋友询问她，如何向化妆业出售广告。这是她一直擅长的东西，她利用这次机会重新找到了自己的方向：为很多上市公司提供建议，出谋划策。

可以说，西娅当时所处的环境是十分被动的，但就在她认为情况十分糟糕的时候，她却发现了命运的转折点。两年后，西娅已经拥有了自己的咨询公司。她已经不再是一个打工者，而是成了一个老板，收入自然也比以前多了很多。

被裁员是一件糟糕的事情，但那绝对不是地狱。也许对自己来说，可能还是一个改变命运的机会。消极等待是无用的，重要的是如何看待，正如一句名言中提到的一样：世界上没有失败，只有暂时的不成功。

“山重水复疑无路，柳暗花明又一村。”每一次挫折与逆境，往往都带着同样价值的希望的种子。这些希望被逆境掩住了身影，也被我们忽略在时光的夹缝中。就在我们绝望时，它们却顽强地冒出了新芽，为我们的生命带来一片生机盎然的春景。

任何时候，当前方所有的门都关闭的时候，上天还会为我们留一扇窗。与其守在原地回忆伤感，懊悔挫败，不如寻觅绝路背后的生路。用一双善于发现的眼睛与一颗敏感乐观的心去寻找，必然能发现通往繁华的路径。

心有万千丘壑，事业才会一马平川

决定年轻人是否有所作为的，往往不是他所处的位置，而是他努力的方向。对自己的期待和要求越高的人，他所能取得的成就往往就越大。这种规律最直接地反映在我们对待工作的态度上，工作占据我们每天生活的很大一部分时间，它绝不仅仅是一个用来养家糊口的饭碗，而是我们人生的碗里盛放的切实的时间和精力。你怎么看待工作，工作就怎么反馈你。

正确的工作态度是做好工作的前提，而正确的工作态度就是应该认识到工作既是一种谋生方式，也是一种修行。工作里的修行和修禅一样，需要认真和用心。在工作、生活中投入热情，认真对待，才不会在修行之后如竹篮打水，一无所获。你可以不聪明，但一定不能不认真。一个懂得事事都认真的年轻人，一定是一个热爱生活且懂得生活的人，你的生命会因为你的认真而变得丰满而充实。到时你也许依然平凡，但绝不平庸！

一座深山里有座寺庙，庙里一个老和尚带着一群小和尚，其中的一个小和尚在寺院中司职撞钟。按照寺院的规定，早上和黄昏各要撞一次钟，小和尚将撞钟的时间牢牢地记在了心中，无论阴天下雨，还是狂风冷雪，他都坚持着自己的工作，钟声从未间断。但年复一年，小和尚终于厌倦了，他觉得每天撞两次钟实在是再简单不过的工作，周而复始，千篇一律，实在太无聊了，心也就渐渐麻木起来，每次撞钟时，或者天马行空地任思想游离在外，或者什么也不想，就如机器一般。

一天，小和尚撞钟时，寺院的住持从旁边经过，他看到小和尚漫不经心的表情，便将他叫到了身边，语重心长地对他说："看来，你已经不能胜任撞钟这个工作了，你还是去后院砍柴挑水吧！”

小和尚既不解又委屈：“师父，撞钟还需要什么特别的能力吗？难道我撞的钟声不够响亮？还是曾经耽误过时间？”

住持说：“你很准时，撞的钟声也很响亮。但是你的钟声中有什么特殊之处吗？”

“需要什么特殊的东西呢？”

“你没有理解撞钟的意义。钟声不仅仅是寺里作息的信号，更为重要的是唤醒沉迷众生。因此，钟声不仅要洪亮，还要圆润、浑厚、深沉、悠远。心中无钟，即是无佛；如果不虔诚，怎能担当撞钟之职！扪心自问，你的心中有钟吗？”

小和尚低下了头，脸上露出了惭愧之色。

心中无钟，自然敲不出山林寺庙的佛心禅韵。

这个“撞钟和尚”不合格正是因为他只把工作当成了工作。“暮鼓晨钟”是寺院的规矩，但这种规矩不是死板的教条，而是在寺庙发展的历史中经历雷雨风霜形成的文化积淀，是含有佛门深意的。小和尚只是把撞钟当成一件无趣的差事，而没有用心去体会其中蕴含的深意，以至于将钟撞得了无生趣，自己不开心，听钟的僧侣们也索然无味。

你有没有觉得自己对工作的态度也和这个小和尚很像呢？在工作的忙碌中感受到的不是充实而是麻木，在生活的各种娱乐里收获的不是愉悦而是空虚。圣严法师说：“当人不知道活在这个世界上的目的是什么的时候，就会感到空虚了。”洞悉因果的法师自然能从忙碌中感受到充实。作为凡人的我们，也应该懂得干一行爱一行，做一样像一样的道理，认真对待，充满热情，享受工作，享受生活，享受自己。

有许多人失败，就是败在做事敷衍了事这一点上。这些人对于自己所做的事从来不会做到尽善尽美。许多时候，我们会不经心地处理、打发掉一些自认为不重要的事情或人物，但这种随意不负责任、应付了事的行为会造成一些很不好的后果，在我们以后的人生道路上，不一定在什么时候突然显现出来，令我们对当年的行为追悔不已。

早晨的闹铃响了好几遍，美乐才从床上挣扎起来。她匆匆忙忙地赶往公司，早饭也顾不上吃。跨入公司大门，还是神情恍惚，坐在会议室，睡眼惺忪地听着经理布置工作……一天的痛苦工作之旅就这样开始了。美乐上午拜访客户，结果遭到拒绝和冷遇，心情糟透了，下午下班前回到公司填工作报表，胡乱写上几笔凑合一下交差……一天就这样结束了。

平时没有花时间学习，从不好好去研究自己的产品和竞争对手的产品，没有明确的计划和目标，从不反省自己一天做了些什么，有哪些经验、教训，从不认真去想一想顾客为什么会拒绝，有没有更好的方法去解决，在工作的过程中为顾客带来了什么样的服务和满足。当一天和尚撞一天钟，混一天算一天……这就是美乐真实的工作写照。

到了月底一发工资，才这么点，真没意思，看来该换地方了，于是美乐很牛气地炒了老板的鱿鱼。一年下来，她换了五六家公司。日复一日，年复一年，时间就这样耗尽了，结果是“三个一工程”：一无所获，一事无成，一穷二白。

在现实生活中，像美乐这样的人到处可见。在他们马马虎虎“应付工作”的时候，实际上他们年轻的生命正在被白白地浪费，人生的价值正在急剧地“缩水”。其实，每份工作，每个任务，都是对于我们内心和能力的淬炼。只有当你虚心、耐心并坦然地接受生活的每次锻打和锤炼后，才能用藏有万千丘壑的心胸，闯出一马平川的事业和人生。

为光明的未来及时投资自我

有一个著名的“三八理论”，即一个普通成年人的一天应该分为“三个八”：八小时工作、八小时睡眠、八小时自由时间。前面两个“八”，大多数人都是一样的，没有多大变化；人与人之间的不同，往往就在于如何度过剩下的八小时自由时间。

年轻时如何利用自己的业余时间，将最终决定你的一生是浑浑噩噩还是轰轰烈烈地度过。你选择看肥皂剧和与人闲聊，就将收获一段闲适的，却没有更多内容的时光；你选择埋头苦读和辛勤工作，就会换来一段寂寞的，却牵引着光明未来的时光；你选择陪伴家人和亲近朋友，就会换来一段甜蜜的，持续的温暖时光……我们在闲暇里的每种选择，都会成为既定的事实，成为真实的足迹，决定着我们未来的旅途。

大智禅师见自己的师父佛光禅师整日忙忙碌碌，却不见衰老，很是奇怪，佛光禅师却笑道：“我没有时间觉得老呀！”的确，那些越是忙碌的人，仿佛时间越多，就像孔子所说的：“其为人也，发愤忘食，乐以忘忧，不知老之将至。”当你将全部的生命与精力都投入到有意义的生活中时，哪里还有时间去关注自己鬓角催生的白发和额上乍现的皱纹呢？

而且，当你不去关心这些身体变化时，这些变化似乎就要比平常慢了一些，也许，这就是时光对我们的赞许吧。正如那句发人深省的话：“时间是公平的，给每个人都是二十四小时；时间又是不公平的，每个人拥有的都不是二十四小时。”你吝啬时间，时间反而对你慷慨；你挥霍光阴，光阴也就加速离你远去。

其实，我们的衰老往往都是从心态的衰老开始的，有多少个年轻的体魄，却配着一颗衰老的心呢？没有什么可以阻挡前我们前进的脚步，除了我们内心的畏惧；没有什么可以羁绊我们精进的步伐，除了我们心中的倦怠……

那具体说来，年轻人应当如何利用业余时间，做哪些有意义的事呢？

首先，可以学习一种技能——哪怕仅仅是烧饭。曾经看过一篇文章，大意是说女人漂亮的不下厨房，下厨房的不温柔，温柔的没主见，有主见的没女人味……文章可能说得有些极端，但比较实际的情况是，多数都市女性，也包括男性，每天都忙碌于公司的繁忙事务中，每天两点一线的生活，越来越忘记了曾经和家人一起在饭桌上吃饭的欢乐时光。其实有些时候我们需要转变的只是惯性的思维方式，工作永远有那么多，但是我们每天腾出自己忙碌的心灵来学习做那么一两件小事来取悦自己，又何尝不是另外一种心情呢。

对于做饭这件事可以这么说，随着时间的推移，不同的时代可能对于女性的审美标准不一样，但是厨艺似乎是从古至今衡量一个完美女人的不变标准。现代人可能没有以前那么看重这一点，因为女人和男人一样为了生活，为了社会的发展而努力打拼。但是其实烹饪除了作为一种满足温饱诉求的基本技能外，更多的是一个创造的过程，烹饪的最高境界在于把不同口味、不同习性的蔬菜放到一起，使其达到一种和谐的状态。在这个过程中我们的心灵可以达到放松的目的，忘却工作中的不愉快。所以女性朋友们不要放弃这样一个好处多多的烹饪技能。

其次，趁年轻可以去多读一些经典的书籍。有学识的人，如同一本书，一本写着成熟和优雅的书。

古人道："腹有诗书气自华。"女人想要美丽高雅，男人想要风趣幽默，那就更要多读书，陶冶性情，过滤掉世事的尘埃，还心灵以纯净。也许为工作事业奔波的我们早已忘了年少时课堂里传出的琅琅读书声，被生活琐事困扰的我们连静下心来喝一杯咖啡读一本有益的书都成了奢望。但是，不要被现实的种种羁绊困住我们追求内心世界的步伐。

当我们因为生活的挫折感到沉沦悲苦的时候，读一本能指导身心的书能使我们知道天外有天，这个世界还是很美好；当我们因为没有朋友倾诉苦衷而无望地孤独惆怅的时候，书是我们招之即来却永远不倦地陪伴着我们的朋友；当我们因为残酷的现实而变得世故，刻毒与卑劣地去看待一件事或评价一个人的时候，书中的光明会照亮我们的内心，并日积月累地浸染着我们的性情。

"读一本好书，就像和一个高尚的人谈话。"正是如此，和一个读书的人谈话、生活，也等同于和一个高尚的人生活在一起，读书的人思绪宁静、不浮躁，总是给人静谧的感觉。最重要的是，读书的人崇尚浪漫，也最富于生活情趣，于爱情也更懂得奉献与包容。读书的人都有一颗敏感细腻的心，使我们能时刻发现生活之美。

除了学习和读书，我们还有很多选择和去处。看看纪录片，收集好音乐，这些都是充实我们精神宝库的可选之物。我们要做的，仅仅是快乐地挑选，认真地品味。光阴荏苒，我们不妨卸下心头的那些无聊和懈怠，积极地前行，每天，我们都会看到生活为我们准备的不同风景，嗅见生命呼出的每一次清新。

被需要是最好的价值

一家寺院经常用化缘所得接济村里的乡民，但是村中总有些凶悍之人，平日无事也爱刁难出家人，可到了寺院发放救济时这些悍民却也扶老携幼前来领取赈济品。寺里的僧人们为此不能释怀，便对主持抱怨说：

“师父，这些悍民实在没有良心。他们只会来寺里取好处，需求无度便罢了，却在得了好处后过河拆桥，平日里还恶语相向。”

住持看着僧人，淡定地说：“给人利用才有价值。出家人看重的是与人为善，广结善缘，村民们利用我们与菩萨结了缘，得了欢喜是大好事。我们能这样多多给人利用，亦是自己的功德。”

俗语常言：“人不怕被利用，就怕没人来利用。”从好的方面来讲，人被利用说明自己是个有用的人，表明了自己有存在的价值，而一个人如果连一点被人利用的价值都没有，也不失为悲哀。正像本焕长老质问徒弟的一句话：“自己不能入道，不发菩提心，又怎能发愿度人？”一个习惯性唯利是图的人，突然信誓旦旦地说今后要专门为人，总归是要遭人质疑的。

但自利真的就一无是处吗？在本焕长老的话里，“自利”有了另一层含义，他说：“我们出家人讲‘自利利他’，自利就是自己好好用功。自己的功夫用好了，就可以利他。”自利是利他的前提，自己功夫做不到位的人讲利他像是在说“废纸可以用来写诗作画”一般，不过是个笑话。

世界万物的价值只有通过被他人利用才能体现出来。不被他人利用的物品，是没有价值的物品。没有利用价值的人永远只能沉寂下去，有利用价值的人才有机会得到升值。本焕长老讲“自己用功夫”析解“自利”其实是在让人们主动打造“为他人服务，造化众生”的价值，主动接受能提升自身实力的历练。

养蚌人想培育一颗世界上最大最美的珍珠，便去海边的沙滩上挑选沙粒。他一颗一颗地问它们，愿不愿被利用，沙子问：“怎样被利用？”

养蚌人说：“要你们住在阴暗潮湿的贝壳里，那样的话，你们可能无法在海边晒太阳了。”被问的沙粒了解之后，纷纷摇头。

从清晨到黄昏，养蚌人一次又一次地被拒绝，当他打算回家时，一颗沙子说：“我愿意被利用。”因为，它一直想成为一颗珍珠。

旁边的沙粒都嘲笑它，说它太傻，去蚌壳里住，远离亲人朋友，见不到阳光、雨露、明月、清风，甚至还缺少空气，只能与黑暗、潮湿、寒冷、孤寂为伍，多么不值得！

即便是这样，那颗沙子还是随养蚌人去了。斗转星移，几年过去了，那颗沙子真得变成了一颗晶莹剔透、价值连城的珍珠，而曾经嘲笑它的那些伙伴们，有的依然是海滩上平凡的沙粒，有的已化为尘埃。

被人利用之后，沙子成就了自己的价值。生活中也是如此，当我们有被别人利用的价值时，我们就要认真把握自己的机会，坚强地面对，积极解决问题，那么在最后一定会有收获。一个人只有先在自己这里把基础打好，把基本素养修炼好，才能掌控被他人利用的程度，避免沦为任人摆布的被动。

世界上的关系都存在这样一层因果联系。上司利用员工的才智、能力，经营、运作整个公司；爱人利用彼此的爱情，相濡以沫，绝缘孤独终老；朋友利用彼此的友谊，烦恼时互吐苦水，高兴时共同分享；家人之间利用彼此的亲情，寻找依靠、营造家族感；自然之中，动物食用植物，植物吐纳空气，何尝不是一种利用关系。说到底，“利用”一个词，不过是一个不含褒贬的中性词，被利用和利用不过是一种正常的需求所致。

如果要求一个人对自己无私地奉献一切，并以此作为对方是否是真心朋友的标准，那么这样的人是很难找到的，这不仅别人做不到，自己也是不可能做到的。不论为什么而活，都是在利用自己的生命在有限的生命里，做尽可能多、自认为对的事。利用并不是坏事，利用本身也不是什么难听的词汇，鸟儿利用翅膀才能飞翔，帆船利用海风才能远航。我们利用语言和真诚交流，利用满心慈悲行满手好事，即是大德们所说的“潜心入禅，依佛心为心”。佛家为度化众生修参禅、慈悲的功夫，我们做不到这般博爱，就努力把自己做好。

在一定意义上来说，给人利用的前提，无非是自己用功，把自己做好。自身能力不够，想被上司“利用”做副手，利益公司，不可能；自身不够爱对方，想让对方利用自己陪他看生命的夕阳，不可能；自身不够诚心，想要被人利用做知心朋友，不可能……以此反观，人我之间的所有可能都是以自身能够为前提的。一个不被需要的年轻人，也就失去了生存的意义。

活在完全独立的今天

1871年春天，一个年轻人拿起了一本书，看到了一句对他前途有莫大影响的话。就是这句话使他创建了全世界知名的约翰·霍普金斯学院，成为牛津大学医学院的教授——这是学医的人所能得到的最高荣誉。他还被英国皇帝册封为爵士，他的名字叫做威廉·奥斯勒爵士。

40年后，威廉·奥斯勒爵士在耶鲁大学发表了演讲，他对那些学生们说，人们传言说他拥有“特殊的头脑”，其实不然，他周围的一些好朋友都知道，他的脑筋其实是“最普通不过了”。

那么他成功的秘诀是什么呢？他认为这无非是因为他活在所谓“一个完全独立的今天里”。在他到耶鲁演讲的前一个月，他曾乘坐一艘很大的海轮横渡大西洋。一天，他看见船长站在船舱里，揿下一个按钮，发出一阵机械运转的声音，船的几个部分就立刻彼此隔绝开来——隔成几个完全防水的隔舱。

“你们每一个人，”奥斯勒爵士说，“都要比那条大海轮精美得多，所要走的航程也要远得多，我要奉劝各位的是，你们也要学船长的样子控制一切，活在一个完全独立的今天，这才是航程中确保安全的最好方法。你有的是今天，断开过去，把已经过去的埋葬掉。断开那些会把傻子引上死亡之路的昨天，把明日紧紧地关在门外。未来就在今天，没有明天这个东西。精力的浪费、精神的苦闷，都会紧紧跟着一个为未来担忧的人。养成一个生活好习惯，那就是生活在一个完全独立的今天里。”

奥斯勒博士接着说道：“为明日准备的最好办法，就是要集中你所有的智慧、所有的热忱，把今天的工作做得尽善尽美，这就是你能应付未来的唯一方法。”那句鞭策他有所成就的话就是：“最重要的就是不要去看远方模糊的事，而要做手边清楚的事。”

奥斯勒博士的话值得我们每个人重视。其实，人生的一切成就都是由“今天”的成就累积起来的，总想着昨天和明天，“今天”就永远没有成果。只有珍惜今天，活在一个完全独立的今天里，才能有更美好的未来。

莎士比亚说过：“明智的人永远不会坐在那里为他们的损失而悲伤，却会很高兴地去找出办法来弥补他们的创伤。”无论昨天过得有多糟糕，我们都无法重新来过。正因为昨日的错误，才让我们获得了宝贵的经验。

同样，无论思维里我们的明天有多么美好，那都不过是我们的梦境。每个人都希望有一个美好的未来，为了实现这个愿望，我们从很早的时候就开始准备了。我们带着对明天美好的愿望而快步疾行，却忽略了今天的美好，也忽略了眼前很多美好的景致。但忙碌的我们不一定能有一个美好的未来。未来是什么样子的，我们谁也不知道。尽管我们习惯于在思想里把它描绘得很美好，可是它始终并未发生，我们唯一能够享受的也只有现在。

每一天都是一个独立的存在，每一分每一秒也是如此。活在完全独立的今天中，切断与过去的纠缠，与明日的羁绊，才能让自己完全地沉浸在此时此刻，真真切切地享受当下的时光。握紧一闪而过的瞬间，这才是我们能够有所作为的唯一时刻。

现时是难以捉摸而又与人们形影不离的，如果完全沉浸于其中，便可得到一种美好的享受。充分享受现在的每分每秒，活在完全独立的时光里，不必去考虑已过去的往日和尚未到来的将来，也就真正地体会了青春的真谛。

错过花朵，你将收获雨滴

生活中总有一些极美、极珍贵的东西与我们失之交臂。为此，许多年轻人感到遗憾与痛苦，觉得生命从此陷入了黑暗。那唯一的出口虽然离我们不远，但我们却无法让自己迈开脚步，这种痛苦便是错过。当我们因错过娇艳的朝阳而哭泣的时候，那么也终将错过满天繁星。当我们为一份不属于自己的美好而心碎时，远远地欣赏它或许是最明智的选择，错过它或许还会给自己带来意想不到的收获。

美国哈佛大学要在中国招一名学生，这名学生的所有费用由美国政府全额提供。初试结束了，有30名学生成为候选人。

考试结束后的第10天是面试的日子，30名学生及其家长都在等待面试。当主考官劳伦斯·金出现在大厅时，一下子被大家围了起来。学生们用流利的英语问候他，有的甚至还迫不及待地向他作自我介绍。只有一名学生由于起身晚了一步，没来得及围上去，等他想接近主考官时，主考官的周围已经是水泄不通了，根本没有插空而入的可能。

他顿时懊恼起来，心想着自己错过了接近主考官的好机会，也就永远地错失机会了。他看着主考官与大家聊天十分融洽，更加心灰意懒。正在这时，他看见一个异国女人有些落寞地站在大厅一角，目光茫然地望着窗外。他想：身在异国的她是不是遇到了什么麻烦，不知自己能不能帮上忙。于是他走了过去，彬彬有礼地向她打招呼，然后做了自我介绍，并问道："夫人，您有什么需要我帮助的吗？"那个异国女人显然很惊诧，但却对他的礼貌心生好感，没过多久，就与他聊得非常投机。

结局是出乎所有人意料的，这名学生被劳伦斯·金选中了。在30名候选人中，他的成绩并不是最好的，而且面试之前他错过了跟主考官套近乎、加深自己在主考官心目中印象的最佳机会，但是他却因这次错过而无心插柳柳成荫。原来，那位异国女子正是劳伦斯·金的夫人，这件事告诉我们：原来与美丽擦肩而过，收获的并不一定是遗憾，有时甚至可能是圆满。

当流星划过天边时，无论当时有多晚，外面是否寒冷，我们都会翘首期盼。如果天上的星辰一生只出现一次，那么我们也一定会像欣赏流星一样出门仰望，而看过之后必然会对星辰大加赞赏。但不幸的是，星辰每天都高高地挂在天上，因而我们几个月都不去抬头望一望天空。生活中的事不正如夜幕中的点点星辰吗？因为太多太平凡，让我们只是匆匆一瞥便不再留恋，反而去追逐那些自己无法把握的东西。当自己心心念念的东西离我们越来越远时，我们悔恨、哀怨，最终于事无补。

当青春的我们感觉到人生处于最困顿的时刻，不需要为错过而惋惜，也许因这次错过我们会得到意想不到的收获。花朵虽美，但毕竟有凋谢的一天，与其在秋天中对着凋零的美丽长吁短叹，不如去寻找在冬日里也能见到的花朵。即便世间失去了花朵的芬芳，也可能会有轻盈的雨滴落下，因为错过了一段美丽，才会遇见新的惊喜。

错过春天的姹紫嫣红，我们将收获秋天的累累果实；错过盛夏的荷露凝香，我们将收获寒冬的料峭白雪。生命因错过而美丽，也因错过而获得生机。与其停住脚步，为错过伤感，不如看一看手中握有的东西，也许比那些缥缈的幻影更为真实。

成长比成功更重要

余秋雨先生曾经对“成熟”这个主题进行过精彩的论述：“成熟是一种明亮而不刺眼的光辉，成熟是一种圆润而不腻耳的音响，成熟是一种不再需要对别人察言观色的从容……成熟是一种无须声张的厚实，成熟是一种并不陡峭的高度。”

年轻人，当青春慢慢逝去，当生活将各种美好的、丑陋的、痛苦的、迷人的向我们抛来时，我们必须要让自己长大，让自己成熟，以一种强壮有力的姿态来迎接这一切。也只有放下种种的不满，打开自己的心扉，积极地对待生活中的每一天，你才能活得很好，才能感受到生活的真谛。

不要因为走得太远忘记因何而出发

上班，一个人忙；上街，一个人逛；病了，一个人扛；痛了，一个人挡；白天，一个人的咖啡；晚上，一个人的宿醉……

有多少年轻女孩，就在这样的日复一日里不再年轻了呢？当她们厌倦了依靠，厌倦了嘲讽，用自己的努力摆脱了“小女人”“靠男人”这样的标签，当她们慢慢地习惯了一个人的生活，也慢慢地习惯了沉默：不说、不看、也不听……直到某个寂静的夜里，她们突然从睡梦中惊醒，看着空空荡荡的房间和荒无一人的内心，才蓦然发现：这并不是自己最初想要到达的地方——这里，没有幸福。

当然，并不是说把“女强人”变回“小女人”就是通往幸福的康庄大道，毕竟，没有独立人格的女人，往往更加缺乏获得幸福的资本。那些“婚前有父母护着，婚后有老公宠着”的女人，在安稳中度过的一生毫无闪亮和精彩可言。其实，问题并不在于做一个“女强人”还是“小女人”，我们常常被别人贴的各种标签所左右，却忘了问问自己：想穿什么样的衣裳，做什么样的人，去什么样的地方……当女人过多地在意别人的看法，以至于用“自尊”和“坚强”这样的外衣把自己层层包裹起来，最终难免就失去了轻松地享受生活的机会。

其实，过分的自尊自强往往就像没有灯罩的台灯，虽然点亮了我们的内心。倒不如点一盏光而不耀的心灯，暖己，却不伤人。带来温暖和安全感，却也因为不懂得遮蔽强光，刺痛了我们的眼睛。有时，还会刺痛别人。

正像黎巴嫩诗人纪伯伦所说：“我们已经走得太远，以至于我们忘记了为什么而出发。”许多用青春去打拼的年轻人，累了倦了后，我们该如何将快乐的自己找回呢？

著名作家林清玄先生曾经写过一篇文章，叫做《贼光消失的时候》。文章讲述他的一个朋友在一次拍卖活动中看到了在意大利古堡里差不多有百年历史的三百多盏水晶灯，一时心动，就全买下了。这些老水晶灯全部是施华洛世奇的作品，打着一百多年前的徽章，从灯架到设计，无一不是巅峰之作。但是让林清玄震惊的不是它们的历史和价值，而是“温和”的光泽。在我们平常的房间里，如果摆有两三盏主灯，它们之间的光就会互相排斥。可是，这三百多盏灯放在一起的时候，不但不抵触，反而互相映衬，将房间照得温暖而明亮。

朋友告诉林清玄，经历过时间和空间的洗练，这些水晶灯早已收起了自己耀眼的“贼光”（对新瓷器表面刺眼的釉光的俗称），取而代之的是细腻、温柔、含蓄的光芒，这就是贼光消失后生出来的“宝光”。现在人多崇尚华丽、精致，但是豪华到了顶点，形式胜过内涵，贼光就无法隐藏了。也许，我们在生活中也当如此吧，过分撑起那个强大、自信满满的自己，也许不知不觉间已经让别人退避三舍了。不如在时光的长河里，偶尔漫溯回游，去找寻那个单纯的，或许带点脆弱的自己，跟她说几句悄悄话，听她叨扰几句心事，或流几滴眼泪，或睡一个长长的午觉，做一个孩子似的蠢蠢的梦……

也许，在这样的时刻，我们散发出的气息和光泽，才不会拒人千里，也不会冷落了自己。当我们轻轻放下自尊的遮阳伞，一个妩媚的人间，也许正在微笑着等着我们去涉足，去欣赏，去曼舞蹁跹。

生物学家曾做过这样一个实验：他们把十几只刺猬放到户外的空地上。这些刺猬被冻得浑身发抖，为了取暖，它们只好紧紧地靠在一起，而互相靠拢后，又因为忍受不了彼此身上的长刺，很快就又分开了。可天气实在太冷了，它们又靠在一起取暖。然而，靠在一起时的刺痛使它们不得不再度分开。挨得太近，身上会被刺痛；离得太远，又冻得难受。就这样反反复复地分了又聚，聚了又分，不断地在受冻与受刺之间挣扎。最后，刺猬们终于找到了一个适中的距离，既可以相互取暖，又不至于被彼此刺伤。

就是这样，作为社会中的人，融入群体是我们的本能，但在群体中保持一定的独立个性又是人性的另一个基点。所以，我们既不该像个小女人一样将自己完全托付给另一个人，也不该用太多的外衣将自己紧裹，失去了与别人温暖依偎的机会。

虽然生活在世事纷扰的人间，尔虞我诈让我们多了一些虚伪，钩心斗角让我们多了一些狡猾，世态炎凉让我们多了一些冷漠……但我们依然可以保持一份青春的纯真和坦然，还记得曾经那个下雨不带伞的少年吗？还记得曾经那段没心没肺的时光吗？还记得曾经那些天真烂漫的誓言吗？是的，也许一切都无法重来，也许一切都抵抗不过现实的冰冷，但至少，我们可以在自己心里，留一盏泛黄的小灯，温己，暖人……

圆熟的尽头是衰朽，纯真的背后是勇气

美国知名主持人林克莱特一次访问一个小男孩，他问道："你长大后想要当什么呀？"

小朋友天真的回答："我要当飞机驾驶员！"

林克莱特接着问："如果有一天，你的飞机飞到太平洋上空所有引擎都熄火了，你会怎么办？"

小朋友想了想："我会先告诉坐在飞机上的人绑好安全带，然后我挂上我的降落伞跳出去。"

听到这里，你是不是和当天的现场观众一样笑得东倒西歪了呢，不过林克莱特没有，他继续注视这个孩子，想看他是不是自作聪明的家伙。没想到，小男孩的眼睛里盈满了泪水，这让林克莱特发觉这孩子的悲悯之情远非笔墨所能形容。

于是林克莱特问他说："为什么要这么做？"

小孩的答案透露出一个孩子真挚的想法："我要去拿燃料，我还要回来！"

多么天真，又多么可爱的孩子！在我们还没听完小男孩的话就嘲笑他的

"自私"时，其实，我们更该嘲笑的是自己因为饱尝太多冷暖而对一切都抱以世故想法的心——我们哪里能体会得到小男孩那纯真而勇敢的灵魂呢?

很早以前，林语堂就说过："圆熟不像圆滑，令人反感，圆熟是生存正常的需要。"的确，我们需要圆熟来帮我们在红尘翻涌中安然前行，我们需要世故来帮助我们在尔虞我诈中保存自己最基本的利益。我们需要这些现在被已经被称为"成熟"和"智慧"的技能，但它们再必不可少，也仅仅是一种技能。

然而，除了生存的技能，青春的成熟往往需要更多的养料。

其中，最易流失也最让人怀念的，可能就是小男孩一样的纯真心境。年轻人刚出学校，总是满怀希望和抱负的，未来仿佛一块可以尽情丹青的画布，触手可及；人生也像一片可以恣意驰骋的大海，近在咫尺。但是入世久了，坎坷挫折遭受多了，艰难困苦经历多了，结果要么是纯真的心境被染污了，要么就是善良的意愿渐渐变质了。或者本来很爽直的人，变得不敢说话了，本来很真诚的人，变得花言巧语，顾左右言他……就这样，我们因为圆熟而得以生存，却也因为它，渐渐衰朽，远离幸福的山林。

其实，这都是因为我们每个人的独立人格和内心力量不够强大，不足以抵御冷酷的世界，不足以保护最初的那颗完美的纯真之心。但我们应该提醒自己的是：独立人格、强大内心的源头活水不应该是历经磨难后的厚黑与城府。正所谓解铃还须系铃人，真正能帮助我们保持内心清净本色，不受外界侵扰的力量，正是这清净的"初心"本身。

纯真的"初心"是世间万物聚生俱来的珍宝：婴儿的啼哭、树枝的摇曳、花儿的绽放、蟋蟀的轻唱，它们听凭内心的召唤创造出这些美的事物，是本性使然，没有特别的理由。只是，对我们长大的"孩子"来说，除了简单的"听从内心"以外，还得善加守护才行。

对此，《麦田守望者》的主人公霍尔顿最有发言权。16岁的中学生霍尔顿·考菲尔德出生在纽约一个富裕的中产阶级家庭，老师和家长强迫他好好读书，为的当然是出人头地，以便将来过上体面的生活。但就像今天的许多十五六岁的孩子一样，年轻的他看不惯周围的一切，也根本没心思用功读书，因而总是受罚，等到他第四次被开除时，他就不敢回家了。

于是，霍尔顿只身在美国最繁华的纽约城游荡了一天两夜，内心苦闷的他企图逃出虚伪的成人世界，去寻找纯粹和真理的经历与感受，但现实却不允许他这么做。最后，这种精神上无法调和的矛盾令他彻底崩溃，躺倒在精神病院里……

霍尔顿的故事虽然以悲剧结束，但倘若我们因此就嘲笑他，认为向现实妥协才是最好的选择，那可以预见的是：我们会以另一种方式，完成这出悲剧——我们现在生活的世界，人们嘴里只有房子和公务员，眼里只有权力和金钱，职场尔虞我诈，家庭气氛冰冷……和精神病院又有多少差异呢？

那我们究竟怎么做才合适呢？加缪在剧作《卡利古拉》里为我们提供了两个选择：

舍雷亚说：“我们要想在这个世界里生存，就应该替它辩护。”

卡利古拉则答道：“这个世界并不重要，谁承认这一点，就能赢得自己！”

其实，也许我们不该把太多的注意力放在是否该为这个世界辩护，是否该向一切妥协上，毕竟，这一切总有人会去做，并不缺我一个。我们要做的是像霍尔顿的那段著名的独白一样，守护好心底的那个最美的秘密：

“我将来要当一名麦田里的守望者。有那么一群孩子在一大块麦田里玩。几千几万的小孩子，附近没有一个大人，除了我。我呢，就在那混账的悬崖边，我的职务就是在那守望。要是有哪个孩子往悬崖边来，我就把他捉住——我是说孩子们都是在狂奔，也不知道自己是在往哪儿跑。我得从什么地方出来，把他们捉住。我整天就干这样的事，我只想做个麦田里的守望者。”

其实，霍尔顿在麦田里守望的那些纯真的孩子，何尝不是他自己的纯真呢？而那个守望者，正是他的勇气和坚持。叔本华说：“赤裸是美丽身体的特权。”纯真也是真正的勇士的底色。当我们纠结于是向现实妥协，带上圆熟的面具，还是卸下所有伪装，坦荡地为人处世时，可能我们需要考量的仅仅是：我是不是有足够的勇气，去承担那种纯真的生活方式，以及随之而来的磨炼？

真正的圣人常常成熟而又单纯

清洁工每天早上都要清理人们制造的垃圾，如果这些有形的垃圾得不到及时清理，就会污染我们生存的环境。但这些垃圾是很容易清理的，反倒是人们内心的烦恼、欲望、忧愁、痛苦等无形的垃圾不那么容易清理掉。因为，这些真正的垃圾常被人们忽视，或者由于种种原因让我们不愿意去清扫。譬如，太忙、太累的生活让人失去了清理自己内心垃圾的愿望，或者担心扫完之后，必须面对一个未知的明天，而很多人又不确定哪些是自己想要的，万一现在丢掉的，将来想要时又捡不回来怎么办？

实际上，我们的生活，太多的努力无非是为了两个字：快乐。我们看什么人是最快乐的呢？没有患得患失的惊恐，没有焦躁疑虑的烦扰，什么人呢？一定是孩子。世界上最快乐的就是不谙世事的孩子，因为不染尘世的名利纷争，所以也就可以以一颗单纯的童心始终地快乐下去。真正的圣人并不是消极避世的，而是积极入世，却又不失一颗赤子之心。用一句简单的话来说：他们成熟而又单纯。这样的生活态度，是一种返璞归真的甘甜，是这个纷繁复杂的世界中，清除心灵垃圾的最好途径。

有这一个关于建筑的故事。讲的是一个皇帝想要整修城里的一座寺庙，于是他派人去找技艺高超的设计师，希望能够将寺庙整修得美丽而又庄严。不久，有两组人员被找来了，其中一组是京城里很有名的工匠与画师，另外一组是几个和尚。皇帝不知道到底哪一组人员的手艺比较好，就决定比较一下。他要求这两组人员各自去整修一座小寺庙，而这两个组恰好是面对面地进行整修。三天之后，皇帝再来验收成果。

工匠们向皇帝要了一百多种颜色的漆料，又要了很多工具，而和尚们居然只要了一些抹布与水桶等简单的清洁用具。三天之后，皇帝来验收。他首先看了工匠们所装饰的寺庙，工匠们敲锣打鼓地庆祝工程的完成，他们用了非常多的颜料，以非常精巧的手艺把寺庙装饰得五颜六色。皇帝满意地点点头，接着回过头来看看和尚们负责整修的寺庙，他看了一下就愣住了。

和尚们所整修的寺庙没有涂上任何颜料，他们只是把所有的墙壁、桌椅、窗户等都擦拭得非常干净，寺庙中所有的物品都显出了它们原来的颜色，而它们光亮的表面就像镜子一般，反射出从外面而来的色彩。天边多变的云彩、随风摇曳的树影，甚至是对面五颜六色的寺庙，都变成了这个寺庙美丽色彩的一部分，而这座寺庙只是宁静地接受这一切。皇帝被这庄严的寺庙深深地感动了。

李白有诗云：清水出芙蓉，天然去雕饰。如果一个人去除了机心，还生活本来面目，不刻意追求什么，他就能像李白诗中那朵出水的芙蓉一样，美丽、洁白而无瑕。故事中的和尚们用的正是这样的道理来工作、生活。他们将一切还原成本来的面目，也便以洁净之心映衬出了尘世的一切绚烂。就像那些我们所羡慕的拥有大智慧的人一样，他们总是会表现出自己天真烂漫的情怀来。

很多人看似很聪明，喜欢动心思去算计周围的人和事，却常常忘记了那句老话“聪明反被聪明误”。在使用技巧的路上，人们是会出差错的，毕竟谁都有考虑不周的时候，所以才会有“机关算尽太聪明，反误了卿卿性命”这样的话。而一个人若想拥有真正幸福、快乐的人生，就应该去除机心，而以平和的心态面对生活的点滴。

现代著名作家梁实秋曾说过，年轻的时候，我们都有过怪黄莺成对儿，怨粉蝶儿成双的日子。但是，等到岁月渐渐流去，人的心就会慢慢变硬，像一颗被煮熟的鸡蛋。如果一个人在经历了沧海桑田的变迁后，仍然能够不是赤子之心，这样的人才是真正的诗人，是真正诗意地栖居的人。

完美的青春，在于不求完美

超现实主义绘画大师达利曾说过：“不要害怕完美，因为你永远无法达到！”这句豪言壮语不知激励了很多热爱艺术创作的人，努力去创造完美的作品。但对于大多数普通人来说，他们的问题并不是害怕完美，而是害怕自己不够完美！虽然他们所谓的完美，更多的只是别人的评价和看法而已，但这并不妨碍他们继续玩着这个彼此心照不宣的游戏。

唯一的问题是，当我们全神贯注地盯着镜子里的自己，想着如何让自己表现得更“得体”，更加“完美”时，有多少春天的花开秋天的落叶、朋友的欢笑亲人的关切就这样被我们轻易错过了呢？著名的绘本大师谢尔·西尔弗斯坦在《丢失的那块儿》里讲过一个关于“完美”的有趣的故事，也许能给我们一点启发：

一个圆环被切掉了一块，圆环想使自己重新完整起来，于是就到处去寻找丢失的那块儿。由于它不是一个完整的圆，因此滚得很慢，它欣赏路边的花儿，它与虫儿聊天，它享受阳光，它发现了许多不同的小块儿，可没有一块适合它，于是它继续寻找着。

终于有一天，圆环找到了非常合适的一块，它高兴极了，立刻将那小块装上，然后开心地滚了起来，心想：“我终于成为完美的圆环了！”可是它一完整之后，就滚得很快，以致无暇注意花儿的开落，也无法停下和虫儿聊天。当它发现飞快地滚动使得它的世界再也不像以前那样美好时，它停住了，默默把那一小块又放回到路边，自己则缓慢而满足地向前滚去……

许许多多年轻的生命，不正是一个个这样的圆环吗？努力追求着别人嘴里的“完美”，却没想过，那样的完美是不是自己想要的，甚至连完美之后的生活究竟会是怎样，都没有仔细考虑过。不得不说，这样的决定，或多或少显得匆忙而草率。

更令人担忧的是，我们不仅苛求自己完美，还对身边的人也下了相同的“指令”：衣着、工作、爱好，甚至是走路的姿势，我们都会对他或她挑剔不停。结果可以预见：身边的人一个个离我们远去……难怪刘墉在《不完美的完美》里感慨道：“既然我们老了，锈了，千疮百孔，隔一阵子就需要去看医生，来修补我们残破的身躯，又何必要求自己和别人拥有的一切都完美无瑕，没有缺点呢？”

其实，回头想想我们的青春，处处透着青涩和懵懂，处处碰壁，离成熟和完美简直万里之遥，但那时的我们，远比现在快乐和满足，不是吗？也许，这才是我们真正应该静下心来寻找的真谛：完美的人生，正在于那自然而然的，不求完美！

即使退一步说，我们在社会上打拼必须要具备最基本的成熟和稳重，那也并不表示我们必须在所有事情上都装作一副成竹在胸的样子。有时，坦然于自己的一个小小瑕疵或欠缺，反而更能让别人接受你。因为人与人之间，需要的更多的是真实，而不是装腔作势。

当年，26岁的沈从文被时任中国公学校长的胡适聘为学校讲师。在此之前，沈从文已经以行云流水的文笔、真挚朴实的感情，赢得了一大批读者，在文坛享有很高的声望，但让他给大学生讲课却是头一遭。为了讲好第一堂课，他认真准备了很长时间，还精心编订了讲义。

尽管如此，第一天走上讲台的他，当看见台下黑压压地坐满了学生时，心里仍不免发虚。面对满堂的莘莘学子，沈从文竟整整呆立了十分钟，一句话也说不出来。后来好不容易开始讲课了，由于心情紧张，沈从文只顾着低头念讲稿，事先设计在中间插讲的内容全都忘得一干二净。结果，原先准备上一堂课的内容，只用十分钟就讲完了。

接下来的几十分钟怎么打发？他心慌意乱，冷汗顺着脊背直淌。这样的尴尬场面，他以前可从来没有经历过。后来，沈从文没有以自己的学识天南地北地瞎扯来死撑“面子”，而是做了一件让所有人都没想到的事情。他走到黑板前，工工整整地写下了一行字：“今天是我第一次上课，人很多，我害怕了。”

这老实可爱的坦言“害怕”引起全堂一阵善意的笑声。胡适在听说这次讲课的经过后，不仅没有批评，反而不失幽默地说：“沈从文的第一次上课成功了！”后来，一位当时听过这堂课的学生在文章中写道：“沈先生的坦率、赤诚令人钦佩，这是我有生以来听过的最有意义的一堂课！”

一堂课上得磕磕绊绊，居然还被校长和学生同时认可，与其说是因为沈从文名声在外，不如说是他的率真、坦诚打动了所有人。这是一堂不成功的文学课，却是一堂精彩的人生课!

每个人都是不完美的，但每个人的心却都是可以完满的。承认自己的不完美，享受自己率真的心性，用心的赤诚，而不是举止的遮掩来俘获别人、成全自己，才是与人相处，与最美的自己相遇的最好方式。

与生活完全讲和

俗话说：人生不如意十之八九。年轻人总会遇到不如意的人生，例如好端端的公司倒闭，导致失业，本来似乎生机盎然的投资突然失败，原本情意正浓的恋人突然分手……可是这就是生活，一帆风顺的人生有什么意思呢？那样平淡的故事写进小说或者拍成电影都不会有人爱看的吧?

有位青年，厌倦了生活的平淡，感到一切只是无聊和痛苦。为寻求刺激，青年参加了挑战极限的活动，活动规则是：一个人待在山洞里，无光无火亦无粮，每天只供应5千克的水，时间为整整5个昼夜。

第一天，青年颇觉刺激。

第二天，饥饿、孤独、恐惧一齐袭来，四周漆黑一片，听不到任何声响。于是，他开始向往平日里的无忧无虑。他想起了乡下的老母亲不远千里地赶来，只为送一坛韭菜花酱以及小孙子的一双虎头鞋；他想起了终日相伴的妻子在寒夜里为自己掖好被子；他想起了宝贝儿子为自己端的第一杯水；他甚至想起了与他发生争执的同事曾经给自己买过的一份工作餐……渐渐地，他后悔起平日里对生活的态度来：懒懒散散、敷衍了事、冷漠虚伪、无所作为。

到了第三天，他几乎要饿昏过去。可是一想到人世间的种种美好，便坚持了下来。第四天、第五天，他仍然在饥饿、孤独和极大的恐惧中反思过去，向往未来。

他责骂自己竟然忘记了母亲的生日，他遗憾妻子分娩之时未尽照料义务，他后悔听信流言与好友分道扬镳……他这才觉出需要他努力弥补的事情竟是那么多。可是，连他自己也不知道，他能不能挺过最后一关。此时，泪流满面的他发现：洞门开了。阳光照射进来，白云就在眼前，淡淡的花香，悦耳的鸟鸣——他又迎来了一个美好的人间。

青年扶着石壁蹒跚着走出山洞，脸上浮现出了一丝难得的笑容。5天以来，面对孤独与绝望，他感受到了活着的分量，一切的抱怨，一切的不满，全都化为了浓浓的感恩，感恩父母，感恩亲朋，感恩，仅仅因为“活着”。5天以来，他一直用心地呢喃着一句话，那便是：活着，就是最大的幸福。

活着，就像每天呼吸的空气，不经意间，不易察觉。生活中所有的烦恼，所有的不满，就像浓稠的迷障，让你触摸不到生活的真切内涵。民谣歌手王梵瑞有一首名为《青春》的歌，他在歌中唱道：“在这个夜晚/我突然间长大了/真正感到了害怕/感到正慢慢丢失着青春……幻想依旧伟大/我已不再是什么英雄/我已成熟的像个老者/与生活完全讲和……”

当青春慢慢逝去，当生活将各种美好的、丑陋的、痛苦的、迷人的向我们抛来时，我们必须要让自己长大，让自己成熟，一种强壮有力的姿态来迎接这一切。也只有放下种种不满，打开自己的心扉，积极地对待生活中的每一天，你才能活得很好，才能感受到生活的美好，才能享受到幸福的真谛。

每个人都要面对人生中出现的各种各样坎坷，但有些人能够迈过坎坷好好生活，有些人却轻易地人生中的困境打垮了。在遭遇到这些不幸与坎坷之后，我们能怎么做呢？

很多人在遭遇到不幸的时候，能够很快从负面情绪中平衡出来，他们会说：哎，失业不过就是一段没有带薪的假期罢了，我能够休息一段时间，也没什么不好。遇到分手，他们会说：和不适合的人分开，意味着会遇到更好的人，这对彼此来说，是一件好事情啊。

这就是积极的心态，这样的人，往往在逆境中也能好好的生活。

但是有另外一些人，他们每次遭遇到不幸，就会想得很多，比如，如果恋爱失败，他们就会开始怀疑自己的个性是不是不讨人喜欢，怀疑自己的魅力甚至能力。这样的人，往往很难从失败中走出来，也特别容易受打击，他们经常会因为一点小事而将一些不如意的地方放大来看，将一点点毛病扩大到无穷尽。

这样的敏感，很容易早就被失败打击。

生活中会有各种各样的不如意，每个人都会有，处于这样的境况中，唯有看淡了，看平常了，这些烦恼就不会存在。当你不如意的时候，你不妨想一想这些是生活的必然，过于追求完美只会让自己累心，平平淡淡的，享受并珍惜拥有的，不必为失去的过分忧伤。让日子在幸福快乐中度过. 不要贪求过多的东西，而让自己陷入不快乐的境地，因为人生短短一瞬间，追求那些注定失落的破灭，还不如就在这不完美，时时有不如意的人生中好好活着。

俄国著名的画家列宾有一次和他的朋友在雪后去散步，他的朋友瞥见路边有一片污渍，显然是狗留下来的尿迹，就顺便用靴尖挑起雪和泥土把它覆盖了，没想到列宾发现时却生气了，他说：“几天来我总是到这来欣赏这一片美丽的琥珀色。”在我们的生活中，当我们总是埋怨别人给我们带来不快，或抱怨生活不如意时，想想那片狗留下的尿迹，其实，它是“污渍”，还是“一片美丽的琥珀色”，都取决于我们自己的心态。

我们有时或许会感叹自己的生活平淡无味，有时会觉得自己的工作琐碎繁重，有时会因某种失败而气馁，但只要我们用一种感恩的心态去看待生活去看待工作，一切都能逐渐好起来。

你现在的生活或许并不富有，但只要你能感受到足够的快乐，那么它依然能够成为你美好回忆中的一部分；你现在的工作和职务可能在别人眼里是微不足道的，但它正是你走向未来的传送带。这个世界上，职位之间都是相连的，你完全可以从这里，拉开你人生的精彩帷幕。

艰难的日子虽然让人焦头烂额，可是我们却没有办法选择别样的生活。既然改变不了，那么不如我们就冷静地接受，并认真地把每一天都过好，这样也许我们就会有很多意外的收获，生活也不会再让我们觉得痛苦了。

尽管在生活中，我们每个人都会遇到各种各样的磨难和考验，可是只有能够认真的过日子的人，才能在最后关头突破自己，创造生活的奇迹。其实，生活中给予我们每个人的机会都是相同的，越是艰难的岁月，就越能提供给我们进步的空间。所以，不要总是抱怨日子不好过，只要我们坚持，认真地过好每一天，我们就能抓住希望。

男人可以没才没钱，但不能没责任感

在这样一个重物质而轻精神的时代，估计很多人在看到这个标题之后会瞠目结舌。这个年代，有才的男人可以玩浪漫，有钱的男人可以玩深沉，而没才没钱的男人，简直连“活路”都没有了。可是，这种普遍看法中，其实存在了很多时代的隐忧。比如，当我们以金钱的多寡来丈量人格的魅力时，必然会忽视很多人性本身美好的品质，而这些恰恰是我们不应忽略的人性优点。

我们总是能听到许多杀人、灭门的惨案，为了一点蝇头小利，多少年的兄弟也会反目成仇，为了拆迁的房款，有的人甚至向自己的父母妻儿举起了屠刀，凡此种种都让人心生恐惧。所以，我们怀疑、忧虑、恐慌。于是弥漫在我们周围的只有利益，因为利益是物质世界能见度最高的东西。可是，智者的眼光通常与我们是不同的，他们能够拨开尘世的迷雾，在纷繁复杂的现象中找到直抵人心的最宝贵的财富。

有一个非常感人的故事，故事中的主人公是一位单纯的大学生。在一次抓小偷时被歹徒砍了数刀，不幸遇难身亡。许多人欣赏这个男孩子的一句话：

"男人可以没才，可以没钱，但是绝对不能没有责任感。"我们的才华和财富都是可以不断积累的，但我们纯良的本性，以及由此生发出来的美德，却是才华和财富所无法取代的珍宝。我们在勤修自己的才华，珍惜自己的财富时，千万不要忘记守护自己的良知。

即便在物欲膨胀的今天，这样的话听起来也让人心头一震。"人之初，性本善"，在那些没有被污染的世界里，在孩子们没有被极端物化的眼睛里，我们才能找到人类美好的品质，才能发现支撑我们走向未来的勇气和希望。也许有人会说，这是多么傻的事情啊，他完全可以视而不见，听而不闻。可是，社会能够发展到今天，无论是和平的条款、商业的规约，还是婚姻的缔结，哪一次不是跟责任有关的呢？没有责任，何来义务？没有义务，何来权利？我们总是躲避责任，那么有一天，当偷东西的手伸向我们的钱包，当歹徒的菜刀向我们挥来的时候，还有谁愿意帮助我们呢？如果我们也放弃责任、放弃原则、放弃坚守，那我们拿什么来要求别人对我们负责呢？我们拿什么来信守我们的承诺，兑现我们的约定呢？

正因为一些人缺少担当责任的心态，所以在许多婚姻中，人们总是抱怨自己付出得太多，对方给予得太少。可是，人们似乎忘记了婚姻更多的并不是恋爱的激情，而是漫长婚约里的责任。如果仅仅凭借激情的参与，爱情也好、婚姻也罢，哪怕是友谊，也很难经久不衰地维持下去。既然选择了相知相惜，就应该在责任的牵引下，相伴相守，风雨同舟。

现在，有些女孩子在择偶时总是过分强调物质条件，却忽视了对其人品的要求。一个人即便有学富五车，日进斗金，但如果缺少了一颗责任心，一份对家庭、对他人、对社会的责任感，他的灵魂也终究是残缺不全的。与此相比，一个愿意为家人承担责任，愿意为社会和谐贡献力量的人，反倒是虽贫犹富的，因为他富有的是精神。

换句话说，一个有责任心的人，他将会在事业上得到更多的信任，得到更好的平台和发展，又怎么会是注定贫穷的人呢。老天爱笨小孩，踏实地走好人生的每一步，才是通向美好人生的捷径。

长得漂亮不如活得漂亮

如花美眷终究敌不过似水流年。

恐怕很难找到更贴切的话来形容生命与世事难以永恒的无奈。我们的生命就像一粒不断生长的种子，沐风栉雨、历尽春秋，有开有败，有草木繁茂也有落叶凋零。人生苦短，几十年的春秋倏忽而至，飘然而去。最好的年华，却只有那么几年。所以，很多人都希望自己可以在有限的舞台上绽放出无限的华美，这既是人之常情，也是珍惜生命的表现。

曾有人说，25岁之前的容貌是父母给的，青春的五官写满了诗情画意，怎么看都是美的；而25岁之后，容貌便是自己修炼来的，举手投足的优雅、运筹帷幄的机敏、谈笑风生的智慧，都是人们面子后面的里子，而正是这里子决定了每个人的面子，胸怀、气度可以将一个相貌平平的人变得气宇轩昂，也可能会让一个仪表堂堂的人面目可憎。佛说的“相由心生”就是这个道理。每个人都应该做自己心灵的理容师，做一个长得漂亮，更要活得漂亮的人。

一位著名散文家也曾这样评价女人的妆容：“三流的化妆是脸上的化妆，二流的化妆是精神的化妆，一流的化妆是生命的化妆。”在今天这样一个化妆技术和整容技术都非常发达的年代，淡妆、浓妆、裸妆、烟熏妆等，各种类型的流行妆容穿梭在此起彼伏的流行脚步中，令人们目不暇接。但是，这只能改变我们留给他人的“初始印象”，而这个印象留在人心里的感觉是非常短暂的。

能够长久影响别人感觉的是我们的气质、精神与思想，简言之，是我们的善良、豁达、从容与信心，这些正是对生命底色的装扮。“石韫玉而山晖，水怀珠而川媚。”西晋陆机的这句话正是对智慧之美的绝佳判断。智慧是一件穿不破的百衲衣，它能让人在生活中随处展现自己的魅力。

活得漂亮不是指青春永驻，容颜不老。实际上，那些已经在娱乐圈红了十几年甚至几十年的明星们，虽然看起来依然光鲜、漂亮，但只要拿出他们当年出道时的照片，仍然可以看到岁月的无情。正如周华健的歌唱的那样："岁月如飞刀，刀刀催人老。再回首，天荒地老。"世界上没有永恒的青春，也没有不老的容颜，生老病死本就是人生常态。

我们要修炼内在的欢喜与圆满。当一个人的内心足够强大和聪慧时，当一个人的灵魂充满着慈悲与善良时，他内在的优雅与从容就会自然而然地散发出来。

这份淡定与潇洒可以让他在穿越人生每个阶段的时候，都能抵挡住岁月的侵蚀；可以让她在容颜老去后，依然活得有滋有味、有情有趣、有血有肉。

可见，长得漂亮只是年轻时候的事儿，活得漂亮才是人一辈子的事儿。

拿起生命的剪刀吧，剪去嫉妒、抱怨、浮躁……种下宽容、舍得、谦让的种子，以爱的力量拯救自己，装扮世界，告别生命的荒芜。

成熟从不抱怨开始

余秋雨先生曾经对"成熟"这个主题进行过精彩的论述："成熟是一种明亮而不刺眼的光辉，成熟是一种圆润而不腻耳的音响，成熟是一种不再需要对别人察言观色的从容……成熟是一种无须声张的厚实，成熟是一种并不陡峭的高度。"这段话被众多网友转载，长期以来被公认为对成熟的绝佳阐释。直到2010年的一期《读者》杂志卷首语上，出现了这样的一篇文章《成熟，从不抱怨开始》。

这篇文章写的是作者在饭局上遇到一个满口抱怨的人。从他喋喋不休的抱怨里，在座的人听的都是公司不好，拼死拼活也拿不到多少工资；上司不好，总是给拍马屁的人分油水丰厚的项目；同事也不好，钩心斗角、明争暗斗，弄得自己精神疲惫。在这个人暂停抱怨的间歇，在座的人小心翼翼地问他："既然工作如此不称心，你为什么不跳槽呢？”他很奇怪地看着他们说：“跳槽？现在经济这么不景气，往哪里跳？”于是，周围的人恍然大悟，原来他的工作并非一无是处。也就是说，在现有的条件下，这已经是他最好的选择了。到了筵席散去的时候，那个人特意给大家留下电话号码。但是，作者感慨道，再也没有人会与他联系，因为一个怨气冲天的人实在不值得交往。

千万不要整天一肚子怨气，那样的话就等于给自己装了一袋子负面能量。带着一肚子委屈干工作、过日子，你的生活怎么能越过越好呢？在有智慧的人看来，抱怨太多的人都是不懂得感恩的人，一个不懂得感恩的人其实是不成熟的。

如果我们对现有的工作不珍惜、不感恩，而且抱怨多多的话，就一定会有很多不良的情绪。当你带着这个情绪去工作，哪个上司会把重要的工作交给你呢？而不重要的工作怎么可能会是你希望的发展呢？所以这个时候你就会接着抱怨工资少。那么跳槽呢？你又不肯，怕找不到工作，所以只能这么拖着。结果就在这种空耗里，让自己变得更郁闷、更纠结，抱怨更多，不良情绪也越来越多，形成恶性循环。可是，为什么不换个思路考虑呢？既然离开这里可能连工作都找不到，那就应该珍惜现在拥有的一切。

为什么说成熟从不抱怨开始？原因就在这里，两个字概括，就是感恩。世界上哪有十全十美的工作呢？不管做什么工作，总会有这样那样的缺憾。月亮还有阴晴圆缺呢，世界上的事儿哪能都如我们想的那么完美呢？难道要别人量身定做一个“真空”的环境给你去工作、生活吗？这是不可能的。如果你心态很好的话，如果你懂得感恩，明白自己的工作来之不易的话，你就会很快乐地去工作。而快乐，和兴趣一样，是可以成就很多事情的。

比如你高高兴兴地去接受一份工作，领导就会觉得你这个人真是任劳任怨；你出去与别人谈生意，人家看你欢欢喜喜的，也会觉得与你合作很开心。这样的话，你的社交圈也会越来越大，生意的成功率也会越来越高，你的财富和快乐就会像雪球一样越滚越大。相反，谁愿意整天对着一张怨气冲天的脸呢？本来高高兴兴的，看见你也就不高兴了。

在美国费城的大楼上立起第一根避雷针，有着“第二个普罗米修斯”之称的富兰克林说过这样一句话：“我读书多，骑马少，做别人的事多，做自己的事少。最终的时刻终将来临，到那时我但愿听到这样的话，‘他活着对大家有益’，而不是‘他死时很富有’。”

活着对大家有益，这就是工作赋予我们的意义。当我们能够感受到自己的工作对他人的价值时，我们就会从中发现无穷的乐趣；当我们能够明白在竞争激烈的社会中工作的意义时，我们就能学会感恩，并以欢喜的心态去应对生活；当我们的生活被激情与感动填满的时候，烦恼与抱怨自然就无处容身了。

知人者智，自知者明

心能静下来的人，才能够在纷繁扰攘中关照自身，反省自己的所作所为。

自省像一面清澈而光亮的镜子，它可以照见人们心灵上的污浊。所以，明智的人，自然懂得“吾日三省吾身”的重要。真正懂得反省的人，经过时光的荡涤，便能冲洗掉俗世中纷纷扰扰的尘埃，给自己一个美好单纯的人生。

现在很多人常常自作聪明地遮蔽自己的错误，不仅不肯认错，还会为自己所犯的错误寻找各种各样的借口。有的人未能把吩咐给他的事情做好的时候，不仅不做自我检讨，反而会找来各种推辞，比如在吃饭的时候打碎了碗，他并不认为这源于自己的鲁莽和冒失，反而会抱怨“地太滑了”“石子路太硬，不方便走路”或者“碗太不结实了”之类。他自作聪明地认为这些借口似乎能够堵住他人的责备，殊不知这只会让自己变得更加可笑。但是，如果能将自己的心像水一样沉静下来，可以扫除心中的纷繁芜杂，使心灵更加纯净。

古代，一位官员被革职遣返，他心中苦闷无处排解，便来到一位禅师的法堂。禅师静静地听完了此人的倾诉，将他带入自己的禅房之中。禅师视禅房的桌上放着一瓶水，微笑着对官员说：“你看这瓶水，它已经放置在这里许久了，几乎每天都有尘埃、灰烬落在里面，但它依然澄清透明。你知道这是何故？”官员思索了良久，仿佛要将水瓶看穿，忽然他似有所悟地说道：“我懂了，所有的灰尘都沉淀到瓶底了。”

禅师点了点头，说道：“世间烦恼之事数之不尽，有些事越想忘掉越挥之不去，那就索性记住它好了。就像瓶中水，如果你厌恶地振荡自己，会使一瓶水都不得安宁，混浊一片。如果你愿意慢慢地、静静地让它们沉淀下来，用宽广的胸怀去容纳它们，这样，心灵并未因此受到污染，反而更加纯净。”官员恍然大悟。

“知人者智，自知者明。”观水自照，可知自身得失。人生在世，若能时刻自省，还有什么痛苦烦恼是不能排遣、摆脱的呢？佛说：“大海不容死尸。”水性是至洁的，表面藏垢纳污，实质却水净沙明，至净至刚，不为外物所染。若能时常自省，使心如水，那么品德便会如川流般不息，普及一切生物，流几百丈山涧而不惧。

观水学做人，时常自省，便能和光同尘，越深邃越安静；便能至柔而有骨，执着能穿石，以“天下之至柔，驰骋天下之至坚”。时常自省，便能激浊扬清，义无反顾；时常自省，便能灵活处世，不拘泥于形式，因时而变，因势而变，因器而变，因机而动，生机无限；时常自省，便能清澈透明，洁身自好，纤尘不染；时常自省，便能润泽万物，有容乃大，通达而广济天下，奉献而不图回报。

一个心静如水的人是善于反省的人，往往能及时发现自己的错误，也明白诚实认错是最明智的做法，而不是想方设法找理由为自己辩护。借口不过是人做错事的挡箭牌，是敷衍别人、原谅自己的护身符，是掩饰弱点、逃避责任的百验灵丹。而这些，只会让人将所有的缺点自我屏蔽，以至于不知不觉间在泥潭中越陷越深。

一个心静如水的人是懂得自省的人，能虚心接受别人的指正，改正自己的过失，便能够如无瑕的白璧一般，获得高洁的人格。在我们自以为是、为自己寻遍理由时，自省就像一道清泉，将我们自身浅薄、浮躁、自满、洗涤一空，重现清新、昂扬、雄浑和高雅的旋律，让生命重放异彩、生气勃勃。

苦才是人生，痛才叫青春

泰戈尔《飞鸟集》中有这样一句诗：“世界以痛吻我，却要我回报以歌。”其中，透着些许的无奈和不甘心。面对着世界加诸给青春的疼痛，谁能够无怨尤地回报其悦耳的歌声呢?

当世界以痛吻我，就一定要回报给她最美的歌声。有着这样的信念，我们才不会轻易向苦痛和艰难低头。你要相信，只要你端正自己的心态，积极地向苦难挑战，青春的我们会像寒梅一样傲立在皑皑白雪之中，吐露芬芳。

下一番苦心，才能灭苦灭惑

苦是佛教的一个基本观念，在佛眼里，苦无处不在。而苦的来源有五种：物质上的要求不能满足而产生的苦，人与人的关系不协调而产生的苦，身体的病痛、衰老以及心理上的烦恼、忧愁所产生的苦，因妄想、计较、执着而产生的错误认识所导致的苦，自然界的灾难所造成的苦。

总而言之，苦是因“我”而起，因为“我”的内心有计较、比较，有欲望、妄想，执着于身体、生命等无法长久的存在，所以才有了苦。要离苦得乐，也只能从“我”入手。

本焕长老曾说：“我们要想用好一个功，一定要下一番苦心，没有一番苦心，怎么达到灭苦灭惑呢？”长老所说的“苦心”，是指能够吃苦的决心，“灭苦”则是灭除人生各种痛苦，达到了脱生死的境地。这种说法虽是针对佛家修行而言，但也给世人提示了减少痛苦的方法：要灭苦，先要有不怕苦的信念，在苦难中磨炼自己。

对于修行佛道的人，领悟佛理不是件容易的事情；对于在尘世苦海里沉浮的人来说，活着同样是件不易的事情。然而若是年轻人肯做个有心人，学习、修行和生活，无论哪一样，都不会变成难处。所谓“世上无难事，只怕有心人”便是如此。

从前，在巴蜀有两个和尚，一个很有钱，每天过着舒舒服服的日子；另一个很穷，每天除了念经时间之外，就得到外面去化缘，日子过得非常清苦。有一天，穷和尚对有钱的和尚说：“我很想到印度去拜佛，求取佛经，你看如何？”

有钱的和尚说：“路途那么遥远，你要怎么去？”

穷和尚说：“有一个钵、一个水瓶、两条腿就够了。”

有钱的和尚听了哈哈大笑，说："我想去印度也想了好几年，一直没成行的原因是旅费不够。我的条件比你好，我都去不成了，你又怎么去得成？"

过了一年，穷和尚从印度回来，还带了一本印度的佛经送给有钱的和尚。有钱和尚看他果真达成愿望，惭愧得面红耳赤，一句话也说不出来。

若能下定决心，有恒心、有毅力，那么天底下再难的事也会变得容易。穷和尚虽然没有钱，坐不起车船，但是因为他有坚强的毅力，虔诚向佛，于是跋涉遥远的路途，一路以化缘为生，终于达成了愿望。

"有心"是一切成功之因。多少满怀宏愿的年轻人信心百倍，志气昂扬地踏上生命征途，却在遇到挫折之后迅速偃旗息鼓。影响他们作出选择的因素其实并不在于外界的挫折，而在于他们的内心缺乏实现愿景的勇气，因为恐惧而害怕选择自己认为不可能实现的理想，因此也错过了成功的机会。而有些年轻人正是怀着对成功的希望，尝试去走别人不敢走的路。

那些有所成就的年轻人，如果当初都在一个个"不可能"的面前，因恐惧失败而退却，放弃自己的梦想，放弃尝试的机会，那么他们也将归于平凡。而从不放弃任何希望，努力做出尝试的人就会迅速做出决断，即使失败，也由于对实际痛苦的亲身经历而获得宝贵的体验，从而在命运的挣扎中，越发坚强，越发有力。

刘伟：要么赶紧去死，要么精彩地活着

奥地利的心理学家阿德勒是一位钓鱼爱好者。有一次，他发现一个有趣的现象：鱼儿在咬钩之后，通常因为刺痛而疯狂挣扎，但越是挣扎鱼钩就陷得越紧。阿德勒由此提出一个相似的心理概念，叫做"吞钩现象"。

人亦如此，面对生活中的种种不如意，人们总是想方设法跳出困境。困境就如"鱼钩"，"吞钩"以后，虽使出了浑身解数想"脱钩"，却不但得不到

解脱，反而越陷越深，生活的境况越来越糟糕。其实，换个角度想想：有挫折的人生，可能才是最真实的人生。

一天晚上12点在北京3号航站楼，唐强在冰天雪地中终于等到出租车，立刻就钻了进去。司机师傅很紧张地问："到哪儿？到哪儿？"唐强说："北大。"司机师傅开心地说："北大还行。我昨天排队40分钟，大半夜拉了一个活儿，一问去哪，望京！弄得我今天一整天的心情都不好。"

唐强说："如果我家在西五环，你还不得高兴死！"

师傅笑呵呵地说："那当然！"

唐强问："师傅，你身上是不是有两个按键，一个绿色的写着开心，一个红色的写着不开心。接到去望京的人按一下红键，您就难过一天；上来去北大的人按一下绿键，您就开心一天呢？"

司机师傅说："小伙子，您说得还真准！生活不如意呀，有时候老天都在跟我作对。"

你身上是否也和那个出租车司机一样装有按键呢？什么事情会按下你身上不开心的按钮呢？是不是也经常觉得老天爷对你不公呢？司机为什么不感谢老天每天都送给他一个顾客，不至于让他一整晚都没生意做。

人们常说："人生不如意事十之八九。"我们难免会遇到不如意的事情，比如你的老板偏偏对你发火；你着急的时候，前面的路就是堵得不可开交；工作不顺时，就是碰到不讲理的客户；或者更加糟糕，娶了或嫁了一个不靠谱的人……

问题是现实的存在，关键在于你自己怎么看待。人生旅途中有风有雨，但心中要始终有个太阳。以一颗知足常乐的心接受一切安排，剔除心中的那个红色按键，一切都会变得美好。

他空着袖管走向舞台上那架钢琴，随即琴声响起，很快观众陷入了一片寂静，评委的眼里出现了泪花，琴声结束后全场观众全体起立鼓掌……这是发生在《中国达人秀》上的一幕。这一次，在选秀节目中我们感受到了少有的感动。

这个弹钢琴的年轻人叫刘伟，1987年出生在北京。从小他就憧憬着能够成为职业球员，上小学三年级的时候，9岁的他已经是绿茵足球俱乐部二线队的队长，踢中场。

可是天不遂人愿，刘伟的足球梦在他十岁的时候就瞬间破灭了。1998年春节刚过没几天，刘伟和3个小伙伴在家附近玩捉迷藏，没想到意外竟然发生了。刘伟家附近有一个简陋的配电室，墙是用土砌的，很矮，几岁的小孩一翻就能进去，里面的电线裸露在外面，非常危险。他和同伴玩捉迷藏，他想藏到配电室里，正往墙上爬时，墙一下子就塌了，他摔在了10万伏的高压线上，当即不省人事。经过医生的抢救，刘伟的性命算是保住了，但是双臂的肌肉都已坏死了，必须尽快进行截肢手术，否则会危害到全身。

做完手术5天后，刘伟清醒过来了，他以为自己只是生了一场大病，以为自己受伤了。母亲见隐瞒不下去了，就对儿子说出了实情。失去双臂的刘伟不再像原来那么活力四射，整天望着窗外的天空发呆，不愿迈出病房一步。让他痛苦的是，他再也回不到从前的生活，不能和小伙伴们玩耍了。

不过，父母并没有因为刘伟失去双臂，而放松对他的要求，正常孩子能做到的，他们都要让他做到。尝试着用双脚代替双手，用脚来刷牙、洗脸、写字……用了差不多半年的时间去适应，他从来都没有享受过什么特别待遇，就连重要考试，他用的时间也都是和正常学生一样的。

童年时因意外电击失去双臂，在“要么赶紧去死，要么精彩地活着”之间，他选择了后者。很多人用手练钢琴都连连叫苦，他却用脚弹奏出动听的音符，选秀节目究竟要选出什么样的人才我们探讨了好几年，刘伟的出现让悬着的问题有了答案，答案即评委伊能静说的那句话“真正的达人是用生命展示他的才华”。

刘伟面前的道路很宽阔：签约世界级经纪公司、出唱片、与其他世界达人一起赴拉斯维加斯的演唱会……但刘伟很淡定：“我一直是一个普通人，平时不喜欢和媒体打交道，但一位老师告诉我，我能让身边的人对他自己的人生观有所改观，所以如果有一天我能拥有这样的影响力，我愿意继续这么做。”

刘伟坚强、掷地有声的话感动了全世界，就像他经常告诉自己的那样，他从来不把自己当做弱者，失去双手也许让他看起来有点异样，但这不是人生悲观的理由。如果你正视生命中的脆弱，脆弱就不再那么可怕了。

刘伟既是不幸的，也是幸运的。不幸显而易见，幸运的是他凭借坚韧的生命力渡过了生活中的惊涛骇浪，拔除了上帝强加在他生命里的红色按钮。而我们大部分看似幸运的人，其实在许多方面，比刘伟逊色得多。生命如此脆弱，脆弱的人生虽然让人难过，却也让人反思。没有人天生能够战胜脆弱，但应学着在漫长或短暂的人生中慢慢用行动证实自己的勇敢。

木瓜哲学：锥心的痛=累累的果

小楠喜欢养花养草，那是一种生活乐趣，如果再种点儿蔬菜、水果之类的，还能帮家里节省支出，岂不是两全其美。小楠曾经在自家花园里种了株木瓜树。自信种植经验丰富的小楠很勤快，该浇水的时候浇水，该施肥的时候施肥，才短短几个月的时间，木瓜就长到了院墙那么高。看到木瓜长得格外健壮，小楠心里十分地高兴，期待着它能长出丰硕的果实。但奇怪的是，它们只开花不结果，即便冒出了拇指大小的果子，也总是在枝丫间待三两日就颜色发黄滚落到地上了。

小楠的邻居家种了不少木瓜树，一株一株，和小楠的相比显得矮了许多，可是枝头上却冒出了大个的木瓜。和他种的木瓜树相比，小楠的心里别提多沮丧了。她将心中的苦恼告诉邻居，经验丰富的邻居笑笑说：“你太不了解木瓜了！”然后指点她，让她用烧红的铁丝往木瓜树的树干上扎几个窟窿，或者用尖锐的铁器在木瓜树上扎窟窿。

小楠不清楚这到底是为什么，但是也没有其他更好的办法，就抱着死马当活马医的心态，当真用一把起子在木瓜树上动起手术来。木瓜树的木质非常疏松，稍微一使劲，长长的起子这边钻进去，那边就露出了头，每个窟窿都如这般地穿心而过。不知道为什么木瓜树的树干里竟然有那么多的水分，一个一个窟窿竟会有乳白色的水冒出来。

没过多久，一身伤疤的木瓜树居然真的结起了果子，绿色的木瓜挤成团挂在树干上，让人看了心里就欢喜。这真是神奇，伤害木瓜却能让它结出丰硕的果实。在小楠的印象里，不只木瓜如此，棉苗也是如此。

小时候小楠在乡下长大，经常跟着大人在田里玩耍。令她印象最深刻的就是那一片片的棉田。还记得，当棉田里的棉苗长得郁郁葱葱时，父亲就会操起大铁剪刀对它们进行“截肢手术”，剪去它们长得过于茂盛的枝条。那剪刀的咔嚓咔嚓声，伴着许多绿油油的枝条纷纷坠地，看着有些让人心疼。

父亲总是解释说：“只有剪去那些‘懒汉枝’，棉苗才不会只顾着长个儿，而忘记了结棉铃。”小楠不清楚为什么那些看起来绿油油又健康的枝条，怎么就变成了“懒汉枝”，心里觉得父亲很无情。不过，等到秋收季节，看到每一棵棉株的枝干上都挂满棉铃，洁白的棉花次第绽放，如地上的流云一般，小楠就又觉得父亲做得是对的。后来长大了，才真正懂得，在棉苗上实施必要的砍伐，留下一个个伤口，不是想置它们于死地，而是让它们把更多的养分用于棉铃的生长，而不是用来长那些没用的枝条，这样棉珠才能够长得更壮实，结出更多的果实。

小楠种木瓜是几年前的事了，给棉苗剪枝更是儿时的记忆，之所以忽然想起这些往事，是因为小楠接到了一个朋友打来的国际长途。朋友远在美国，他在电话那端跟小楠说：“我要感谢她带给我的创伤……”

朋友如今在商界有了一番作为，即便是在富人云集的异国他乡也算得上一位耀眼的“成功人士”，而他口中的“她”指的是曾经的初恋女友，一个漂亮的长发女孩。

朋友和女友是大学同学，恋爱了有几年，就在他们准备结婚的时候，女友却突然离开他，并投入一位大款的怀抱。当时小楠的朋友还在机关工作，虽不是锦衣玉食，但收入稳定，本想给女友一个安稳的家，可没想到女友竟如此绝情。在伤心欲绝的情况下，朋友愤而辞职求学，很快就带着悲伤的心远赴大洋彼岸。朋友在海外完成学业后就投身商海，并大有成就。这次他在电话里兴冲冲地告诉小楠，他即将回国投资一个上亿元的项目。

他一直都认为自己之所以失去“爱情”是因为在物质上的匮乏，但后来他明白了，经受不了物质诱惑的爱情其实是苍白无力的，不是现在，就是以后，反正迟早会崩盘。

时过境迁，说起当年的伤心事，朋友的言语中平淡了许多，虽然他依旧承认，心底的伤痕还在。朋友说他在夜深人静回顾旧年旧月的人与事时，独自“抚摸”着心底的伤痕，心中充满了感激，而不是仇恨。因为，是深入骨髓的伤心促使他离开平铺直叙、波澜不兴的机关生活，是伤痛促使他奋起挖掘出自己的潜力。记得朋友说过这样一句话：“完全可以这么说，因为心底存在着伤疤，才能经常提醒我不懈努力，最终使我取得了今天的成绩。”

在木瓜的树干上扎穿心窟窿，那是在戳穿一棵树的心；在棉苗上剪枝截条，那是外在强加给棉苗伤筋动骨的疼痛；人在年轻的时候，因爱情失败而留在心窝里的伤口，往往让人终生难忘……可是谁又能够否认，许多树，许多植物，还有更多的人，之所以能够结出丰富而耀眼的果实，就恰恰是因为受到了来自外界的创伤。

人的一生中会遇到各种各样的苦难，尤其对于心灵敏感且脆弱的青年时代。苦难对于强者来说是垫脚石，对弱者而言则是万丈深渊。有时只有经历过困境和苦难，人们才能变得更加坚强、更有韧性、更懂得生活、更懂得人生的价值。一个人只有经过困境的砥砺，才能焕发出生命的光彩！

竭尽所能化解青春的不圆满

有一位学者把年轻人分为三种截然不同的类型，认为他们在面对世界和自我时，呈现出的是完全不一样的状态。如果把生活的苦难或事业的磨炼比喻成沸腾的水，那么投入这三种人来进行锻炼，就会出现三种不同的结局。

第一种人，像一个生鸡蛋，放在水中后，一会儿就被煮熟了。但是煮熟了的鸡蛋会怎么样呢？去了壳之后，里面也硬邦邦的，变成了一个实心的、没有弹性的、缺少活力的熟鸡蛋。这种人在生活中就是那种常常抱怨且很暴躁的人，他们很固执、不柔软，和环境总是格格不入。

第二种人和第一种正好相反，他们像一根胡萝卜。放在滚水里煮熟了之后，和环境很快就融合在一起了，但是他们不能碰，因为他已经被煮得软绵绵的了，你一碰说不定就断了。这种人在生活中就是不断被同化的人，他们看上去和环境融合得非常好，实际上已经被环境改造得失去了自我。

最后一种人，就像干茶叶。抓一把干茶叶放到滚水中会怎么样呢？茶叶在水中会渐渐舒展，变得非常滋润。而且最奇妙的是，经过滚水相煎，竟然可以飘出缕缕茶香。这种人就是和生活互相改变、互相成全的人。他们用自己的力量改变了周围环境，也完成了自己生命的旅程。

这实在是一个美妙的比喻。生鸡蛋虽棱角分明却无法与世界交融，胡萝卜虽与环境和解却失去自我，唯有干茶叶能够在释放自己的同时，与沸水融为一体，并改变水的味道。可见，唯有你成全世界，世界才会成全你。

现在，很多年轻人的心态总有些浮躁，做事急于求成，不愿意踏踏实实地去努力，总想走捷径、抄近路。一遇到挫折、坎坷，他们不是去反省自己的努力够不够、能力够不够，而是先抱怨生不逢时，没有一个公平合理的环境让自己去打拼。他们就像一颗煮熟的鸡蛋，坚硬固执，不愿意为环境做丝毫的改变。又或者有一些人已经在职场打拼多年，早已没了刚入社会时的棱角，他们处世圆滑，做事情敷衍塞责，总存着蒙混过关、得过且过的侥幸心理，他们不但缺乏工作热情，也在日渐飞逝的时光中消磨着自己的理想。这种人像被煮软的胡萝卜，外强中干，他们早已迷失了自我，丧失了应对世界的能力。

年轻人在职场中要想有所成就，首先就要沉下心来，要甘于并乐于做能够芬芳四溢的干茶叶。用吉祥上师的话来说：“面对人生的不如意，一个人所要做的就是尽量改变自己能够改变的部分。”简而言之，人生的很多不圆满只能由自己去化解，就像那句俗语所说：“自己的梦总还是得自己圆。”我们只能在拯救自己的同时，用努力和诚意去打动上天，所谓“自助者天助”，说的也是这个意思。

有一个关于美孚石油公司的故事，故事发生在1947年，美孚石油公司董事长贝里奇到开普敦巡视工作，在卫生间里，他看到一位黑人小伙子正跪在地上擦洗污黑的水渍，并且每擦一下，就虔诚地叩一下头。贝里奇感到很奇怪，问他为什么要这样做，黑人小伙子答道："我在感谢一位圣人。"

贝里奇好奇地问他："为什么要感谢那位圣人？"小伙子说："是他帮助我找到了这份工作，让我终于有了饭吃。"贝里奇笑了，说："我也曾经遇到过一位圣人，他使我成了美孚石油公司的董事长，你想见见他吗？"小伙子说："我是个孤儿，从小靠教会养大，我一直都想报答养育过我的人。这位圣人如果能让我吃饱之后，还有余钱，我很愿意去拜访他。"

贝里奇说："你一定知道，南非有一座有名的山，叫大温特胡克山。据我所知，那上面住着一位圣人，他能给人指点迷津，凡是遇到他的人都会有很好的发展前途。20年前，我到南非时登上过那座山，正巧遇上他，并得到了他的指点。如果你愿意去拜访他，我可以向你的经理说情，准你一个月的假。"这位小伙子是个虔诚的教徒，很相信神的帮助，他在谢过贝里奇后就上路了。

在30天的时间里，他一路披荆斩棘，风餐露宿，终于登上了白雪皑皑的大温特胡克山。然而，他在山顶徘徊了一整天，除了自己，没有遇到任何人，他不得不失望地回来了。当他见到贝里奇后，说的第一句话就是："董事长先生，一路上我处处留意，但直到山顶，我发现，除我之外，根本没发现什么圣人。"贝里奇说："你说得很对，这个世界上能够挽救你的圣人，首先就是你自己。"

20年后，这位黑人小伙子成为美孚石油公司开普敦分公司的总经理，他的名字叫贾姆讷。

那么我们是做一个披荆斩棘、风餐露宿解救自己的勇者，还是做一个故步自封、妥协于环境的人呢？对于年轻人来说，该如何选择，恐怕是不言而喻的吧。

逆境当前，一切陷阱都是路径

圣严法师说过："只要还有一口呼吸在，就有无限的希望，就是最大的财富。"人或许会遭遇失败和挫折，但却不能绝望，不能放弃希望。因为希望是引出生命潜能的导火索。一个人只要活着，就有希望，只要抱有希望，生命便不会枯竭。

面对失败，就好像在沙漠中远行，最可怕的不是眼前的一片荒凉，而是心中没有一壶清凉的希望。

一片茫茫无垠的沙漠上，尘缘法师带领着几位弟子在那里负重跋涉。阳光很强烈，干燥的风沙漫天飞舞，而口渴如焚的尘缘法师和弟子们早已经没有了水。

水是尘缘法师他们穿越沙漠的信心和源泉，甚至是苦苦搜寻的求生目标。

这时，尘缘法师从腰间拿出一只水壶，说："这里还有一壶水。但穿越沙漠前，谁也不能喝。"

那水壶从随行的和尚们手里依次传递开来，沉沉的。一种充满生机的幸福和喜悦在每个弟子近乎绝望的脸上弥漫开来。

终于，这帮人一步步挣脱了死亡线，顽强地穿越了茫茫沙漠。他们喜极而泣的时候，突然想到了那壶给了他们精神和信念支撑的水。

于是，尘缘法师拧开壶盖，流出的却是满满的一壶沙。

尘缘法师随对众弟子们说："在沙漠里，干枯的沙子有时候可以是清冽的水，只要你的心里驻扎着拥有清泉的信念。"

无论生命处于何种境地，心中若能始终藏着一片清凉，生命自会有一个诗意的栖息地。有些年轻人一遇挫折就灰心丧气、意志消沉，甚至用死来躲避厄运的打击，这是弱者的表现。而不因外境而改变自己本心的人，才是成就大事的强者。一位高僧曾说："无论顺逆，无论任何时候，都要增进信仰，如山而不动摇。"

如山一般屹立在艰难困苦面前，不退缩，不逃避，不失落，不放弃，这是一种何等坚定的姿态。

生活中遭遇逆境在所难免。若能在任何时候都不动摇信心，再困难的境况也坚持下去，那么，总会等到雨过天晴的那一天。正如在航海途中遭遇台风，当台风卷起高高的风浪，肆虐袭来，此时该怎么做？是掉头就跑，还是往两旁逃走？两种方法都不行。因为行船的速度不可能快过风速，所以掉头跑掉的结果只会被台风卷入其中，舟倾人亡。向左转或向右转都不行，因为把船的侧面留给台风，更容易翻船。此时最好的办法就是正面迎接，直线前进。加快船速，朝着台风的中心冲刺，是摆脱台风的捷径。困难当前，没有多少犹豫的空间，放弃和逃避都会让困难变得不可收拾。

行为是由心态决定的，即使困难一个接一个而来，也要拥有对目标的执着，不畏惧困难，不迷茫，明确自己所追求的目标，不急躁，一次只解决一个问题，最终脱离困境。

将所有问题放在一块儿，眉毛胡子一把抓，可能什么也解决不了。如果将问题分清轻重缓急，每次只抓一个问题，深入思考，专注寻找解决之道，等到有所成效了之后，再把注意力放到下一个问题上，就能切实地突破困境。

障碍可以捶打出坚定思想，陷阱可以磨砺出卓越人才，与其说人生中的障碍和陷阱是人的劲敌，毋宁说它是人的忠实侍从。它伴随人们走向成熟，走向坚强。一切障碍皆线索，一切陷阱皆路径，而一个人是否成熟、是否坚强，关键就看他能否在磨难和痛苦的簇拥下，依然保持独立和自由。

生活中没有任何困难或逆境可以成为畏缩不前的理由，陷入困境，一蹶不振时，一定要拿出勇气，坚持信念，走过人生的灰色地带。

世界以痛吻我，我会回报以歌

泰戈尔《飞鸟集》中有这样一句诗："世界以痛吻我，却要我回报以歌。"其中，透着些许的无奈和不甘心。面对着世界加诸给青春的疼痛，谁能够无怨尤地回报其愉悦的歌声呢？

我们看那些呱呱坠地的婴儿，生下来都是两手紧握，那两只小小的拳头，仿佛想要抓住些什么；而我们在看那些垂死的老人，临终前都是两手摊开，撒手而去。这是上天对人的警示：无论穷汉富翁，无论高官百姓，无论名流常人，都无法带走任何东西。上帝总让人两手空空来到人世，又两手空空离去。既然如此，又何必偏执于某一人、某一事、某一物呢？

唐代丰干禅师，住在天台山国清寺。一天，他在松林漫步，山道旁忽然传来小孩啼哭的声音，他寻声一看，原来是一个稚龄的小男孩，衣服虽不整，但相貌奇伟，问了附近村庄人家，没有人知道这是谁家的孩子。丰干禅师不得已，只好把这男孩带回国清寺，等待有人来认领。因为他是丰干禅师捡回来的，所以大家都叫他"拾得"。

拾得在国清寺安住下来，渐渐长大，上座就让他担任行堂（添饭）的工作。时间久了，拾得也交了不少道友，其中一个名叫寒山的贫子，二人相交最为莫逆。因为寒山贫困，拾得就将斋堂里吃剩的饭用一个竹筒装起来，给寒山背回去。

有一天，寒山问拾得说："如果世间有人无端地诽谤我、欺负我、侮辱我、耻笑我、轻视我、鄙贱我、恶厌我、欺骗我，我要怎么做才好呢？"

拾得回答道："你不妨忍着他、谦让他、任由他、避开他、耐烦他、尊敬他、不要理会他。再过几年，你且看他。"

寒山再问道："除此之外，还有什么处世秘诀，可以躲避别人恶意的纠缠呢？”

拾得回答道：

“弥勒菩萨偈语说——

老拙穿破袄，淡饭腹中饱，补破好遮寒，万事随缘了；

有人骂老拙，老拙只说好，有人打老拙，老拙自睡倒；

有人唾老拙，随他自干了，我也省力气，他也无烦恼；

这样波罗蜜，便是妙中宝，若知这消息，何愁道不了？

人弱心不弱，人贫道不贫，一心要修行，常在道中办。

如果能够体会偈中的精神，那就是无上的处世秘诀。”

有人谓寒山、拾得乃文殊、普贤二大士化身。台州牧闾丘胤问丰干禅师，何方有真身菩萨？告以寒山、拾得，胤至礼拜，二人大笑曰：“丰干饶舌，弥陀不识。”

意指丰干乃弥陀化身，惜世人不识。说后，二人隐身岩中，人不复见。胤遣人录其二人散题石壁间诗偈，今行于世。

寒山、拾得二大士不为世事缠缚，洒脱自在，其处世秘诀确实高人一筹。

其实幸福对于每个人来说，蕴藏着无限的哲理与深意，它就像一本大书，只有用心去读，才能品味到处处埋藏的幸福。只有明白生活中的真理，才能去攫取生活中未曾被注意的幸福。幸福就在平凡单调的生活中，幸福就在豪放洒脱的自在中，幸福就在怡然自得的闲情中，只有胸怀豁达，幸福才能从点点滴滴的细节中被释放。

豁达一些，不必为尘世的琐事而执着，当遇到那些让我们难过、悲伤、厌恶、生气或是抉择不下的事情，不如放宽自己的心胸，想着：随他去，不管他！也许生活会变得更容易一些，也更宽广一些，毕竟我们都需要随时腾出一只手来抓住幸福。

“阳光总在风雨后”“梅花香自苦寒来”，没有哪种成功或者幸福就轻而易举就得到的。年轻时，我们常常会羡慕那些拥有幸福家庭和成功事业的人，然后会深感到自己的不幸。其实，世界上原本就没有完美的事物存在，幸不幸福也只是人们通过比较所获取的主观价值。每个人都一样，比幸福的人不幸，比不幸的人幸福。可天下的人，谁是最幸，谁又是最不幸的呢？乞丐吃一口饱饭的幸福和公主淋一场雨的不幸，可能都是人生中的巅峰体验。但苦难会让人更加懂得幸福的滋味。

在侗族，有这样一个风俗习惯：一个人在举办成年礼仪式之前要滚三次泥巴：这三次分别是在5岁、10岁和15岁的生日那天。

这个习俗人让很多异族人感到惊诧，人为什么一定要滚泥巴呢？原来，在侗族一直流传着一句俗语："从母亲那里学到善良，从父亲那里学到勤劳，从祖父那里学到耐性。"

在侗族人心中，这三次滚泥巴的意义也是不同的。

5岁的人，就要脱离母亲怀抱，开始跟着父亲学习劳动。滚泥巴时，他可以让母亲领到田边，由父亲在田坝那边接着。到10岁，则由父亲把他领到田边，由祖父在田坝那边接着，当然，如果没有祖父可以请寨里德高望重的老人来接，意思是孩子初步养成了劳动的习惯，下一步要向祖父学习和锻炼意志，培养耐性了。到了15岁，则由祖父把他带到田边，对面田坝上没人接，意思是从这时起，你即将长大成人，需要自己去体味人间的艰辛，闯出一条自己的生活道路。滚一身烂泥巴，是走向幸福未来的第一步。

生活总是充满苦难和磨炼的，而充实的生命，幸福的人生，正是因为这些苦难的存在，而显得更加弥足珍贵。因为，在人生的路上，经受困难是一种难得的历练。当然，困苦的环境，也可能会使你意志消沉，但你如果不战胜环境，环境就会战胜你，当你一旦受到冷酷无情的打击便会妄自菲薄，以为前途绝无希望，听任命运的摆布，那么你将无声无息，老死原地。

当世界以痛吻我，就一定要回报给他最美的歌声，有着这样的信念，我们才不会轻易向苦痛和艰难低头。你要相信，只要你端正自己的心态，积极地向苦难挑战，青春的我们会像寒梅一样傲立在皑皑白雪之中，吐露芬芳。

在最深的绝望中看见最美的风景

列夫·托尔斯泰在他的散文名篇《我的忏悔》中讲了这样一个故事：一个男人被一只老虎追赶而掉下悬崖，庆幸的是在跌落过程中他抓住了一棵生长在悬崖边的小灌木。此时，他发现，头顶上那只老虎正虎视眈眈，低头一看，悬崖底下还有一只老虎，更糟的是，两只老鼠正忙着啃咬悬着他生命的小灌木的根须。绝望中，他突然发现附近生长着一簇野草莓，伸手可及。于是，这人拽下草莓，塞进嘴里，自语道："多甜啊！"

当痛苦、不幸与危难向故事中的男人逼近时，他居然还能快乐地享受一下野草莓的甜蜜滋味，这种苦中作乐的态度实在令人折服。他在最为危险之中看到的不是绝望的处境，而是绝境中最美的风景——甜如蜜汁的野草莓。

生命的真谛莫过于此。陷入痛苦的泥潭中不能自拔，这样只会与快乐无缘。告别痛苦的手却只能由我们自己来挥动，任何人都无法帮助。绝境虽然处处是险，处处危难，但正如"福祸相依"一样，痛苦与快乐总会存在着一定的辩证关系，彼此之间常常相互转换。

1914年，大发明家托马斯·爱迪生的实验室发生一场大火，损失超过200万美金，他一生的心血在大火中化为灰烬了。

大火燃烧得最凶的时候，爱迪生的儿子查里斯在浓烟和废墟中发疯似的寻找他的父亲。他最终找到了：这时，爱迪生平静地看着火势，他的脸在火光摇曳中闪亮，他的白发在寒风中飘动着。"查里斯，你快去把你母亲找来，她这辈子恐怕再也见不着这样的场面了。"第二天早上，爱迪生看着一片废墟说道："灾难自有它的价值，瞧，我们以前所有的谬误过失都被大火烧了个一干二净。感谢上帝，这下我们又可以从头再来了。"

火灾过去不久，爱迪生的第一部留声机就问世了。

熊熊烈火烧掉的是过去的谬误与过失，却带给爱迪生从头再来的机会。他在最深的绝望中看见了最美的风景——如凤凰涅槃般的美感。我们无法阻挡住命运的进程，但却能改变自己的行动。无论何时，都不要只把眼睛盯在绝望上，欣赏到绝境中的别样风景，才会懂得苦中作乐的人生真谛。

1985年，美国女孩辛蒂还在医科大学念书。有一次，她到山上散步，带回一些蚜虫。她拿起杀虫剂为蚜虫去除化学污染，却感觉到一阵痉挛，原以为那只是暂时性的症状，谁料她的后半生从此陷入不幸。杀虫剂内所含的某种化学物质使辛蒂的免疫系统遭到破坏，使她对香水、洗发水以及日常生活中接触的一切化学物质一律过敏，连空气也可能使她的支气管发炎。这种“多重化学物质过敏症”，到目前为止仍无药可医。

起初几年，她一直流口水，尿液变成绿色，有毒的汗水刺激背部形成了一块块疤痕。她甚至不能睡在经过防火处理的床垫上，否则就会引发心悸和四肢抽搐。后来，她的丈夫用钢和玻璃为她盖了一所无毒房间，一个足以逃避所有威胁的“世外桃源”。辛蒂所有吃的、喝的都得经过选择与处理，她平时只能喝蒸馏水，食物中不能含有任何化学成分。很多年过去了，辛蒂没有见到过一棵花草，听不见一声悠扬的歌声，感觉不到阳光、流水和风。她躲在没有任何饰物的小屋里，饱尝孤独之余，甚至不能哭泣，因为她的眼泪跟汗液一样也是有毒的物质。

但辛蒂并没有在绝望与痛苦中自暴自弃，她一直在为自己，同时更为所有化学污染物的牺牲者争取权益。1986年，她创立了“环境接触研究网”，以便为那些致力于此类病症研究的人士提供一个窗口。1994年辛蒂又与另一组织合作，创建了“化学物质伤害资讯网”，保证人们免受威胁。目前这一资讯网已有来自32个国家的5000多名会员，不仅发行了刊物，还得到美国、欧盟及联合国的大力支持。在面对记者的采访时，她说：“如果是曾经的苦难换回了今天的成绩，那么我所承受的一切痛苦都是值得的。”

痛苦像一把犁，一面将人们好端端的生活犁破，另一面却为生命开辟了新的起源。在这种痛苦与绝境之中，辛蒂看到的不是支离破碎的生活，而是为许多生命带来的新的出路。利用所学所知，她带给人们更美妙的风景。

命运的突变总如晴空的霹雳一般，让前一刻还沉浸在欢乐中的人们刹那间丧失了所有的意志。精神极尽崩溃，人们因各种意外而倍感伤痛与苦闷。有多少人因为命运的突变而走向了衰落，又有多少人因为经不起敲打而堕落沉沦，数不尽数。但只要我们从痛苦中收回视线，把目光聚焦在美好的风景上面，这样的生活才会充满了幸福与简单。懂得苦中作乐，才会将痛苦降到最低点，即便身处绝境，也依然能够看见最美的风景。

痛苦就像一枚青青的橄榄，品尝后才知其甘甜。青春也是如此，一面甘甜，一面味苦。唯有在品尝甘甜时不忘生活的艰苦，品味苦涩的时候更懂得生活，才算真正读懂了人生。世间并不缺少美景，只要我们不将所有的目光都集中在痛苦上，移开视线，也就发现了真正的美景。

当人生进入黑夜

一个年轻人生意破产，情场失意，生活乱成了一团。他没有心情留在那个布满伤痛的城市，一个人来到了海边，打算了结此生。

那晚的大海平静安宁，只有浪花拍打礁石的悦耳声响，他坐在一块高高的礁石上向海面上望去，黑漆漆的一片。他苦笑了笑，原来此时的大海与自己的心一样，都进入了黑夜。这时，他身旁忽然传来一个低沉安详的声音："天已经黑了啊。"他心里一惊，回头望去，只见这块礁石上还坐着一个老人。自己上来的时候太沮丧，没有发现身旁还有人。

"嗯，天黑了。"他似乎只是敷衍地回答了老人，心想着在生命的最后一刻，能有人陪自己说说话也好。

老人站起身，坐到了他的身旁，抬头望着天空，微微一笑。又转过脸对他说："天黑了多好，还能看到满天的星光。"

年轻人一愣，看着老人眼里跳跃的色彩，那么有活力，仿佛不是一个老人该有的沧桑眼神。他疑惑地抬头向天上看去，果然是繁星满天。那一刻的滋味该如何形容呢？好像在幽暗的森林中忽然见到了一处缥缈的灯光，虽微弱却温暖人的心房；又好似错综复杂的迷宫中偶然看到了出口，那一瞬间既惊诧而又惊喜。

老人语重心长地说道："天亮的时候，无论我们怎么抬头看天空，只能见到一个太阳。可夜晚就不同了，我们不仅可以看到月亮，还能看到数不清的星星，多美啊！"

年轻人仿佛听懂了老人话中的含义一样，眼泪慢慢地流了下来。是啊，人生顺境的时候，自己看到的只是面前的成功，身边的荣耀，可在逆境的时候，他却得到了许多无比重要的经验。生意为什么破产，妻子为什么离开，这些都是他原本不敢面对的问题。而此时，他的头脑仿佛从未有过的清晰，心底的郁结仿佛都随着那些星辰微弱的光芒消散，最终剩下的只有对生命的向往。

他站了起来，对着老人郑重地鞠了一躬。他感谢的不仅是老人救了自己一命，更感谢他为自己的后半生上了一堂最精彩的课。

当生命陷落到一片黑暗之中时，仿佛是人生进入了黑夜。在那个幽暗的空间中，一切都被黑夜吞噬，只剩下一颗颗脆弱的心灵。我们彷徨、迷茫、郁郁寡欢，可终究抵不过命运的不堪。命运总是以这种方式扭曲着我们脚下的路，时而坎坷，时而平坦，也许在走了许久之后忽然掉落无尽的深渊，也许匍匐了一阵之后又会重见光明。

在人生这条路途上，我们的视线常常锁在那片黑暗上，总是忘了抬头看一看是否还有星光，也忘了即便是漆黑一团的夜晚，也仍然会有生机存在。一马平川的生活虽然不错，却很容易让我们沉溺其中，看不到自己的缺点，看不清命运多舛，生命只会呈现出一种单调的色彩。而逆境则不同，遭遇黑夜的人，常常会比平常人多了几分谦虚谨慎，也更能理解生命的艰辛，这样在他走出困境的时刻，才会更珍惜光明。

当人生进入黑夜时，不需要太过伤感，我们可以将它当成人生中最好的历练。"没有一番寒彻骨，怎得梅花扑鼻香。"在暗夜之中独自前行，披着星辰赶路，让点点星光化作我们前进的动力，踏实地走出人生的暗影。最终我们收获的，才算得上是完整而多彩的人生。

每个人都会遭遇坎坷，生命都会有陷入一片黑暗的时刻。但真正考验我们的，却是逆境。逆境可以磨砺一个人的心性，也可以让一个人更珍惜眼前的生活。逆境与黑夜一样，都不会太过于长久。只要在黑暗中坚定不移地行走，我们终会遇见希望的曙光。

你虽脆弱，但必坚强

无论贫穷，无论富贵，无论卑微，无论高贵，拥有的生命总是相同的，在这看似漫长却短暂的人生中，也同样都要经历“八苦”，即生苦、老苦、病苦、死苦、怨憎会苦、爱别离苦、求不得苦及五蕴炽盛苦。

在我们周围，有些年轻人无法去面对已发生或者正在发生的事情，不敢正视现实，让自己逃避、沉沦、醉生梦死，以为人生的苦就这样便可过去，可若你的心还在苦水中，事情过不过去已经不重要了，你的人生还是苦的，人还是脆弱不堪。

人世间总是有着人类难以磨灭的痛苦。人如沧海一粟，在面对自然、生死中总是那么无能为力，生命也显得那么脆弱。人生譬如朝露，难见夕阳；人生或若扁舟，难经大浪；人生或若候鸟，难见寒冬。在生命的每个过程中都存在着无力感，人类感叹自己的渺小，自然的伟大，命运的轮回，还有世事的无常。那突如其来的灾害，让上万的生命在一瞬间消逝，留下满目的疮痍和生者的痛苦无奈；那突然飞来的横祸，或者就让年轻的生命消逝，盛开的花朵凋零，或者留下终身的残疾，要他们重新去面对生活；还有那无可避免的病痛，不论男女老少，它附噬在每一个人的身上，大张旗鼓的偷取人的生命，让人痛苦不已；更有那衰老，无可避免，眼看着青春流逝，年少不在，而自己白发苍苍，颤颤巍巍，视线模糊，听觉不清，味觉不灵。

青春如此脆弱，却从来不是叫我们去沉沦的。脆弱的人生虽然让人难过，却也让人反思。或者说这是人生的必经之路，人生走向成熟的路。没有人天生能够战胜脆弱，却总要学着，在漫长或短暂的人生中慢慢用行动去证实自己的勇敢。

法国一个偏僻的小镇，据传有一眼特别灵验的水泉，常会出现神迹，可以医治各种疾病。

有一天，一个拄着拐杖、少了一条腿的退伍军人一跛一跛地走过镇上的马路。旁边的镇民带着同情的口吻说："可怜的家伙，难道他要向上帝祈求再有一条腿吗？"这一句话被退伍军人听到了，他转过身对他们说："我不是要向上帝祈求有一条新的腿，而是要祈求他帮助我，叫我没有一条腿后，也知道如何过日子。"

虽然生命脆弱，难以想象的磨难在未来等待着，但是苦难夺不走我们对生命的热爱。当遭遇脆弱时，不会一味地感慨自己的无助，而是要正视脆弱，面对现实，这样才有继续生活的勇气，才有活出精彩的可能。

有的人臣服于脆弱，甘愿在脆弱中一蹶不振，如行尸走肉中生活，放弃自我救赎的可能，而有的人，却能够面对脆弱，用自己强大的内心去震慑错误，让自己在面对脆弱时有更大的勇气。淡定生活，若我们面对脆弱时不畏惧，生命永远会有各种可能。

《孟子》里有一段大家耳熟能详的话："天将降大任于斯人也，必先苦其心志，劳其筋骨，饿其体肤，空乏其身，行拂乱其所为。所以动心忍性，增益其所不能。"

确实，苦难无处不在，人人都可能遭遇。正如谚语所云，天有不测风云，人有旦夕祸福。然而苦难并不可怕，全在当事人如何应对。平庸之辈，遽然遭遇而惊慌，颓然叹息而失措，终至一蹶不振，被苦难打倒。若强健高洁之士，虽遭重创而精神不乱，面临困苦而意志弥坚。假以时日，否极泰来，苦尽甘至，守得云开见月明，正可遂其青云之志。

正所谓：宝剑锋自磨砺出，困苦艰难显英雄，此乃人才成长之不二规律。

19世纪中期的青年李维斯也像其他许多年轻人一样，充满着梦想去美国西部淘金。

一日，突然间他发现有一条大河挡住了他西去的路。苦等数日，被阻隔的行人越来越多，但都无法过河。于是陆续有人向上游、下游绕道而行，还有人打道回府，更多的则是怨声一片。而心情慢慢平静下来的李维斯想起了曾经有人传授给他的一个“思考制胜”的法宝，于是他来到大河边，“非常兴奋”地不断重复着对自己说：“太棒了，大河居然挡住我的去路，又给我一次成长的机会，凡事的发生必有其因果，必有助于我。”果然，他真的有了一个绝妙的创业主意——摆渡。没有人会因吝啬一点小钱而不坐他的渡船过河，他人生的第一笔财富居然因大河挡道而获得。

一段时间后，摆渡生意开始清淡。他决定放弃，并继续前往西部淘金。来到西部，四处是人，他找到一块合适的空地，买了工具便开始淘起金来。没过多久，有几个恶汉围住他，叫他滚开，别侵犯他们的地盘。他刚理论几句，那伙人便失去耐心，一顿拳打脚踢。无奈之下，他只好灰溜溜地离开。好不容易找到另一处合适地方，没多久，同样的悲剧再次重演，他又被人轰了出来。在他刚到西部那段时间，多次被欺侮。终于，又一次被人打完之后，看着那些人扬长而去的背影，他又一次想起他的“制胜法宝”：“太棒了，这种事情竟然发生在我的身上，又给了我一次成长的机会，凡事的发生必有其因果，必有助于我。”他真切地、兴奋地反复对自己说着，终于，他又想出了另一个绝妙的主意——卖水。

西部黄金不缺，但自己似乎无力与人争雄；西部缺水，可似乎没什么人能想起它。不久他卖水的生意便红火起来。慢慢地，也有人参与了他的新行业，再后来，同行的人已越来越多。终于有一天，在他旁边卖水的一个壮汉对他发出通牒：“小个子，以后你别来卖水了，从明天早上开始，这儿卖水的地盘归我了。”他以为那人是在开玩笑，第二天依然来了，没想到那家伙立即走过来，不由分说，便对他一顿暴打，最后还将他的水车拆烂。李维斯不得不再次无奈地接受，但再次强行让自己兴奋起来，不断对自己说着：“太好了，这样的事情竟然发生在我的身上，又给我一次成长的机会，凡事的发生必有其因果，必有助于我。”他开始调整自己注意的焦点。他发现来西部淘金的人，衣服易磨破，同时又发现西部到处都有废弃的帐篷，于是他又有了一个绝妙的好主意——把那些废弃的帐篷收集起来、洗干净，就这样，他缝成了世界上第一条牛仔裤！从此，他一发不可收拾，最终成为举世闻名的“牛仔大王”。

这个世界上，谁都希望能获得成功，但迎接我们的往往是失败。能面对苦难而心不变，心态平和地继续走下去，反而更有成功的可能。而急性子、脾气暴躁的人，则容易被失败击垮，成功也会离他越来越远。

面对困难，你只要昂起高贵的头，扬起意志的风帆，迎着风雨远航，以一种强者的风范，一种藐视万难的气度面对人生苦难，苦难就会向你低头，人生转机就会出现。这正应了那句广告语：人生，越磨砺越光芒。

人生皆有苦难，正是苦难成就人生。在人生苦难面前，年轻的我们虽然脆弱得不堪一击，却也能坚强地微笑以对。

把目光集中在9000件事上

月有阴晴圆缺，人生亦是如此。生活中的低谷就像是行走在马路上遇到红灯一样，紧盯着红灯不会让等待的时间减少一秒。年轻人不妨把心放宽，将目光转移到身边的美景上面，你会发现，身边原来还有更多舒心美好的事情。这样不仅享受了生命，同时也会在绿灯亮时更快乐地行走。

年轻的飞行员米歇尔对生命的执着让他成为一个奇迹式的传奇人物。在两次可怕的意外事故后，米歇尔的脸因植皮而变成一块彩色板，手指没有了，双腿细小，无法行动，他只能瘫痪在轮椅上。第一次意外事故把他身上65%以上的皮肤都烧坏了，为此他动了16次手术。手术后，他无法拿起叉子，无法拨电话，也无法一个人上厕所，但曾是海军陆战队员的米歇尔从不认为自己被打败了，他说："我完全可以掌控自己的人生之船，那是我的浮沉，我可以选择把目前的状况看成倒退或是一个新起点。"6个月之后，他又能开飞机了！

米歇尔为自己在科罗拉多州买了一幢维多利亚式的房子，另外也买了房地产、一架飞机及一家酒吧，后来他和两个朋友合资开了一家公司，专门生产以木材为燃料的炉子，这家公司后来变成佛蒙特州第二大私人公司。第一次意外发生后4年，米歇尔所开的飞机在起飞时又摔回跑道，把他胸部的十二块脊椎骨全压得粉碎，他永远瘫痪了。

米歇尔仍不屈不挠，努力使自己达到最大限度的自主。后来，他被选为科罗拉多州孤峰顶镇的镇长，保护小镇的环境，使之不因矿产的开采而遭受破坏。米歇尔后来还竞选国会议员，他用一句“不只是另一张小白脸”作为口号，将自己难看的脸转化成一项有利的资产。

后来，行动不便的米歇尔开始泛舟。他坠入爱河且完成终身大事，他还拿到了公共行政硕士，并持续他的飞行活动、环保运动及公共演说。米歇尔坦然面对自己失意的态度使他赢得了人们的尊敬。

米歇尔说：“我瘫痪之前可以做1万件事，现在我只能做9000件，我可以把注意力放在我无法再做的1000件事上，或是把目光放在我还能做的9000件事上。告诉大家，我的人生曾遭受过两次重大的挫折，而我不能把挫折当成放弃努力的借口。或许你们可以用一个新的角度，看待一些一直让你们裹足不前的经历。你们可以退一步，想开一点，然后你们就有机会说：‘或许那也没什么大不了的！’”

若将视线集中在无法做的事上，不但解决不了任何问题，同时还会让我们失去了对生活的兴趣。每个人的一生都注定要品尝苦涩与无奈，经历挫折与失意。幻想在生活的四季中享受所有的春天，这只是个奢侈的愿望罢了。正因为有寒冬、有酷暑，生命才有了四季变换的美感。

幸福并不是等来的，而是依靠我们自己经营而来。在艰难的生活中也能发现乐趣，在困顿窘迫中也能体味命运的美感，这样的幸福才具有真正的意义。落英在晚秋凋零，来年又灿烂一片；黄叶在秋风中飘落，春天又焕发出勃勃生机。失意在所难免，权且把心放宽。这何尝不是一种达观，一种洒脱，一份人生的成熟，一份人情的练达。正因如此，不完美的人生才会因我们而变得圆满，幸福感才会油然而生。

在青春的旅途中，失意并不可怕，受挫也无须忧伤。只要心中的信念没有萎缩，只要自己的季节没有严冬，即使风凄厉冷，即使大雪纷飞。艰难险阻是人生对你另一种形式的馈赠，坑坑洼洼也是对你意志的磨砺和考验。

干才是得到：年轻就要拼一把

一位哲人曾这样说过："我们生活在行动中，而不是生活在岁月里。"要改变庸庸碌碌的日子，不是一天天的消磨时光，而是要行动起来。抓紧生命中的每一分钟，别让光阴耗费在无尽的蹉跎里，踏踏实实地把心中的想法变成不倦的行动力，我们才有机会摘下成功的甜美果实。通过一次次的拼搏，经历过程艰辛的奋斗，年轻人的阅历就在这个过程中日积月累、不断丰富。

心有多大，舞台就有多大

我们都难以避免地要在生命的泥浆中与现实汗水淋漓地摔跤搏斗，而生命就是在这样一次次的挣扎中开始蜕变的。很多时候，我们不要将自己陷在一片无法自拔的泥泞中，大胆一点，冒险一点，置之死地才能后生。

唯有经历各种各样的痛苦和艰难，生命的宽度才能不断拓展。通过一次又一次与各种苦难握手，历经反反复复的较量，年轻人的阅历就在这个过程中日积月累、不断丰富。

蝴蝶的幼虫是在一个洞口极其狭小的茧中度过的。当它的生命要发生质的飞跃时，这个天定的狭小的通道对它来讲无疑成了“鬼门关”，那娇嫩的身躯必须竭尽全力才可以破茧而出。许多幼虫在往外冲杀的时候力竭身亡，最后成为“飞翔”这个词语的祭品。

有人怀了悲悯之心，企图将那幼虫的生命通道修得宽阔一些。他们用剪刀把茧的洞口剪大，这样一来，所有受到帮助而见到天日的蝴蝶都不是真正的精灵——它们无论如何也飞不起来，只能拖着丧失了飞翔功能的双翅在地上笨拙地爬行！原来，那“鬼门关”般的狭小茧洞恰恰是帮助蝴蝶幼虫两翼成长的关键所在。穿越的时候，通过用力挤压，血液才能被顺利输送到蝶翼的组织中去；唯有两翼充血，蝴蝶才能振翅飞翔。人为地将茧洞剪大，蝴蝶的双翅就没有了充血的机会，爬出来的蝴蝶便永远与飞翔绝缘。

年轻人成长的过程恰似蝴蝶的破茧过程，在痛苦的挣扎中，意志得到磨炼，力量得到加强，心智得到提高，生命在痛苦中得到升华。当你从痛苦中走出来时，就会发现，你已经拥有了飞翔的力量。如果你不曾经受挫折，也许你就会像那些受到“帮助”的蝴蝶一样，萎缩了双翼，平庸一生。

人生是次旅行，而未来就像前方错综复杂的道路，没有人知道即将踏上的旅程将怎样蜿蜒婉转，也许遇上虎视眈眈的猛兽，也许遇上荆棘满布的丛林，但不管遇到什么，我们都只能不畏困难地勇敢前进，因为人生的路途上，我们不能后悔，也不能回头。人生路上，要画出自己理想的曲线。而用生命诠释这种想法的人，是星云大师。

很多年前，每次早课讽诵《楞严咒》中“愿将身心奉尘刹，是则名为报佛恩”一句时，这个年幼的小沙弥都会在心中暗暗发愿：“将来，我一定要把全部的身心奉献于弘法利生。”世事蹉跎成白首，六十年甲子轮回间，当年的小沙弥早已修行成为受人尊敬的佛学大师。他就是佛光山的开创者星云大师，虽然被弟子信徒推崇备至，但大师为人依旧谦和低调。他的每一场演讲都吸引了很多人，虽不至出现夹道欢迎的盛况，但众人虔心求教的场面也蔚为壮观。从一个食不果腹、六年间只穿两身衣服、鞋子破了拿纸垫的小沙弥，成长为屹立在两千多年悠悠佛教历史长河中的一座丰碑，他把“人间佛教”的火种洒满了五洲大地。正如媒体评论所说：“如今的星云大师，不只属于佛光山，不只属于台湾，不只属于中国，已经是全世界、全人类的宝藏。”这一条星云大师用六十年走出来的路，可谓波澜壮阔，真正流出了自己独特的流域，成就了一代佛学大师。

没有谁的路永远是一马平川的，有平坦大道必有荆棘小路，只有坚定地走下去，承受一切悲喜，才能到达幸福的终点，书写一次美好的旅程。被他人所左右而失去自己方向的人将无法抵达属于自己的幸福。自己的路自己走，与人何干？谁能代替你走路吗？谁能代替你作决定吗？谁能站在你的立场、角度去看问题吗？答案当然是否定的。自己的人生要自己做主，自己的命运需要自己主宰。

1832年，有一个年轻人失业了。而他却下决心要当政治家、当州议员，糟糕的是他竞选失败了。在一年里遭受两次打击，这对他来说无疑是痛苦的。但他并没有气馁，他告诉自己，失败只是暂时的，只要努力，成功一定会降临到自己的身上。他又着手办自己的企业，可一年不到，企业就倒闭了。在以后的17年里，他不得不为偿还债务而四处奔波、历尽磨难。此间，他再一次竞选州议员，这次他终于成功了。他认为自己的生活可能有了转机。可就在离结婚还差几个月的时候，他的未婚妻不幸去世。他心力交瘁，卧床不起，患上了严重的神经衰弱症。1838年，他觉得身体稍稍好转时，又去竞选州议会长，却失败了；1843年，他又竞选美国国会议员，但这次仍然没有成功……试想一下，如果是你处在这种情况下会不会放弃努力呢？他一次次地尝试，一次次地失败。企业倒闭、情人去世、竞选败北，要是你碰到这一切苦痛，你会不会放弃你的梦想？他没有放弃，尽管灾难一次次降临到他的身上，他始终积极而坚强地面对生活。他始终告诉自己，尽管现实很残酷，但只要你不认输，你就一定能够扭转局面！1846年，他又一次竞选国会议员，终于当选了。在往后的时光里，他仍在失败中奋起，一次又一次地努力，最后，1860年，他当选为美国总统。这位在失败中奋斗的英雄就是林肯。

林肯的这条人生路是曲折的，也是辉煌的，他走出了自己最美妙的人生曲线。人活着，就要走路，人生的路是人走出来的，生命是我们自己决定的。人生最重要的是我们要走出一条不一样的路，而不在乎它有多曲折。心有多大，舞台就有多大。如果一个人丝毫不存突破前人的气魄，那他的心只会囿于现有的视野，庸碌一生。要想超越平庸，那就像星云大师所说的那样，即使前路委曲婉转，我们一样能流出我们自己的独特流域，画出我们自己理想的美妙曲线。

先迈出你的脚，我才给你我的手

德国有一句著名的谚语，译成英文是这样的：You first move your feet,and then I will give you my hand.翻译成中文就是："先迈出你的脚，我才给你我的手。"如果一个年轻人站在那里不愿意迈步的话，你伸手拉他，会是什么样的结局呢？他的脚不动的话，他的身体就会前倾，人就会摔倒。生活中不要无偿地帮助一个人。因为总是无偿地帮助一个人，一开始的时候，他可能会很感动，时间久了，他总是伸手即得，就会渐渐麻木，不但失去了最初感恩之心，而且也会对别人的扶持渐生依赖。总有一天，他就会站在那里不动，到时候，你一伸手，他只会摔倒在你的面前。

“自助者天助”也是这个道理，我们帮助别人本来是好心，但如果不加节制、不懂智慧地付出，就会适得其反。世界上因为得到了别人的扶持而迷失自我、放弃努力的人实在太多了。

很多人都听过“观音躲雨”的故事。有一个人，在屋檐下躲雨，看见观音撑伞走过，于是这人马上说：“观音菩萨，都说您普度众生，请带我一段吧。”观音说：“我在雨里，你在檐下，而檐下无雨，你不需要我来度。”这人立刻站到雨中，说：“现在我也在雨中了，您该度我了吧？”观音说：“你在雨中，我也在雨中，我不被淋，因为有伞；你被雨淋，因为无伞。所以不是我度自己，而是伞度我。你要想度，不必找我，请找伞去！”说完便走了。

第二天，这人遇到了难事，便去寺庙里求观音。走进庙里，才发现观音像前也有一个人在拜，那个人长得和观音一模一样。这人问：“你是观音吗？”那人答道：“我正是观音。”这人又问：“那你为何还拜自己？”观音笑道：“我也遇到了难事，但我知道，求人不如求己。”

遇到困难时，我们要先想到自己帮助自己。明白了这个道理，我们才能像观音那般，既懂得解救他人，也懂得拯救自己。在智者的眼中，人只有自己先独立起来，才能去帮助别人。如果凡事总是自己先把自己打败了，连自己也无法自救，又何来救人的本领呢？

同样的道理，如果我们希望得到别人的帮助，我们应该先学会迈出自己的脚，主动寻求突破人生瓶颈的渠道。如果我们希望能够帮助别人，也应该先考虑如何智慧地施恩，让他人既获得帮助，也保留做人的尊严与独立。所谓“自利利他，自助天助”正是佛法的“中道”智慧。

曾经有一个穷人，在冬天来临的时候，没有钱买木柴了。于是，他去向一个富人借钱。富人爽快地答应借给他两块大洋，而且还很大方地说：“拿去花吧，不用还了！”穷人犹豫了一下，接过了钱，小心翼翼地包好后，就匆匆往家里赶。富人冲他的背影又喊了一遍：“不用还了！”第二天大清早，当富人打开院门的时候，发现门口的积雪已经被人扫过了。他打听之后，才知道雪是昨天借钱的穷人扫的。富人想了想，忽然明白了一个道理：自己昨天的举动只是给别人一份施舍，这只会将别人变成乞丐。于是，他让穷人写了一张借条，约定以扫雪来偿还借款。

通过这个故事，我们可以明白一个道理：在帮助别人的时候，不要存有“施舍”的想法，那样无疑会损伤他人的尊严。反之，如果我们需要别人的帮助，不但要心存感恩，还应该明白永远保持自己人格的独立。我们必须先迈出自己的脚，才有可能握住别人伸过来的手。也只有当年轻的我们自立自强之后，我们对他人的扶持才算是一种有力的支撑。

宇宙间的一切生命都相依相存

苏轼有诗云，“若言琴上有琴声，放在匣中何不鸣？若言声在指头上，何不于君指上听？”这首小诗表面上看来，写的是弹琴的道理：把琴放在盒子里，琴是不会自己发出声音的，单独伸出自己的手指，也听不到声音。只有当我们的手指扣住琴弦的时候，才能弹奏出优美的曲调和悦耳的乐声。也就是说，世界上万事万物都是互相联系、彼此照应的，用吉祥上师的话来说，就是“我们每个人的生存都或多或少依赖别人的因缘与扶持”。

诚然，如果没有古人农业知识的传递，我们今天的生产技术就不会有这么好的发展；没有古圣先贤的智慧，我们今天的文化也不会如此丰富、繁荣。即便物质生活已经如此发达，我们也不能每个人都去播种自己的土地，收获自己的粮食。我们还要依赖农民的劳动，我们也不能自己发明科技产品，依然要依赖科学工作者的创造与研究……小到一粒米，大到人类飞天遁地的梦想，无一不是互助合作的成果。可以说，生命中的每一天、每一刻，我们都在彼此依赖。生命本来就是相依相伴、共生共存的。

有一个戏剧爱好者，他不顾亲朋的反对，毅然选择了一处并不热闹的地区，修建了一所超水准的剧院。剧院开幕后，非常受欢迎，并带动了周围的商业的发展。附近的餐馆一家接一家地开，百货商店和咖啡厅也纷纷跟进。没有几年，剧院所在的地区便成了繁荣的商业地带。

“看看我们的邻居，一小块地，盖栋楼就能出租那么多的钱，而你用这么大的地建造剧院，却只有这一点的收入，岂不是吃大亏了吗？”这个人的妻子对丈夫抱怨道，“我们何不将剧院改建为商业大厦，也做餐饮百货，分租出去，单单租金就比剧场的收入多几倍！”这个人也十分羡慕别人的收益，于是便将自己的剧院关闭，贷得巨款，改建商业大楼。不料，楼还没有竣工，邻近的餐饮百货店纷纷迁走，更可怕的是房价下跌，往日的繁华便不复存在。

在种种现实面前，这个人终于醒悟，是他的剧院为附近带来繁荣，也是繁荣改变了他的价值观，正是他价值观的改变，使当地失去了繁荣。世界上万事万物都是互为因果、彼此联系的。我们不可能超越周围的环境独立存在，更不可能孤立地干一件事。

人们常因建设自己而造就了别人，又因别人的造就而改变了自己。在这种改变中，如果我们不让别人赢，常常也会输掉自己。“人与人之间天生存在着一种合作关系”，这本是最简单不过的道理。但越是简单的道理，越容易被人忽视，就像故事中的剧场主人一样，常常为了自己一时的利益而忽视了共同利益，最终反而让自己失去更多。

宇宙间的一切生命都相依相存，就像剧院附近会有百货商店、咖啡馆以及其他餐饮娱乐设施等，它们都是跳动在乐谱上的每一个音符。当把一支优美的乐曲分割成一个个单调的音符时，我们还能被每一个音符征服吗？答案不言自明，再美好的音符也不能独自发出扣人心弦的乐声。只有当所有的音符一起跳跃的时候，才能体现出音乐的神奇魔力。

年轻人缺的是获得财富的境界

有时候，年轻人初入社会，如果想凭借自身能力快速成名或一夜暴富几乎是不可能的。这一切，并不是因为创业环境如何恶劣，或竞争机制本身的问题，而是因为年轻人需要锤炼、敲打和提升，比如说关公。

我们很多人都知道中国京剧武行里，最大的动作是翻跟头。但是我们看关羽，横马立刀，令天下敌人闻风丧胆，是位大将军。可我们从来没见他在台上翻跟头。很多地方的小寺庙里都供奉着关公，我们看到的关公像是怎样的呢？是横眉立目，拿刀乱砍乱杀的吗？不是，他多半的姿态都是手捧《春秋》。

再比如杜月笙，当年他也是纵横四海的黑帮老大。刚创业的时候，他周边的人和他自己差不多，基本都是流氓出身，所以只能是短衣衫小打扮。在那种场合之下，哥儿们义气，浪迹天涯，和衣服也是很匹配的。可是，当真正闯出自己的一条路来，从闯匪到名流，跻身于社会另一个阶层的时候，他就只能拜章太炎这样的人为师。这个时候，他自然要脱下短褂改穿长衫。因为高层次的东西总是儒雅的，举手投足都要符合身份和气质。

我们看那些武侠片，拿刀剑的一定打不过拿拂尘的，拿拂尘的比不上手里没武器的。因为境界越高，你手中的兵器就越会内化为一种力量，比的就不是拳脚，而是智慧了。所以，对于年轻人来说，缺乏的不是惊涛拍岸的训练，而是深谋远虑的镇定。当一个人有一定修为的时候，你会发现，他手里的财富、身后的名望，都已经与当初不可同日而语了。

有一位成功人士曾讲过自己身边的一个故事。他原来有一个同事，还是“草根一族”的时候，他在走廊里说话时，总是哇哩哇啦地乱吼。长长的一条走廊，他在这边说话，那边也听得到。后来，这个人辞职下海了，再见到他的时候，他跟人说话都是“咬耳朵”。咬耳朵就是说的悄悄话，这倒不是说他有什么见不得人的，而是说他从里到外都发生了很大的变化。这位成功人士跟其他同事一打听，才知道此人果然已经变成了千万富翁。所以，这位成功人士不无感慨地说：“说话声音越小，人生财富越多啊！”

当一个人心平气和地说话的时候，他是怕打扰到别人。当一个人心烦意乱的时候，他说出来的话总是很刺耳，无论声音还是语气，自己都觉得不舒服，别人听了也觉得不耐烦。很多暴发户为什么不值得羡慕和推崇呢？就是因为修为不够，境界不够。当碰到一个原来张牙舞爪的人忽然静心诚意的时候，我们就该想到他可能是经历了很多事情，内在的气质才发生了变化。

经常有人觉得某个人面相很好，非常和善、慈祥，基本就可以推断这个人的家境一定比较殷实，因为他举手投足都带着一种富贵之气。所谓的“富”其实是容易的，就是兜里的钱多嘛。但是，所谓的“贵”却是不容易的，这里既有接人待物的儒雅，也有颔首低眉的谦虚，非三言两语可以解释清楚。所以，西方很看重上流社会还是下流社会。这个“流”指的不仅是你有多少钱，还有你的修养。你的修养到了一定的程度，境界的高低内化为一种气质转化出来的时候，财富的获得也就变得容易多了。

修养是一种无形的资产。年轻人在学习做事之前，要先学会做人。因为现实中，很多人的失败并不是能力的失败，而是做人的失败、道德的失败。学会了做人，别人才会相信你做事的能力。当你气定神闲，举重若轻，能够做到胸有惊涛而面如平湖的时候，你便有了担当，有了隐忍，有了做人做事的韧性。这个境界达到后，再大的重担放在你身上，别人也会觉得放心了。

是什么料，充什么用

许多年轻人干着与自己梦想毫不相干的事，甚至是自己不喜欢的事。为了生计，为了生活，放弃了追逐梦想的勇气，不甘心却又无能为力。天长日久，慢慢地习惯了这种方式——安于现状，思想的惰性造成了老化的心态，迷茫的眼神看不到前进的方向。

曾经有一个人问一个很优秀的橄榄球队员："为什么每次球到你手中，都会顺利进门，从没有丢过？"他很平常地说："因为我只看到前方的目标——球门，其他的障碍我通通看不到！"其实，有时候注意力就等于结果。当我们为梦想而努力的过程中，如果瞻前顾后，左顾右盼，犹疑不决，或是"三天打鱼，两天晒网"，都会让我们的努力化为乌有，让梦想成为空谈。

梦想听起来似乎很缥缈，可是它却能让生活变得充实。在喧嚣的尘世中，正因为有梦想，空虚的人才知道自己想要什么，应该做什么，才会感到生活的美好，才能在偌大的世间找到属于自己的位置，变得充实。

当年，李安报考美国伊利诺伊大学戏剧电影系，父亲坚决反对，因为对华人来说，成功的机会微乎其微，但他还是登上去美国的班机，因为他心中一直怀着对电影的梦想。

几年后，李安从电影学院毕业，终于明白父亲的话是对的，从1983年起，李安经历了6年多漫长而无望的等待。其间，多数时间都是帮剧组看器材，做些无聊没意义的杂事，有时一个剧本跑了三十多家公司，都以遭白眼而告终。

这样的日子持续很长一段时间，当时，妻子在当地一家小研究室做药物研究员，薪水少得可怜，而他们的大儿子也已出生。为缓解内心的愧疚，李安每天除了在家里读书，看电影，写剧本外，还包揽了所有家务，负责买菜做饭带孩子，将家里收拾得干干净净。这样的生活对一个男人来说，肯定很伤自尊心。看着别人每天在外面忙着赚钱养家糊口，自己在家做些琐事，没一点做男人的自豪感和成就感，心里有说不出的酸楚。

很多人都以为李安会因此而堕落下去。因为当一个人遭受挫折，没了梦想而跌入空虚的境地是很可怕的。前途一片渺茫，没有寄托，久而久之，肯定会无所事事，空虚充满整个生活，可李安并没有那样，他以惊人的毅力怀着梦想坚持了下来。

后来，他去社区大学学习电脑，学会一技之长，还像之前一样在家做家务带孩子，学习电影以外的东西充实自己，等待机会。李安的努力终于没有白费，他的剧本得到了基金会的赞助，他拿起摄像机开始奔波忙碌，慢慢的，他的电影开始在国际上获奖。

李安是个有梦想的人，他没有因为生活一时的琐碎无聊而委靡不振，从此无所事事，在空虚中堕落下去。他只是在角落里静静等待机会，把看似空虚无聊的生活变得有价值，最后获取成功。

雨果说："哪怕是一个最英勇的人，一旦夺去了他珍贵的理想，都会落到一个境界里去，这是生活空虚的结果。生活好比旅行，理想是旅行的路线，失去了路线，只好停止前进了。生活既然没有目的，精力也就枯竭了。"哪怕在最艰苦难耐的日子里，李安心里依旧充实，因为他心中有一个电影梦。如今，他已经拿到了不止一个奥斯卡小金人，除此之外，还有许许多多的国际大奖。

生活中，总有许多人会抱怨生活没意义，学习没动力，做什么事情都没激情，其实他们已经慢慢走入空虚的陷阱。他们之所以会没有动力，就是因为没有梦想，没有追求。一个有着远大理想的人，绝对不会整天为一些无聊的事情而苦恼，他们只会想着怎么才能一步步靠近梦想，不断奋斗。

人的活动如果没有梦想的鼓舞，就会变得空虚而渺小。若是每个人都拥有了五彩缤纷的梦，每天都充满希望，不停进步，生活肯定很充实。空虚并不可怕，摆脱空虚也并不困难，只要重新找回自己的梦想便可。有梦想的人，永远都不会感到空虚，现实梦想的过程就是不断充实自己的过程。

人生好比一座大厦，由不同的材料构造而成，梦想就是其中一种。而在筑起这座宏伟的大厦的时候，会遇到许许多多困难，但只要坚持心中的目标和梦想，总能够将一切艰难险阻都战胜，盖起属于自己的高楼大厦。对于所有人来说都一样，拥有自己远大的梦想，并能不断为之努力是战胜一切困难的法宝。

杨绛先生在她的《将饮茶》中写了这样一段话："人的尊卑，不靠地位，不由出身，只看你自己的成就。我们不妨再加上一句：'是什么料，充什么用。'假如是一个萝卜，就力求做个水多肉脆的好萝卜；假如是棵白菜，就力求做一棵瓷瓷实实的包心好白菜。萝卜白菜是家常食用的蔬菜，不求做庙堂上供设的珍果。"

如果人生没有一次耐心等待成功的话，那么将要用一生等待失败。年轻的我们在梦想的路上，少不了耐心和脚踏实地，像杨绛先生说的那样，什么材料充什么用。如果是一棵白菜，就心无旁骛地力求做一棵瓷瓷实实的包心好白菜吧！

踏实地跨出第一步

泰国有个叫奈哈松的人，一心想成为一个富翁，他觉得成为富翁的最短的捷径便是学会炼金之术。此后，他把全部的时间、金钱和精力都用在了炼金术的实验中。不过，残酷的现实并没有让他得到想要的东西，不久以后他花光了自己的全部积蓄，家中变得一贫如洗，连饭都没得吃了。

妻子无奈，跑到父亲那里诉苦，想让父亲帮忙想个主意。她的父亲思索了片刻，决定帮女婿改掉恶习，并想到了方法。

他让奈哈松前来相见，并对他说："我已经掌握了炼金之术，只是现在还缺少一样炼金的东西……"

"快告诉我还缺少什么？"奈哈松急切问道，想到了终于看到梦想的曙光，心中无比雀跃。

“那好吧，我可以让你知道这个秘密。我需要3千克香蕉叶下的白色绒毛。这些绒毛必须是你自己种的香蕉树上的。等到收齐绒毛后，我便告诉你炼金的方法。”

奈哈松得知了这个方法后，再也没有像原来一样整日忙忙碌碌。他回家后立刻将已荒废多年的田地种上了香蕉。为了尽快凑齐绒毛，他除了种以前自家就有的田地外，还开垦了大量的荒地。当香蕉长熟后，他小心地从每张香蕉叶下搜刮白绒毛，而他的妻子和儿女则抬着一串串香蕉到市场上去卖。

他为了得到岳父的炼金术，日复一日地努力着，踏踏实实地种植香蕉。就这样，十年过去了，奈哈松终于收集够了3千克绒毛。这天，他一脸兴奋地拿着绒毛来到岳父家里，向岳父讨要炼金之术。

岳父指着院中的一间房子说：“现在，你把那边的房门打开看看。”

奈哈松打开了那扇门，立即看到满屋金光，竟全是黄金，他的妻子、儿女都站在屋中。妻子告诉他，这些金子都是他这十年里所种的香蕉换来的。面对着满屋实实在在的黄金，奈哈松恍然大悟：原来世间并没有什么炼金术，真正价值连城的是踏踏实实的追求。他经过岳父的一番“指点”，得到的却是炼金术也无法带来的财富——用勤恳换来的黄金！

冒昧地追逐是不可行的，即便梦想再高远，未来再完美，都不该成为我们盲目执着的理由。一步一个脚印地前进，勇于迈出第一步，无论何时开始追求都不会太迟。

1921年6月2日，无线电通信诞生整整25周年。美国《纽约时报》对这一历史性的发明，发表了一篇简短的评论，其中有这样一句话：现在人们每年接收的信息是25年前的25倍。

对这一消息，当时在美国至少有16个人做出了敏锐的反应，那就是创办一份文摘性刊物。在不同的三个月时间里，有16位有先见之明的人士，不约而同地到银行存了500美元的法定资本金，并领取了执照。然而当他们到邮政部门办理有关发行手续时，却被告知，该类刊物的征订和发行暂时不能代理。如需代理，至少要等到第二年的中期选举以后。得到这一答复后，其中15人为了免交执业税，向新闻出版管理部门递交了暂缓执业的申请。

只有一位叫德威特·华莱士的年轻人没有理睬这一套。他回到暂住地——纽约格林尼治村的一个储藏室，和他的未婚妻一起糊了2000个信封，装上征订单寄了出去。

在世界邮政史上，这2000个信函也许根本不算什么，然而，对世界出版史而言，一个奇迹却诞生了。到20世纪末，这两位年轻人创办的这份文摘刊物——《读者文摘》，已拥有19种文字48个版本，发行达127个国家和地区，订户1.1亿万，年收入5亿美元。在美国百强期刊排行榜上，几十年来一直位居第一。

成功的捷径不在于何时开始，何时转弯，何时另谋出路，而在于是否勤恳积累，脚踏实地。不需要等待或推迟，不需要找出不能实现这个愿望的几百个理由，一旦心中有了强烈的愿望，就可以为此积极地迈出实现它的第一步，我们也终将迎来成功。

总有一些事情是应该去做的。任何时候开始都不妨碍成功的到来，任何时候行动都不会太晚。拥有一个真实的梦想，并为此脚踏实地地开始追逐，成功也会离我们越来越近，幸福的日子也会姗姗而来。

心动更要行动

如果说心动像一块火石，那么行动就是一片铜板，只有两者碰撞，才能迸发出成功的火焰；如果说心动像一潭静止的水，那么行动就是一滴落下的雨，滴落在潭水间，引起圈圈涟漪。心动不能离开行动，唯有两者结合，才能有所收获。

曾亲眼目睹两位老友因车祸去世而患上抑郁症的美国男子沃特，在无休止的暴饮暴食后，体重迅速膨胀到了无法自抑的地步，直线逼近200千克。当逛一次超市就足以让沃特气喘吁吁缓不过劲儿时，他终于意识到自己已经到了绝境。

绝望之中的沃特再也无法平静，他决定做点什么。打开年轻时的相册，里面的自己是一个多么英俊的小伙子啊！深受刺激的沃特决定开始徒步美国的减肥之旅，迅速收拾好行囊，沃特带着接近200千克的庞大身躯出发了。穿越了加利福尼亚的山脉，行走了新墨西哥的沙漠，踏过了都市乡村，旷野郊外……整整一年时间，沃特都在路上。

他住廉价旅馆，或者就在路边野营。他曾数次遇到危险，一次在新墨西哥州，险些被一条剧毒的眼镜蛇咬伤，幸亏他及时开枪将之打死。至于小的伤痛简直就是家常便饭，但是他坚持走过了这一年。一年后，他步行到了纽约。

他的事情被媒体曝光后，深深触动了美国人的神经，他们在沃特的故事中得知了一个被忽略了的真相：原来只要行动，生活就可以过得如此潇洒。

这个徒步行走立志减肥的中年男子，被《华盛顿邮报》《纽约时报》等媒体誉为"美国英雄"，沃特说这一切让他意外："人们都把我看做是一个美国英雄式的人物，但我只是一个普通人，现在我意识到，这是一次精神的旅行，而不仅仅是肉体。"

他的故事感动了美国，不计其数的美国人成为沃特的支持者，他们从四面八方赶来，为的就是能和这个胖男人一起走上一段路。每到一个地方，就会有沃特的支持者们在那里迎接他。徒步行走这一年，沃特的生活发生了巨变。从一个行动迟缓的胖子到一个堪比"现代阿甘"的传奇式人物，沃特用了一年，他收获的绝不仅仅是减肥成功这么简单。

当他被美国收视率最高的节目之一《奥普拉·温弗利秀》请到现场时，全场掌声雷动，为这个执着的男人欢呼。出版商邀请他写自传，电视台找他拍摄专辑……更不可思议的是，他的体重成功减了50千克，这是一个多么惊人的数字！

放弃舒适的固有生活，做一种人生的改变，人人都可以做到，但未必人人愿意行动。沃特成功了，他用自己的故事将生命的智慧揭示出来：一旦心动就要有所行动，僵化的生活状态才能开始改变。

一位哲人曾这样说过："我们生活在行动中，而不是生活在岁月里。"要改变庸庸碌碌的日子，不是一天天的消磨时光，而是要行动起来。抓紧生命中的每一分钟，别让光阴耗费在无尽的蹉跎里，踏踏实实地把心中的想法变成不倦的行动力，我们才有机会摘下成功的甜美果实。

年轻时仅仅有伟大的梦想是不够的，仅仅对前程抱有幻想也是一种空想。心动不如行动，心动更要行动。行动是最有利的成功密钥，也是改变现状的唯一捷径。我们早一刻行动，就会早一刻获得成功。

坦然面对沉浮，才能让生命散发香甜

李雪峰曾经写过一篇叫做《泥泞中有脚印》的文章，讲的是鉴真大师的故事。鉴真大师是大家都很熟悉的唐代高僧，他东渡扶桑，是把佛法传到日本的第一人。鉴真大师刚刚遁入空门的时候，寺里的住持并不十分重视他，只安排他做了一个谁都不愿意做的行脚僧。鉴真的心里非常不高兴，住持也看出了他的心情，可并没有安慰他，也没有对他讲很多道理。

有一天，突然下起雨来，住持便跟鉴真说让他陪自己在寺院周围走一走。鉴真依言随行。他们边走边聊，住持拍着鉴真的肩说："你是想当一天和尚撞一天钟呢，还是想做一个光大佛法的名僧？"这个道理实在太简单了，谁都不愿意做一天和尚撞一天钟，都想成为弘扬佛法的高僧。所以鉴真听了之后，一时不知该如何回答。

这时，住持笑着问他："你昨天是不是在这条路上散步了？"鉴真点点头，住持接着问道："你能找得到昨天的脚印吗？"鉴真摇摇头，说道："不能。昨天的道路非常干燥，平坦坚实，踩不出任何脚印。"

住持笑了，接着问："那你看今天下雨，路湿泥泞，能留下脚印吗？"鉴真回头一望，泥泞之中，一步一个脚印，清晰可见。于是高兴地回答：“已经留下了。”

其实，住持告诉鉴真的道理适用于我们每一个人：如果我们的一生忙忙碌碌，却没有经历过任何风雨的话，就如同走在干燥坚硬的路面上，什么痕迹也留不下。可是，如果我们愿意脚踩泥泞，一步一个脚印地去走，就可以在世间留下属于我们自己的足迹。

鉴真东渡扶桑，在人类历史上留下辉煌的一页。他的脚印不仅仅留在日本文化史上，还留在了每个人的心里。

我们应该了解，无论多么难走的道路，只有艰难走过之后，才能留下脚印，而只有留下脚印，才能在人们的心里踩出一条宽阔的大路。

那些今天在世俗眼中功成名就的人，几乎都由是坎坷人生所成就的。克林顿的童年就很不幸，他出生前四个月，父亲死于一次车祸，母亲因无力养家，只好把出生不久的他托付给自己的父母抚养。童年的克林顿受到了外公和舅舅的深刻影响，他从外公那里学会了忍耐和平等待人，从舅舅那里学到了说到做到的男子汉气概。不幸的是，他七岁时随母亲和继父迁往温泉城，双亲之间常因意见不合而发生激烈冲突。继父嗜酒成性，酒后经常虐待克林顿的母亲，小克林顿也经常遭其斥骂，这给从小就寄养在亲戚家的小克林顿的心灵蒙上了一层阴影。坎坷的童年生活，使克林顿形成了尽力表现自己，争取别人喜欢的性格。他在中学时代非常活跃，一直积极参与班级和学生会活动，并且有较强的组织和社会活动能力。

1963年夏，他在“中学模拟政府”的竞选中被选为参议员，应邀参观了首都华盛顿，这使他有机会看到“真正的政治”。参观白宫时，他受到了肯尼迪总统的接见，不但同他握了手，而且还合影留念。此次华盛顿之行是克林顿人生的转折点，他的理想由当牧师、音乐家、记者或教师转向了从政，梦想成为肯尼迪第二。有了目标和坚强的意志，克林顿此后30年的全部努力都紧紧地围绕这个目标。上大学时，他先读外交，后读法律——这些都是政治家必须具备的知识修养。离开学校后，他一步一个脚印：律师、议员、州长，最后终于成为总统。在美国历史上，留下了自己浓墨重彩的一笔。

每个人都希望在一个平和顺利的环境中成长，但上天似乎并不喜爱安逸的人们，他总是挑选出最杰出的人物，让他们人历经磨难、千锤百炼之后，最终百忍成金。有人说："苦难是一所学校。"每一个渴望成功的人都需要到其中接受教育；只有历经风雨的洗礼，生命才能焕发夺目的光彩。

学业的失意、疾病的折磨、自信的受损、亲人离去的悲痛……在踏上青春征途的时候，我们就该知道未来并不是坦途，其中充满种种的坎坷与挫折。要接受温润的春和赤烈的夏，就必须接受清冷的秋和寒冽的冬，正像茶叶一样，只有坦然面对沉浮，才能让生命散发缕缕香甜。

曾经的成败只是一场经历

金代禅师非常喜爱兰花，平日弘法讲经之余，他会花费许多时间栽种兰花。有一次，他要外出云游一段时间，临行前交代弟子们要好好照顾寺里的兰花。在他云游期间，弟子们总是细心照顾兰花。但有一天，一个弟子在浇水时不小心将兰花架碰倒了，所有的兰花盆都打碎了，兰花撒了一地。弟子们非常恐慌，打算等师父回来后，向师父赔罪领罚。

金代禅师回来后，闻知此事，便把弟子们召集到一起，不但没有责怪，反而安慰大家说："我种兰花，一是希望用来供佛，二也是为了美化寺庙环境，不是为了懊恼。"

如此一来，金代禅师既宽恕了弟子们的过失，也点醒了他们，不要在意太多曾经的得失。禅师种兰花，无论礼佛还是装点环境，都是为了快乐、欢喜，而不是为了忧愁或烦恼。如果我们为打碎的兰花而懊恼，岂不违背了种植兰花的初衷？太在意从前的成败得失，常常令人的情绪起伏不定，结果只会烦恼丛生，无法开心地生活。

过去的成败只是一场经验而已。过去的事情，成功了只是一个经验，不要沾沾自喜。失败了只是一个教训，也是一种学习，不要唉声叹气。”这个道理看似简单，普通人却很难做到。大多数人都会不自觉地为成功而心生欢喜，为失败而自怨自艾，能够真正做到宠辱不惊、淡定从容的人实在少之又少。在受到表扬、赞赏的时候不傲慢、不得意，在遭到批评、误解的时候不辩白、不焦虑，这些都是很难达到的一种境界。

泰戈尔在《飞鸟集》中写道：“只管走过去，不要逗留着去采下花朵来保存，因为一路上，花朵会继续绽放。”也就是说，我们为采集路边的花朵而花费太多的时间和精力，其实是不值得的。道路还长，前面还有更多的花朵。抓住过去的失败或成功、正确与错误不放，都不是明智之举。因为在我们谴责或者标榜自己的时候，会有很多机会从我们的身边溜走。

一位著名的心理学老师曾经给学生做过一个测试。他在上课时，忽然拿出一只十分精美的咖啡杯。咖啡杯造型别致，花纹和图案都很与众不同，而且在倒入咖啡的时候，杯子表面的颜色会根据咖啡的温度而产生微妙的变化。学生们看到后都啧啧称奇。

当学生们赞美这只杯子的时候，老师忽然故意做出失手的样子，咖啡杯掉在水泥地上，“啪”的一声，摔成了碎片。这时，学生中不断发出各种惋惜声，一时间，唉声叹气的声音在教室里此起彼伏。

这时，老师却微笑着向学生们提出一个问题：你们的惋惜能让咖啡杯复原吗？教室里顿时陷入了安静。谁也无法否认，再多的惋惜也无法使咖啡杯恢复原貌了。老师告诉学生：“今后，在你们的生活和工作中，如果发生了无可挽回的事，请记住这只破碎的咖啡杯。”大家都陷入了思考中。破碎的咖啡杯使学生们懂得了一个道理：过去的已经过去，不要为打碎的咖啡杯而惋惜，不要为打翻的牛奶而哭泣！

正所谓“往者不可谏，来者犹可追”，生活如流水一样，是不断向前的，它不会重复过去的岁月，即使你悔恨万分也是如此。因此，我们唯一能做的就是总结过去的经验教训，在以后的生活中不再重复同样的错误。

昨日的阳光再美，也移不到今日的画册里，为什么不好好把握现在，珍惜此时此刻的拥有呢？为什么要把大好的时光浪费在对过去错误的悔恨和荣耀的回忆之中呢？过去的就让它永远地过去吧，要知道，再多的懊恼或狂喜对于明天来说，都是没有意义的。倒不如抖落一身的尘埃，以一颗忘记过去的心继续上路，走好当下的每一天。

年轻的我们会接受很多的鼓励，比如考试得了第一名、加薪、升职等；同样，我们也会遇到很多的挫折，比如考试的失利、工作的失败、情场的失意……许许多多的对与错、是与非、成与败，都在伴随着我们的成长。如果我们每天都执着于对昨天的追究，或者幻想若当初再努力些今天将会更加辉煌的话，等待我们的生活仍将单薄如一张白纸。

如果想在人生的画册上留下最美的风景，那么我们现在唯一能做的，就是如吉祥上师所说，将过去所有的成败都化为一场经历，变成一种经验、一份财富。

智慧隐藏在取舍之间

中国历史上人们常常称颂的“魏晋风度”，是一种生命智慧的体现。在人世间生活，活得自由、活得洒脱、有取有舍，不把心思禁锢在一个死结上。这种生命的智慧像是雨滴落到了地面上一样，它们会聚成小河，而河水经过蒸发后，又形成了云变成了雨。人生中的智慧也是如此，付出或舍弃什么，同样地也会接受到什么，有舍才有得，皆是世间万物循环的道理。

著名诗人李白曾有过“仰天大笑出门去，我辈岂是蓬蒿人”的名句，潇洒傲岸之中，透出自己建功立业的豪情壮志。凭借生花妙笔，他很快名扬天下，做了翰林学士。

但是一段时间之后，他发现自己不过是替皇上点缀升平的御用文人。这时的李白就面临一个选择，是继续安享荣华富贵，还是浪迹天涯？安享此时的荣耀换来的无非是锦衣玉食，整日却要在君主面前提心吊胆，但浪迹天涯却能实现其一直以来的心愿，自由自在、随心所欲地生活。李白在取舍之间以自己的追求目标作为衡量标准，最终毅然选择了“安能摧眉折腰事权贵，使我不得开心颜”，弃官而去。

李白舍弃的虽然是官场上的享乐，但获取的却是自由自在的生命与灵魂。古往今来，懂得取舍之道的人才会有这样的快乐与自由，懂得生命智慧的人才能在人世间获得潇洒与坦然，而这智慧往往又隐藏在取舍之间。

当我们获得的时候，并不一定真的得到了许多，就像一只气球，如果它吸纳进太多的气体，总有被胀破的时候。每一样东西都会占据一定的位置，我们拼命地往自己的身边以及心里增加外物，却不懂得舍弃一些不必要的东西，早晚有一天，自己也会如那只气球，身心都沉重得超出了负荷，最终只有胀破。

即便懂得这些，每个人在面对抉择的时候还是会徘徊不定，面对舍与得的时候也仍旧左右为难。面对舍与得的抉择，有人为之迷茫，有人为之失落，故而变得消沉伤感，心也越来越难以抉择。舍掉手中紧紧握住的虽然令人无奈与辛酸，但舍弃后即将面对的又岂能只是荒凉？冥冥之中，总会有另一种形式为我们填补。

水鸟捉到了一条鱼，它衔着鱼想要飞回自己的小窝。其他几只乌鸦看见了它叼着的鱼，一齐跟着飞了过来，聒噪地追逐着它，要它嘴里的鱼。这只水鸟飞得忽高忽低，忽左忽右，可终是逃不开乌鸦的追逐。它实在太累了，停在了一根树枝上，身体一放松，鱼竟然从嘴里掉了出来。谁知那些乌鸦竟然没再纠缠它，而是向那条鱼飞了过去，几只乌鸦“打”成了一团。

水鸟如释重负般地呼了口气，心想着如果早知道结果如此，也不必如此狼狈地逃跑，只把那条鱼丢出去，不就换来安全与自由了吗？它衔着这条鱼的时候，心中充满了恐惧，只能逃避，只能被乌鸦追逐；可当他放弃了这条鱼，得到的却是心灵的宁静与自身的安全。

人的一生很短暂，有限的精力不值得为了太多无谓的烦恼所折磨。世间虽然繁华，虽然有着太多炫目的东西，但若不属于我们的，即便得到了也不会幸福。放弃一些不必要的“精彩”，并不会损失全部，而在这种放弃之后，也许我们会得到更多。如果情感对我们来说是一种束缚，那就舍了它，得到的必然是自由；如果无形的压力是一种束缚，那就舍了它，得到的必定会是心的舒展。舍了什么，才会真正得到什么；有舍有得，才是人间最真最美的智慧。

取舍之间隐藏着耐人寻味的智慧，那些附庸的东西只能让我们身心疲惫，在负重之中最后停下脚步。懂得自己需要什么，懂得自己应该舍弃什么，将智慧的光芒洒在人生旅途中，我们的人生必定与以往不同。

伟大是熬出来的：年轻就是资本

“熬”是一种淬炼的过程，不是与生俱来，也不是一成不变，它需要长期的艰苦磨炼和不断的自我完善。“熬”是一种有价值、有意义的积累，一个人的生活中总会有这样那样的挫折，会有这样那样的机遇，然而如果你有一颗能“熬”的心，用心去对待、去守望，伟大就会属于你。

让心态归零

有这样一种现象：人们第一次成功相对比较容易，第二次却不容易，这是为什么？

一位集团老总曾经说过这样意味深长的话："往往一个企业的失败，是因为它曾经的成功，过去成功的理由是今天失败的原因。任何事物发展的客观规律都是波浪式前进，螺旋式上升，周期性变化。中国有一句古话，叫风水轮流转，经济学讲资产重组。"生活就是不断地重新再来，不归零就不能进入新的资产重组，就不会持续发展。

你可能有很高的地位，可能拥有很多的财富，具有渊博的知识，但是当你想要获得更大成功的时候，你一定要有一个归零的心态。只有心态归零你才能快速成长，才能学到更多的成功方法。

有这样一则故事：

一位女硕士到一家星级酒店去求职，酒店当时正在招聘服务员，招聘条件只需高中学历。这位女硕士就以高中学历前去应聘，她很容易就被聘用了。

在大堂服务员的岗位上，女硕士很快就脱颖而出。她不仅在处理突发事件时表现出良好的素质，还通过平时在工作中的观察和积累，对酒店的管理提出了一些很有见地的意见。管理层开始注意到她，并且有心提拔，不过觉得她的学历太低。这个时候，女硕士拿出了她的本科学历证书。于是，疑虑很快被打消，她被提拔为大堂经理。

担任了经理职务后，她继续努力工作，干得更加出色了。很快，她良好的个人素质和工作能力就引起了酒店高级管理层的关注。不久，酒店总经理助理的职位出现空缺，女硕士被列入了高层考虑的人选之中。此时，她亮出自己的研究生学历，轻易击败了其他竞争者，当上了总经理助理，从此跻身酒店高级管理者的行列。

女硕士的这种做法是一种归零。现在，很多人都把注意力放在高处，殊不知，眼光盯在高处，一是缺乏对自己实力的证明，不易得；二是即使勉强得到了，也不一定能够做出成绩来。那位女硕士正因为是从底层做起，对于酒店内部管理的各个环节都有了充分了解，她在担任更高职位以后才做得更加得心应手。

具有归零心态的人其心灵总是敞开的，他们能随时接受伟大的启示和一切能激发灵感的东西，他们时刻都能感受到成功女神的召唤。他们不仅思想上归零，行动上也会归零。

王林大学毕业，进了一家机械厂工作，被分配到基层部门担任管理人员。

因为他不懂生产，不熟悉工艺流程，所学的专业与实际操作衔接不上，在管理上感到力不从心。

另外几个一同分配来的大学生，虽然也不能胜任工作，但他们却不从自身找原因，而是一味发牢骚：抱怨工厂待遇太低，升迁太慢，认为在这里工作是大材小用。他们甚至以“跳槽”相威胁，让厂长给他们安排更好的位置。

就在伙伴们相继高升之际，他却向厂长提出了不同的要求：让他下车间，当工人。厂长惊讶极了，转而对他的选择表示了赞赏：“好，小伙子有志气！”但是他却没法得到更多人的理解，消息传出，全厂哗然，连那几个大学生对此也表示不能理解。

王林却不理会那些议论，安安心心做一名工人。他一心扑到工作上，努力钻研各项技术，熟悉每个工种。两年后，他升任车间主任，因为他懂技术，没人敢敷衍他，所以王林所在车间的产品质量是最好的。这时，当年跟他一起进厂的大学生都在各科室担任中层干部。

几年后，厂里决定试行承包制。王林承包了二车间。因为产品质量过硬，营销自然得力，很快就打开了市场销路，在全行业中成为赫赫有名的新军。

后来，他通过融资，买下了这家工厂。现在他已是知名的民营企业家，公司的股票正准备上市。在总结成功经验时，王林说：“海纳百川，才成汪洋之势。年轻人要学会从低位做起，充分积累经验，将来才能有成功的本钱。”

归零就是一种在低位思考高位的理智心态。就因为王林没有被一时的利益所诱惑，能够冷静归零，最终取得了成功。

往低处流的水，看似没什么志气，最终却可以汇入海洋，动辄掀起滔天巨浪，颇有颠倒乾坤之势。往高处走的人，历尽千辛万苦，以为能看到美景，最终却不过是在岌岌可危之处。谁更聪明一点？

你又怎么知道水没有智慧？或许人在为自己的宏图大志沾沾自喜的时候，水正暗自嘲笑。世间很多人缺少智慧，所以堕入欲望之渊。有些话能给人指明方向，有些也不尽然。

人生不仅仅是一座珠峰，吸引着我们去攀登，有时还是汹涌的波涛，为了登上更高的山峰，我们先得有滑入浪底的勇气。

放下身段，赢得身份

生活中，我们常常见到一些年轻人在地位和权势不如自己的人面前摆出一副盛气凌人的架势，颐指气使，以为自己很有能耐，高高在上。其实，这恰恰是一种浅薄、庸俗的表现。所以，一个人无论有多大的成就，都要懂得尊重别人。“平易近人者人皆近之”，对有一定身份和地位的人来说，放下身段和大家平和相处，非但不失身份，反而更能受到大家的尊重。

瑞典前首相帕尔梅是十分受人尊敬的领导人。他当时虽贵为首相，但仍住在平民公寓里。他生活十分简朴，平易近人，与平民百姓毫无二致。帕尔梅的信条是：“我是人民的一员。”

除了正式出访或特别重要的国务活动外，帕尔梅去国内外参加会议、访问、视察和私人活动，一向很少带随行人员和保卫人员，只是在参加重要国务活动时才乘坐防弹汽车，并有两名警察保护。有一次，他去美国参加一个国际会议，人们发现他竟独自乘出租车去机场。

1984年3月，他去维也纳参加奥地利社会党代表大会，也是独自前往的。当他走入会场的时候，还没有人注意到他，直到他在插有瑞典国旗的座位上坐下来，人们才发现他。对他的举动，与会者都啧啧称赞。

帕尔梅从家里到首相府，每天都坚持步行，在这一刻钟左右的时间里，他不时同路上的行人打招呼，有时甚至与路人闲聊几句。帕尔梅同他周围的人关系都很好，在工作之余，他还经常帮助别人，毫无高贵者的派头。帕尔梅一家经常去法罗岛度假，和那里的居民建立了密切的联系，那里的人都将他当做朋友。他常常在闲暇时间独自骑车闲逛、铡草打水、劈柴生火、帮助房东干些杂活，以此来联系和接触群众，使彼此之间亲如家人。帕尔梅喜欢独自微服私访，去商店、学校、厂矿等地，与店员、学生、工人进行平等融洽的交流，同时还虚心听取他们的意见。他从没有摆首相的架子，谈吐文雅，态度诚恳，也从不搞前呼后拥的威严场面。这些都使他深得瑞典人民的爱戴。

帕尔梅平易近人，他同许多普通人通过信件建立了友谊。他在位时平均每年收到1.5万多封来信，其中1/3来自国外，为此他专门雇用了4名工作人员及时拆阅、处理和答复，做到来者皆阅，来者均复。对于助手起草的回信，他要亲自过目，然后才能签发，这一切都使他的形象在人民心目中日益高大。帕尔梅首相府的大门也永远向广大人民开放，永远是人民的服务处。在瑞典人民的心目中，帕尔梅是首相，又是平民；是领导人，又是兄弟、朋友，他是人们心目中的偶像。

放下身段，绝不会使高贵者变得卑微，反倒更能增加人们对他的尊敬之情，同时也能够使周围的人们心悦诚服地以他为榜样，向他学习。这样的人把自己的生命之根深深扎在大众这块沃土之中，又怎能不流芳百世，令人敬重。

当年林肯总统的平易随和是有口皆碑的，尽管他位居总统，却常常喜欢一个人独自走出办公室，到民众中去。平时他在白宫办公室的门总是开着，任何人想进来谈谈都受欢迎，他不管多忙也要接见来访者。

林肯总统不愿意在他和民众之间拉开距离，这使保卫工作颇不好做。他也常抱怨那些执行职责的保卫人员："让民众知道我需要与他们在一块儿，这一点是很重要的。"他先这样说，接着就开始躲避卫兵或命令他们回到陆军部去。他不愿意成为白宫办公室的囚徒，并一直保持着最高行政官的不寻常的灵活性。

林肯很少拒绝人，甚至对有的人还鼓励他们来访。1863年，林肯写信给印第安纳州的一个公民："对来见我的人们我一般不拒绝见他们，如果你来的话，我也许会见你的。"

他曾说："告诉你，我把这种接见叫做我的'民意浴'——因为我很少有时间去读报纸，所以用这种方法搜集民意；虽然民众意见并不是时时处处令人愉快，但总的来说，其效果还是具有新意、令人鼓舞的。"

林肯说的"民意浴"缩短了他与下属、人民的距离，加深了彼此间的感情，激发了人民参与国事的主动性和积极性，利国又利民。

位居高位的人常常为众人所仰视、所瞩目，他们的一言一行会得到更多人的关注、议论和评判。如果此时能以低调的姿态俯视众人，以平易随和的态度对待众人，做到华而不显、贵而不炫，就一定会赢得众人的拥戴、人心的归附。

静界决定境界

"非宁静而无以致远。"诸葛武侯如是说。静是什么？是泰山崩于前而色不变，是大胸襟，也是大觉悟，非丝非竹而自恬愉，非烟非茗而自清芬。

现代人品味过生活的紧张与焦灼，已很难品味到静的清芬与恬愉，都渐渐浮躁起来，可是浮躁往往不利于事情的发展。因此，与其让浮躁影响我们正常的思维，不如放开胸怀，静下心来，默享生活的原味。毕竟唯有宁静的心灵，才不营营于权势显赫，不奢望金银成堆，不乞求声名鹊起，不羡慕美宅华第，因为所有的营营、奢望、乞求和羡慕，都是一厢情愿，只能加重生命的负荷，加速心灵的浮躁，而与豁达康乐无缘。

《史记·殷本纪》中有一个武丁三年不言的故事。

据记载，“帝武丁即位，思复兴殷，而未得其佐。三年不言，政事决定于冢宰，以观国风”。武丁是盘庚之弟小乙之子，即盘庚之侄。武丁即位之后，思考复兴殷国大计，但并没有得到什么好的方法，于是就决定三年不说话，让冢宰（又称太宰，官名）决定政事，自己走访民间，以观国情。武丁三年不语，但凭着他的威望和在诸侯的影响力，凭着大家对武丁有勇有谋的了解，谁都不敢有越轨的行为。

武丁的三年不言，全部用来默以思道，观察人事，思考怎样平息王室之争，思考怎样任用贤能，把国家治理好，思考怎样使诸侯各国尽早归顺。三年后，武丁得以实施了他的治国方略。

静能生慧，武丁之所以能够完成自己的兴国大业，就是在于他能够守静。因此才得以静观人事，运筹帷幄。“静”不仅是智慧之根，也是养身之本。只要我们能够在工作中和生活中经常保持心清静、意清静，智慧即会随时涌现，同时也能够获得身心上的平衡。

“静”，是一个人取得成功的要诀。一个人只有宁静，才能够把握机遇，获得成功。许海峰是我国第一枚射击金牌的获得者，他的成功就得益于“静”能力的发挥。

1984年7月27日，许海峰参加了第23届奥运会男子自选手枪慢射项目的预赛。他发挥得很好，以563环的好成绩名列榜首，成为自选手枪慢射项目金牌最有力的竞争者。但是他没有被暂时的领先冲昏头脑，而是认真总结了自己在比赛时的不足：刚开始打得太紧张，所以打到后面的时候，手上的力量不够了。和教练交流了对策以后，他才心满意足地回房睡觉。

7月29日是奥运会的第一天，许海峰参加的手枪慢射比赛将决出本届奥运会的第一枚金牌。刚开始，许海峰打得很轻松，打完第五组以后，他已经领先了。当他镇定自若地打最后一组的时候，赛场的气氛发生了巨大的变化。本来围在前奥运会自选手枪慢射项目冠军旁边的记者们觉得许海峰能够获得金牌，纷纷走到他的身后为他拍照。说话声、脚步声和按快门的声音严重影响了许海峰的正常发挥，工作人员多次制止他们，可是收效甚微。在嘈杂声中，许海峰竟然连打了两个8环。这下许海峰着急了，心想：“不管能不能拿到金牌，我一定要好好发挥，绝不让这最后的3枪变成终生的遗憾。”于是，他放下枪，找了一个离记者较远的座位坐下来。他一边闭目养神，一边回想李培林教练给他定下来的“八字方针”：冷静、自主、调整、协调。他觉得自己刚才没发挥好，就是因为嘈杂的环境扰乱了他平静的心情，才直接导致了动作的协调性下降。

怎样才能让赛场恢复安静呢？许海峰想到了一个好办法。只见他走到靶位上，举起了枪，可是人们还没有听到枪响，他就把拿枪的手放下来了。第二次他举起枪又很快放下来，第三次、第四次还是这样。果然如他所料，大家都紧张得说不出话来，整个赛场终于安静了。许海峰很快进入了最佳状态，连打3枪以后，现场记录显示：一个9环，两个10环。历经周折，许海峰终于以566环的成绩，成为手枪慢射项目的冠军。中国人有了自己的奥运会金牌，这一“零”的突破被光荣地载入了史册。

从许海峰的故事中，我们可以看出，比赛中参赛选手不仅要具备高超的技术，敢于拼搏的精神，还需要内心沉着冷静。冷静使人清醒，冷静使人聪慧，冷静使人理智。遇事冷静的人，时时刻刻都能控制住自己的情绪，绝不会因为任务繁重而急于求成，也不会因为压力而浮躁不安。

冷静是一个人成熟的标志，当我们面对生活中的种种挑战时，一定要保持冷静沉稳的心理状态，学会勇敢地面对，并且在关键时刻显示自己的胆略、勇气和镇静的气度。浮躁之人无法发挥思考的力量，当然也无法有效地克服困难，解决问题。一个人只有排除杂念，专心致志，将智慧、灵感全部集中调动起来，才能有所创造、有所成就。

静能养生，静能通神，静能生慧，静能安心，要想大智大慧，大彻大悟，必须由静做起。宁静是一种气质、一种修养，一种境界。诸葛亮在《诫子书》中写道：“学须静也，才须学也。非学无以广才，非静无以成学。”《菜根谭》上也有“此身常放在闲处，此心常安在静中”的句子。面对滚滚红尘，竞争激烈，杂务缠身，人们常会觉得压力沉重，心境失衡。在繁忙紧张的生活中，如果我们能够让自己静下来，让自己的身心处于一个宁静的环境中，我们的工作和生活就会达到一个新的境界。

心兵不动，无招胜有招

南怀瑾先生曾提到过庄子有一个“心兵不动”的说法，他引用庄子的话，形容这种“心、意、识”自讼的状态，叫做“心兵”，就是说平常的人们，意识心中，随时都在“内战”。时时都有理性和情绪上的斗争，随时自己和自己都在争讼、打官司。这个时候，如果能够按住“心兵不动”，自心的天下就太平了。一个人若能按住“心兵不动”，不仅可以取得内心的平静，而且还能无往不胜。

铃木大拙是日本现代著名的禅学思想家，他曾讲到这样一则故事。

故事的主人公是日本江户时期的一个著名茶师，这个茶师跟随着一个显赫的主人。有一天主人要去京城办事，想让茶师随行。

当时的社会动乱，处处都有浪人、武士恃强凌弱。这个茶师因为不懂武艺，所以很害怕，对自己的主人说：“您看我没有武艺，万一路上遇到武士怎么办？”

主人对茶师说：“那你就挎上一把剑，扮成武士的样子吧！”

茶师只好挎上剑，扮成武士的样子，跟着主人去了京城。

主人出去办事，茶师就一个人在外面。

不巧，迎面走来一个浪人，见到茶师，这个武士就向他挑衅：“你也是武士，那咱俩比比剑吧！”

茶师惶恐地回答道：“对不起，我不能和你比试。我不懂武功，只是个茶师。”

浪人见他不会武功，更加盛气凌人：“你不是一个武士而穿着武士的衣服，就是有辱尊严，你就更应该死在我的剑下！”

茶师无法躲过去，只好说：“你给我几小时，等我完成主人的任务，今天下午我们在池塘边见，到时再一决胜负。”

浪人答应了。

于是，这个茶师直奔京城里面最著名的大武馆，直接来到大武师的面前，对他说：“求您教给我一种作为武士的最体面的死法吧！”

大武师十分吃惊地看着这名茶师说道：“来我这儿的所有人都是为了求生，你是第一个求死的，这是为什么？”

茶师就把和浪人比武的事情向大武师说了一遍，向大武师求教道：“我只会泡茶，但是今天不能不跟人家决斗了。求您教我一个办法，我只想死得有尊严一点。”

大武师对武士说：“那好吧，你就再为我泡一遍茶，然后我再告诉你办法。”

茶师觉得很伤心，他抱着必死的决心，给大武师泡茶。这是他在世界上最后一次泡茶了，因此，他做得很用心。慢慢地看着山泉水在小炉上烧开，然后把茶叶放进去，洗茶，滤茶，再一点一点地把茶倒出来，捧给大武师。

大武师紧紧地盯着他泡茶的整个过程，他品了一口茶说：“这是我有生以来喝到的最好的茶了，我可以告诉你，你已经不必死了。”

茶师惊奇地问：“为什么，您要教给我什么吗？”

大武师说：“我不用教你，你只要记住怎样泡茶，就怎样对付那个浪人就行了。”

茶师听后，就去赴约了。浪人早已经在那儿等他，一见到茶师，就立刻拔出剑来说：“你既然来了，我们就开始吧！”

茶师一言不发，他想着大武师的话，如何以泡茶的心面对这个浪人。

只见他微笑着看定了对方，然后从容地把帽子取下来，端端正正放在旁边；再解开宽松的外衣，一点一点叠好，压在帽子下面；又拿出绑带，把里面的衣服袖口扎紧；然后把裤腿扎紧……他从头到脚不慌不忙地装束自己，一直气定神闲。

对面这个浪人越看越紧张，越看越恍惚，因为他猜不出对手的武功究竟有多深，对方的眼神和笑容让他越来越心虚。等到茶师全都装束停当，最后一个动作就是拔出剑来，把剑挥向了半空，然后停在了那里，因为他也不知道再往下该怎么办了。

这时浪人忽然“噗通”给他跪下了，说：“求您饶命，您是我这辈子见过的最有武功的人。”

茶师并不懂武功，也未出一招一式，就让浪人弃械投降。究竟茶师是胜在何处呢？其实，就胜在心灵的勇敢，胜在那种从容、笃定的气势。内心平和的人是不可战胜的。如果遇到险境和棘手的事情，我们能够像茶师一样，保持内心的平静，自然就可以无所畏惧，无往不胜。相反，如果一味的浮躁慌乱，只能像那个浪人一样不战而败。

一位年迈的北美切罗基人教导年幼的孙子们人生真谛，他说：“在我内心深处，一直在进行着一场鏖战，交战是在两只狼之间展开的。一只狼是恶的——它代表恐惧、生气、悲伤、悔恨、贪婪、傲慢、自怜、怨恨、自卑、谎言、妄自尊大、高傲、自私和不忠；另外一只狼是善的——它代表喜悦、和平、爱、希望、承担责任、宁静、谦逊、仁慈、宽容、友谊、同情、慷慨、真理和忠贞。同样，交战也发生在你们的内心深处，在所有人内心深处。”

听完他的话，孩子们静默不语，若有所思。过了片刻，其中一个孩子问：“那么，哪一只狼能获胜呢？”饱经世事的老者回答道：“你喂给它食物的那只。”

面对内心的交战，我们要沉住气，用喜悦、和平、希望宁静之心来代替贪婪、恐惧、傲慢之心，使自己时刻保持一颗宁静从容的心。否则，就等于是败给了自己。

生活即道场：品味生活中的“禅境”

生活与工作中，有些年轻人总是牵挂得太多，太在意得失，所以心情起伏。被负面情绪牵着鼻子走的人，不可能活出洒脱的境界。只有沉得住气，静下心来，以出世的心做入世的事，不让世俗功利蒙蔽你的心灵，淡然面对得失，坦然接受成败，才能超脱物我，找到生命的真谛。

禅宗大师们认为吃喝拉撒无非修行，砍柴烧水都可成佛——这些思想一直影响至今。实际上，生活即道场，我们每天的生活，也是在修行。

道场有很多别名，一称“选佛场”，说的是让凡夫俗子进去，从他们中间选出开悟的佛来；一称为“大冶烘炉”，指把自己的身心扔到“火炉”中去，经受种种规矩的约束和师父的棒喝锻炼，战胜来自身心的种种障碍，最后脱胎换骨。

生活，就是我们的“选佛场”，就是我们的“大冶烘炉”。

刘星宇大学毕业后，在父亲开的清洁公司干活。父亲用一桶清洗液和一把钢丝刷，头顶烈日，为儿子上了重要的一课：每一件工作都好比是你的签名，你的工作质量实际上等于你的名字，只要脚踏实地，以一颗虔诚的心对待你的工作，迟早会出人头地。他按照父亲的教导，用钢刷蘸着清洗液把砖头洗得干干净净。

后来，刘星宇在西南食品超市由包装工升为存货管理员，整天干着装装卸卸、摆摆放放这些细小麻烦的工作，但他始终一丝不苟、乐此不疲。有朋友屡次劝他：“别把青春耗费在这种没出息的事情上！”他却不以为然，仍然坚守着自己的工作信条：工作无大小，干好当下每件事。朋友认为他是个大傻瓜，一辈子也干不出什么名堂来，他却为自己能干好这件谁都不愿干的工作而自豪不已。他相信父亲的话：“只要不断努力，只要以一颗虔诚的心认真地做好每件事，上帝一定会眷顾你的。”

果不其然，数年后刘星宇脱颖而出，成为拥有8家商店、一年总营业收入达几千万元的大老板，而当初劝他的朋友们大都默默无闻。

如果所有年轻人都能像案例中的刘星宇这样，沉得住气，在每一天点点滴滴的生活中修行，将每时每刻都当成是修炼自己、提升自己的机会，那么所有的烦恼、痛苦、困难和压力等，都将成为提升自己、超越自己的最好动力。

生活即道场，禅宗六祖慧能曾说：“佛法在世间，不离世间觉。离世求菩提，恰如觅兔角。”佛法到底在什么地方？其实就在当下，在我们日常的社会生活和工作、学习中，在我们每天的具体生活里。同样的道理，一个人如果离开了当下，不从身边的点点滴滴做起，不将基础夯实、巩固、发展，那么也是觅不到成功的。

有一天，奕尚禅师起来时，刚好传来阵阵悠扬的钟声，禅师特别专注地聆听。等钟声一停，他忍不住召唤侍者，并询问：“刚才打钟的是谁？”

侍者回答：“是一个新来参学的和尚。”

于是奕尚禅师就让侍者把那个和尚叫来，并问：“你今天早上是以什么样的心情在打钟呢？”

和尚不知道禅师为什么问他，于是说：“没有什么特别的心情啊，只为打钟而打钟而已。”

奕尚禅师说：“不见得吧？你在打钟的时候，心里一定在想着什么，因为我今天听到的钟声，是非常高贵响亮的声音，那是真心诚意的人才会打出的声音啊！”

和尚想了又想，然后说：“禅师，其实我也没有刻意想着什么。我尚未出家参学之前，一位师父就告诉我，打钟的时候应该想到钟就是佛，必须要虔诚、斋戒，敬钟如敬佛，用一颗禅心去打钟。”

奕尚禅师听了非常满意，再三说：“往后处理事务时，不要忘记持有今天早上打钟的禅心。”

我们可以想象，那个小和尚在将来一定可以修成正果，因为他有一颗虔诚的佛心。无论外界如何喧嚣，我们都要固守一颗虔诚的心。虔诚的心中是对正念的把握，是对信念的秉持。纤尘不染，杂念俱无，集念于一处，力量就是最大的。

每一位年轻人都希望能在事业上、生活上有所成就，但如果不脚踏实地、一步一个脚印地向前进，梦想和目标是不可能实现的。只有秉持着一种平和冲淡的虔诚之心，沉得住气，不纯粹追求功名利禄，而是努力探索生命的意义，就能够生活得安心、幸福，品味到生活的“禅境”。

沉潜是为了更好的腾飞

《庄子》开篇的《逍遥游》中有一段话这样写道：“北冥有鱼，其名为鲲。鲲之大，不知其几千里也；化而为鸟，其名为鹏。鹏之背，不知其几千里也；怒而飞，其翼若垂天之云。”

庄子说深海里头有条鱼，突然一变，变成天上会飞的大鹏鸟。鲲化鹏这个问题含意丰富，包含了两个方面——“沉潜”与“飞动”。潜伏在深海里的鱼，突然一变，变成了远走高飞的大鹏鸟。

《逍遥游》一开始便告诉我们一个道理，人生的某个时刻，或是一个人年轻之时，或是修道还没有成功的时候，或是倒霉得没有办法的时候，必须“沉潜”在深水中，动都不要动。只有修到相当的程度，摇身一变，便能升华高飞了。相反，一个人若不懂得沉潜蓄势，那么他的人生很难有真正的成就。

一位年轻的画家，在他刚出道时，三年没有卖出去一幅画，这让他很苦恼。于是，他去请教一位世界闻名的老画家，他想知道为什么自己整整三年居然连一幅画都卖不出去。那位老画家微微一笑，问他每画一幅画大概用了多长时间。他说一般是一两天吧，最多不过三天。老画家于是对他说：“年轻人，那你换种方式试试吧，你用三年的时间去画一幅画，我保证你的画一两天就可以卖出去，最多不会超过三天。”

现实中很多时候我们都是在重复着和年轻画家一样的错误。沉潜的日子相当于长长的助跑线，能够让我们飞得更高更远。《三国演义》中曹操与刘备青梅煮酒，遥指天边龙挂，曾云：龙能大能小，能升能隐；大则兴云吐雾，小则隐介藏形；升则飞腾于宇宙之间，隐则潜伏于波涛之内。方今春深，龙乘时变化，犹人得志而纵横四海。龙之为物，可比世之英雄。其实，这其中便蕴含着鲲鹏沉潜高飞之道。

放眼古今中外，有很多沉潜蓄势、厚积薄发的故事。很多人在经历了一次又一次的挫折之后，披荆斩棘，终于闯出了自己的一片天地。用道家的智慧来解释，就是人要先学会沉潜，才能最终腾飞。明朝开国皇帝朱元璋便是深谙此道之人。

元末农民战争风起云涌，在几路起义军和较大的诸侯割据势力中，除四川明玉珍、浙东方国珍外，其余的领袖皆已称王、称帝。最早的徐寿辉，在彭莹玉等人的拥立下，于元至正十一年（1351年）称帝，国号天完。张士诚于元至正十三年（1353年）自称诚王，国号大周。刘福通因韩山童被害，韩林儿下落不明之故，起兵数年未立“天子”，至元至正二十年（1360年）徐寿辉被部下陈友谅所杀，陈友谅自立为帝，国号大汉。四川明玉珍闻讯，也自立为陇蜀王，一时间，九州大地，“王”“帝”俯拾皆是。

此时只有朱元璋依然十分冷静，他明白要想最终夺得天下，目前掩藏锋芒，暂时沉潜，是最好的选择。所以，他坚定地采纳了“缓称王”的建议。朱元璋成为一路起义军的领袖，始终不为“王”“帝”所动，直到元至正二十四年（1364年）朱元璋才称为吴王。至于称帝，那已是元至正二十八年（1368年）的事情了。此时，天下局势已明朗，也就是说，朱元璋即便不称帝，也快是事实上的“帝”了。

与其他各路起义军迫不及待地称王的做法相比较，朱元璋的“缓称王”之战略不可谓不高明。“缓称王”的根本目的，乃在于最大限度地减少己方独立反元的政治色彩，从而最大限度地降低了元朝对自己的关注程度，避免或大大减少了过早与元军主力和强劲诸侯军队决战的可能。这样一来，朱元璋就更有利于保存实力、积蓄力量，从而求得稳步发展了。以暂时的沉潜换取最终的成功，这正是朱元璋的过人之处。

所以，做人要使自己立于不败之地，就要根据外界形势的变化，灵活地保存实力，关键时刻再出手以赢得胜利。当我们面前困难重重，出头之日遥不可及时，何不学学朱元璋，暂时沉潜绝非沉沦，而是自强。

如果我们在困境中也能沉下气来，不被“冰凌”吓倒；在喧嚣中也能沉下心来，不被浮华迷惑，专心致志积聚力量，并抓住恰当的机会反弹向上，毫无疑问，我们就能成功登陆。反之，总是随波浮沉，或者怨天尤人，注定就会被命运的风浪玩弄于股掌之间，直至精疲力竭。甘于沉下去，才可浮出来，企鹅的沉潜原则，也适用于人的生存。

年轻时我们需要慢慢积淀，当时机成熟，风力充足，有了一定的能力才智作为本钱，定能一飞冲天。一个人想要最终获得一个圆满、成功、幸福的人生，一定需要一个成功势能积累的过程。成功绝不是一蹴而就的，只有静下心来日积月累地积蓄力量，才能够“绳锯木断，滴水穿石”，从最低处获得成功。

伟大是熬出来的

伟大究竟是怎样成就的，伟大的力量究竟在哪里？

冯仑在《野蛮生长》一书中说过，决定伟大的有两个最根本的力量，时间就是其中之一，时间的长短决定着事情或人的价值，决定着能否成为伟大。所以当你要做一件你希望它伟大的事情时，首先要考虑你准备花多少时间。如果是一年，绝对不可能伟大，20年则有机会。这么长时间怎么过？不可能一直顺风顺水，肯定要熬。

想要成就伟大，就要耐得住寂寞，埋头去做，用时间熬成伟大。

这是一个在中国地图上找不到的小岛，但历史上西方列强曾7次从这一海域入侵京津，在这个小岛上驻守着济空雷达某旅九站官兵。这个雷达站新一代海岛雷达兵在艰苦寂寞、气候恶劣的自然环境中，用青春和汗水铸起了一道天网。近年来，连队雷达情报优质率始终保持100%，先后20多次圆满完成中俄联合军事演习等重大任务，被誉为京津门户上空永不沉睡的“忠诚哨兵”。

这个雷达站80%的官兵是“80后”人，70%的官兵来自城镇、经济发达地区和农村富裕家庭，50%的官兵拥有大中专以上学历。尽管如此，这些新一代军人仍然能够像当年的“老海岛”一样，吃大苦、作奉献、打硬仗。

风平浪静时，小岛十分美丽，初进海岛的官兵都会感到心清气爽。可不出一个星期，无法言喻的孤独和寂寞就会悄然爬上心头。白天兵看兵，晚上听海风。值班时，盯着枯燥的雷达屏幕看天外目标；休息时，围着电视机看外面的世界。除了连队的文体活动场所外，小岛上没有任何可供官兵休闲娱乐的去处。每当有客船来岛，听到进港的汽笛声，没有值班任务的官兵就会欢呼雀跃地拉起平板车跑向码头，去接捎给连队的货物，顺便看上一眼岛外来人的陌生面孔，呼吸几口船舱带来的岛外空气。孤岛上的寂寞，连祖祖辈辈生活在这里的渔民都发出这样的感慨：“初来小海岛，心境比天高；常住小海岛，不如死了好。”

5年间，60多名战士从当兵到复员没有出过岛，守住了孤独，守住了寂寞。目前，九站已连续12年保持先进，年年被评为军事训练一级单位，先后两次被军区空军评为基层建设标兵连队，荣立集体二等功、三等功各一次。

用时间熬成伟大，是所有成就事业者遵循的一种原则。它以踏实、厚重、沉思的姿态作为特征，以一种严谨、严肃、严峻的表象，追求着一种人生的目标。

人一生中际遇不会相同，伟大的标准也不会相同，但只要你踏踏实实过好每一天，不断充实、完善自己，就能很好地把握机遇，成就伟大。有“马班邮路上的忠诚信使”称号的王顺友就是这样一个踏踏实实“熬”过每一天的人。

王顺友，四川省凉山彝族自治州木里藏族自治县邮政局投递员，全国劳动模范，2007年全国道德模范的获得者。20多年来，他一直从事着一个人、一匹马、一条路的艰苦而平凡的乡邮工作。邮路往返里程360千米，月投递两班，一个班期为14天。他送邮行程达26万多千米，相当于走了21个二万五千里长征，围绕地球转了6圈！

王顺友担负的马班邮路，山高路险，气候恶劣，一天要经过几个气候带。他经常露宿荒山岩洞、乱石丛林，经历了被野兽袭击、意外受伤乃至肠子被骡马踢破等艰难困苦。他常年奔波在漫漫邮路上，一年中有330天左右的时间在大山中度过，无法照顾多病的妻子和年幼的儿女，却没有向组织提出过任何要求。

为了排遣邮路上的寂寞和孤独，娱乐身心，他自编自唱山歌，其间不乏精品，像“为人民服务不算苦，再苦再累都幸福”等。为了能把信件及时送到群众手中，他宁愿在风雨中多走山路，改道绕行以方便沿途群众，而且还热心为农民群众传递科技信息、致富信息，购买优良种子。为了给群众捎去生产生活用品，王顺友甘愿绕路、贴钱、吃苦，受到群众的广泛称赞。

20多年来，王顺友没有延误过一个班期，也没有丢失过一个邮件、一份报刊，投递准确率达到100%，为中国邮政的普遍服务作出了最好的诠释。

王顺友是伟大的，因为他耐住了寂寞，战胜了自己。很多人以为王顺友的日子太苦太难熬，其实，这就像爬山，熬过艰难的攀登过程，到山顶一看，天高云淡，神清气爽。我们每一个人，只有先去经历“熬”的过程，才能真正体会到“伟大”的境界。

任何人的一生，都是一趟漫长的旅行，沿途有无数的坎坷和泥泞。我们要以熬药、熬粥、熬汤的态度对待人生，能够忍耐，能够战胜坎坷，将日子慢慢地熬，耐心地过，每一天都过得香甜有滋味。

“熬”是一种难得的品质，不是与生俱来，也不是一成不变，它需要长期的艰苦磨炼和凝重的自我修养、完善。“熬”是一种有价值、有意义的积累，一个人的生活中总会有这样那样的挫折，还会有这样那样的机遇，然而如果你有一颗能“熬”的心，用心去对待、去守望，伟大就会属于你。

成功要坚持一万个小时

“不积跬步，无以至千里；不积小流，无以成江海。”这是荀子《劝学》中的句子。无边江河，都是一个个小溪小河会聚而成。我们生活中也是这个道理，如果事情不从一点一滴中做起，那就不可能有所成就。

《超凡者》(Outliers)是美国作家马尔科姆·葛拉威尔的著作，其核心是“一万小时定律”，就是不管你做什么事情，只要坚持一万小时，基本上都可以成为该领域的专家。

“一万小时法则”的关键在于，一万小时是最底限，而且没有例外之人。没有人仅用3000小时就能达到世界级水准，7500小时也不行，一定要10000小时——10年，每天3小时——无论你是谁。

这等于是在告诉大家，一万小时的练习，是走向成功的必经之路。

比尔·盖茨在开办公司之前，就已经接触计算机编程一万小时以上了。音乐神童莫扎特，在6岁生日之前，他音乐家的父亲已经指导他练习了3500个小时。到他21岁写出最脍炙人口的第九号协奏曲时，可想而知他已经练习了多少小时。象棋神童鲍比·菲舍尔，17岁就奇迹般奠定了大师地位，但在这之前他也投入了10年时间的艰苦训练。

在大量的调查研究中，科学家发现，无论是在对作曲家、篮球运动员、小说家、钢琴家还是象棋选手的研究中，这个数字——一万，反复出现。

这是“一万小时法则”被提出的事实论据。其实“一万小时定律”还是告诉我们，贵在坚持。古往今来，人们对那些在学业和事业上取得重大成就的人，总认为他们是天才。比如，有人说文学巨匠鲁迅是天才，而鲁迅说：“哪里有天才，我是把别人喝咖啡的工夫都用在工作上的。”更多的人说美国发明家爱迪生是天才，可是爱迪生说：“天才就是1%的灵感加上99%的汗水。”我们可以不及别人聪明，但我们不可以不努力。实践证明，即使是一个智商一般的人，只要付出更多的努力，也可以作出非凡的成绩，正所谓勤能补拙也。

美国游泳天才菲尔普斯，人称外星人、超人、未来人，他已经被一些人视为他所从事的运动历史上最伟大的全能运动员。在2004年的美国选拔赛中，菲尔普斯取得了6个单人游泳项目的雅典奥运会参赛资格，这些项目包括了每种可能的游泳姿势。他最终获得了6枚奥运会金牌，2枚铜牌。在2008年北京奥运会上他又破纪录的独揽8枚金牌而震惊世界。

很多人说菲尔普斯是天才，但他自己说过一句话："我知道，没有人比我训练更刻苦。"菲尔普斯7岁开始练游泳，每天早上5点半别人还在熟睡，他已去训练了，每周要游100千米。12岁起，每周要比对手多训练一天。没有假期，没有娱乐活动，游泳占据了菲尔普斯全部的精力。"如果你休息一天，实力就会倒退两天。"这是菲尔普斯的座右铭，他一直深信，"如果浪费两天的话，也许就再也追不回来了。"

我们说成功源于对目标长期而固执的坚持，菲尔普斯凭借自己的努力，不断地找寻属于自己的理想目标，锲而不舍地为之奋斗，最终实现了自己的理想。苏轼有言："古之立大事者，不惟有超世之才，亦必有坚忍不拔之志。"很多人之所以脱颖而出，就是因为他们有超人的耐心和毅力，所以水滴石穿，终成正果。

世界上没有人能轻易成功。成功的路上不一定有朋友的安慰，不一定有鲜花的陪伴，但一定有的是汗水的挥洒和身心的磨砺。浮躁时、想放弃时，不妨问问自己：下的工夫到了一万小时没有？

走向成功的人要有"铁杵磨成针"的耐性，已经成功者更要坚持，只有坚持才能取得更辉煌的成就。拳击运动员为了赢得比赛都受过长期的严格训练，不少职业拳击家都赚过几十万美金的报酬，而他们中大多数人的目标也被局限在此。当他们取得战场上血泪的辉煌之后，就过上了糜烂的生活，而终于陷于贫困之中。法国作家拉罗什夫科曾说："取得成就时坚持不懈，要比遭到失败时顽强不屈更重要。"

人们眼中的天才之所以卓越非凡，并非天资超人一等，而是付出了持续不断的努力。只要经过一万小时的锤炼，任何人都能从平凡变成超凡。在成功的道路上，你没有耐心去等待成功的到来，那么，你只好用一生的耐心去面对失败。

敏于心，钝于外，职场需要钝感力

“钝感力”一词源自日本，是日本著名作家渡边淳一《钝感力》中的首创词。按照渡边淳一的解释，“钝感力”可直译为“迟钝的力量”，即从容面对生活中的挫折和伤痛，坚定地朝着自己的方向前进，它是“赢得美好生活的手段和智慧”。“钝感力”一词虽是新创，但它的内涵我们并不陌生，其实“钝感力”的实质，正是一种沉得住气，以忍图强的处世方式。钝感不等于迟钝，它强调的是周遭事务不过度敏感，沉住气，不骄不躁，集中力量，专注目标的生存智慧。

在央视制作的《岩松看日本》节目中，渡边淳一说：“‘钝感力’作为一种为人处世的态度及人生智慧，相比激进、张扬、刚硬而言，更易在目前竞争激烈、节奏飞快、错综复杂的现代社会中生存，也更易取得成功，并同时求得自身内心的平衡及与他人和社会的和谐相处。”

“钝感力”是人性之中一种质朴的力量，然而，最质朴的力量往往拥有最非凡的能量。在《钝感力》中渡边淳一谈到他当年的一位同事S医生。在日本的医院中，年轻医生被前辈呵斥是司空见惯的事情。S医生的指导教授更是异常严厉，每当S医生被教授大声斥责的时候，大家都觉得他十分可怜。可不管教授如何批评，S医生似乎从不颓唐，而是默默地接受，并认真观察老师如何治疗病人。教授的训斥和S医生忠厚的回应，一唱一和，好像捣年糕的人和捣年糕的棒槌一样，配合得非常默契。后来，S医生成为医院最出色的外科医生，并在很年轻的时候就当上了院长。

钝感力是立身处世不可或缺的品质。我们也许都有这样的体会，同样的失误，同样的苛责，有的人感觉痛不欲生，以致影响了事业和生活的和谐；有的人却失落一阵，很快就恢复常态，天塌下来他也依然故我，他的事业、生活没有受到多大困扰，依然运行在正常的轨道之上。

通过许多企业的研究发现，企业中最优秀的员工往往不是最聪明的，也不一定是最能干的，但他们都有一个共同点：他们能够以最合适的状态及心境应对一切变化。在与公司共同发展的过程中，他们无论是处于逆境、顺境，面对表扬或批评，都无法轻易动摇他们对于自我价值的判断以及坚持到底的决心。很多时候，他们是同事眼中冥顽不化的愚笨者，是别人眼中反应迟钝的平庸者，但经过许多次的考验之后，这些“迟钝者”却往往以其坚韧不拔的精神最终获得管理者的赏识，成功实现晋升的梦想。

百荣集团是所在行业的知名企业，在声名远播的同时，集团面临的内外压力也是与日俱增：一方面竞争对手步步紧逼，不断抢占市场份额；另一方面，集团内部营销体系及相应的制度都有些混乱，区域市场的管理出现许多漏洞。张智与刘明都是百荣集团刚引入的两名高级营销人才，出任公司的营销部经理，分管不同的市场，共同向总经理及董事会汇报。

从工作背景来看，两个人不分伯仲：毕业于名牌大学，都曾任职于著名外企，具有较强的实力和丰富的经验，并且干劲十足。

在正式接管之后，两个人做的第一件事就是对自己所负责的区域进行大刀阔斧的改革，并引入外资公司一套成熟的制度进行实践。虽然职业背景非常相似，但张智与刘明两人的工作风格却大相径庭。张智做事雷厉风行，并且说话直言不讳。他的洞察力与市场判断力，让许多下属颇为佩服。而刘明却很像职场版的“许三多”，憨笑随和，性格不温不火，做事从不急进。许多人都认为张智将会比刘明更能做出成绩。

由于张智与刘明对区域市场进行了改革，触及了公司中诸多人的利益。在他们上任几个月后，一些员工产生抵触情绪，所以各种各样的非议纷至沓来，更不断有人写匿名信编造各种借口举报他们，张智与刘明都面临着巨大压力。

张智的性格急躁，对于这些无中生有的指责表现激烈，同时对于公司管理层的询问又表现出极大的反感，认为领导层应该给自己充分的信任与支持，而不能以这些莫须有的指责扰乱自己的情绪。为了实现既定目标，张智不断向区域经理下达死命令，不断地进行开会督促。一旦某一项任务没有完成，张智会怒急冲冠，并施以重罚，警告团队必须如期完成。张智的情绪化表现非常明显，他心情好时可以与团队打成一片，但当他情绪低落时，他整天阴沉不语，经常为一点小事发怒训人，让下属根本不敢与他沟通。

刘明的表现则平静得多。虽然也肩负重担，但他有条不紊。无论是任务布置还是工作推进，无论是取得成绩还是遇到障碍，他都能够心平气和地与团队共同研讨对策。而对于各种各样的非议与批评，刘明充耳不闻，依然淡定自如，他似乎并不太在意别人的评头品足，只是一心走自己的路。更令下属感激的是，由于某区域经理的失误，导致业绩下滑，整个团队受到董事会严厉批评之时，刘明却一个人抗住压力，耐心向董事会解释其中原因，并阐述接下来的应对措施以及未来的发展前景，从而取得了谅解。

一年半过去了，张智与刘明都以各自的方式顺利完成了向董事会承诺的目标。公司管理层决定提拔两个人中的一个出任营销总经理，在经过多方面的考察，多数员工支持刘明晋升为营销总经理，原因很简单，虽然张智的能干让人佩服，但刘明的“钝”让人更有持久的信心。而总经理的评价则是：张智是个将才，但刘明更是帅才。

“钝者，讷于言敏于心。”敏于心，钝于外，这就是大智若愚的智者，在企业中，像刘明这样“敏于心，钝于外”的人，就是很多人所期望的稳健型领导者。

如果说敏感力是一种外在的洞察力，那么钝感力则是一种内在的坚持力。相对于洞察力，坚持力是一种更持久的耐力与爆发力。现代社会的竞争越来越激烈，在这场没有硝烟的战争中，人与人之间的“斗争”在所难免，优胜劣汰成为常态。保持一定的敏感度是必要的，但更为重要的是沉得住气，排除一切干扰，为成功而坚持不懈地努力。

正是这种貌似“迟钝”的顽强意志使我们突破重重障碍，步步向前——这就是钝感的力量所在。在职场之中，如若年轻人能多一些“钝感”，少一些

“敏感”，为梦想穿上“钝感”的战衣，将使我们减少许多的杂念、忧愁、纷争，以便我们更好地将精力投入到工作中去，创造出更为优秀的业绩。

投资如下棋，要登高看远

做生意如同下棋一样，平庸之辈往往只能看到眼前一两步，而高明的棋手则能看出后五六步甚至更多。对精明的商人来说，所有的决策都是围绕着经商的利润进行的，他们所做的每一步都有着特定的目的。因此，他们往往能遇事处处留心，比别人看得更远、更准，这样作出的决策才可能切合市场发展的需要，达到决胜于千里的目的。

一个成功的投资理财者，绝不会轻易作出一项决策，就如一个医生在没有十分肯定的把握的情况下绝不会拿起手术刀一样。作决策是管理活动中最重要的一步，稍有失误，就会身败名裂，因而，当你要作决策时，千万不要草率行事。在市场扑朔迷离之时，更得沉住气，不去患得患失而是稳扎稳打。具有高远的眼光，善于把握风云变幻的市场，决策便有了最有力的依据。“高瞻远瞩”并非万望不可及，只要你多留心，多调查，有意识地去训练自己，你的眼界便会开阔起来，你便有了运筹帷幄的能力，下一个“独具慧眼”的经商奇才也许就是你。

美国巨富威尔逊在创业初期，全部家当只有一台分期付款买来的爆玉米花机，价值50美元。第一次世界大战结束时，威尔逊的生意赚了点钱，便决定从事地皮生意。当时干这一行的人并不多，战后人们都很穷，买地皮修房子、建商店、盖厂房的人并不多，因此地皮的价格一直很低。

听说威尔逊要干这不赚钱的买卖，一些朋友都来劝阻他，但威尔逊却坚持己见，他认为这些人的目光太短浅。虽然连年的战争使美国的经济衰退，但美国是战胜国，它的经济会很快复苏的，地皮的价格一定会日益上涨，赚钱肯定没有问题。威尔逊用自己的全部资金再加一部分贷款买下了市郊一块很大的地皮。这块地由于地势低洼，既不适宜耕种，也不适宜盖房子，所以一直无人问津、可是威尔逊亲自去看了两次之后，便决定买下那块杂草丛生的荒凉之地。

这一次，连很少过问生意的母亲和妻子都出面干涉。可是威尔逊却认为，美国经济会很快繁荣起来，城市人口会越来越多，市区也将会不断扩大，他买下的这块地皮一定会成为“黄金宝地”。

事实正如威尔逊所料，三年之后，城市人口剧增，市区迅速发展，马路一直修到了威尔逊那块地的边上。大多数人这才突然发现，这里的风景实在迷人，宽阔的密西西比河从它旁边蜿蜒而过，大河两岸，杨柳成荫，是人们消夏避暑的地方。于是，这块地皮身价倍增，许多商人都争相出高价购买，但威尔逊并不急于出手，真是叫人捉摸不透。

其实这便是成功经营者高明的地方，威尔逊自己何尝不知道这块地皮的身价，不过他看得更远：此地风景宜人，必将招来越来越多的游客，如果自己在这里开个旅店，岂不比卖地皮更赚钱？于是威尔逊毅然决定自己筹措资金开旅店。不久，威尔逊便盖了一座汽车旅馆，取名为“假日客栈”。假日客栈由于地理位置好、舒适方便，开业后，游客盈门，生意兴隆。从那以后，威尔逊的假日客栈便像雨后春笋般出现在美国与世界其他地方，这位高瞻远瞩的“风水先生”获得了巨大的成功。

可见，在商品经济时代，能先人一步，获得的实惠便可以先人百步、千步。所以说，我们对形势的发展有一定的预见性，在商业投资活动中才能占尽先机；而跟着潮流走的人虽然不会错，所担的风险也小得多，但所得的回报也不会很丰厚。实践证明，投资就应该如下棋一样，我们要让自己比别人看得更远、更准，要有大将风度，沉得住气，才能决胜千里之外，才会成为商战中的赢家。

孤独要趁好时光

哲学家尼采说："孤独是美的，因为它纯净生活。"雕塑家罗丹说："艺术是孤独的产物，因为孤独比快乐更丰富人的情感。"鲁迅说："当我沉默着的时候，我觉得很充实；我开口说话，就感到了空虚。"

孤独是朵静静开放的莲花，人只有静默独处才容易发现和感受具有终极价值的事物，因此与其一味哀叹，不如勇敢面对寂寞，体会淡泊，克服寂寞带来的心灵困扰。

孤独是朵静静开放的莲花

哲学家尼采说："孤独是美的，因为它纯净生活。"雕塑家罗丹的说法有一点点不同，他说："艺术是孤独的产物，因为孤独比快乐更丰富人的情感。"而我，更喜欢鲁迅说的那句话："当我沉默着的时候，我觉得很充实；我开口说话，就感到了空虚。"

三位大师的睿语，源自他们对生命的理解，也写照了他们孤独、曲折的人生，可谓精辟之言，而我暗自思忖的是：孤独，这种人类最常有、最本质的情感，是否真的有益于完善人的内心？是否真正为智慧者所拥有？

我只知道孤独的深处往往迭现着世事的美好：高山的峰巅是孤独的，大海的深处是孤独的，高远的蓝天是孤独的，草原上唱歌的牧羊人是孤独的，排着"人"形的雁阵迁徙时的翔姿是孤独的……但，那恰恰牵引着我们美好的向往。

屈原在孤独中悲悯浮生，所以他的诗歌有大的胸怀和高远的境界；贝多芬在孤独中吞咽不幸，他的音乐有穿透人心的力量；拿破仑在孤独中笑傲命运，他的生命之旗一直在"滑铁卢战役"之前猎猎作响！孤独是一种经过内心演绎、裂变、积淀后的情愫，把生命栏杆拍遍了的人，才会拥有这份深刻的情感。智者的孤独与少年强作悲愁的孤独远远不同，因为理智的孤独者已不会自囚在孤独里。孤独是智者向红尘俗世亮出的一张免战牌，又是遁入真我世界的一张通行证。因此，拥有孤独的人最能触摸到自己的内心。

如果不是欺人与瞒世，我们说快乐并不是人类最永恒和终极的情感。因为生活的琐碎和世事的无常都在逼仄着快乐的空间，也让快乐的体验变得肤浅和脆弱。为了证明我们的快乐，我们不得不戴上心理的面具去圆滑。我们忘记了一次雨打风吹的侵蚀，就足以摧垮了自诩为快乐的那个人。而孤独者却不相同，他们从苦难里提炼人生，把奢望轻轻放下，把最坏的视为平常，把求人转为自助，这时的孤独者也是命运的自塑者。只要生命中注入一点点的收获，孤独者便得到了人生的真收获，体验了人生的真欢喜。这时，我们发现孤独延伸了快乐的外延。只是，孤独者已习惯将快乐轻轻羽化，他们的脸上不曾有常人的欢颜。我们听到孤独的智慧者在说："真的快乐不是披在自身供人观赏的华服，而是自己给自己的内心挂上的一串珍珠。"

世人成大器者，必经历人生跌宕沉浮，而跌宕沉浮的深处，必以孤独为基调。犹如为严冬命名的，不是那显眼的一大片一大片的雪花，却是挂在屋檐上的一串串沉默的冰凌。

日本作家川端康成说："我独自一个人时，我是快乐的，因为我可以孤独着；与人相处时，我发现我是孤独的，只因为我已经变得快乐。"可见我们常常因为刻意让别人快乐，而扭曲了我们自己需要的孤独。

"给我快乐，毋宁给我孤独。"我们最终听见孤独的海明威如是说。其时，海明威的胸怀像他笔下《老人与海》里的那片大海一样宽广。

孤独是智者最终投靠的情感归宿。因为孤独的人生并不代表人生的孤独——而恰是孤独把生存者的快乐放大，而且为孤独者一人独享——好一个孤独的智慧者。

波澜万丈的生活激荡人心，令人心驰神往，但在人生的河流中，更多的则是平静，你总要学会一个人慢慢地享受人生，总会有那么一个时刻，你是孤独无助的。但不要害怕，因为这本身就是人生给你的最高馈赠，正如罗曼·罗兰所说："世上只有一个真理，便是忠实人生，并且爱它。"那么，当孤独来临时，去体味它、享受它，在欣赏完夏花的绚烂之后，不妨静下心来，品读秋叶的静美。

有位孤独者倚靠着一棵树晒太阳，他衣衫褴褛、神情委靡，不时有气无力地打着哈欠。一位智者由此经过，好奇地问道："年轻人，如此好的阳光，如此难得的季节，你不去做你该做的事，而在这里懒懒散散地晒太阳，岂不辜负了大好时光？"

"唉！"孤独者叹了一口气说，"在这个世界上，除了躯壳外，我一无所有。我又何必去费心费力地做什么事呢？每天晒晒我的躯壳，就是我做的所有事了。”

“你没有你的所爱？”

“没有。与其爱过之后便是恨，不如干脆不去爱。”

“没有朋友？”

“没有。与其得到还会失去，不如干脆没有朋友。”

“你不想去赚钱？”

“不想。千金得来还复去，何必劳心费神动躯体？”

“噢！”智者若有所思，“看来我得赶快帮你找根绳子。”

“找绳子，干吗？”孤独者好奇地问。

“帮你自缢！”

“自缢，你叫我死？”孤独者惊诧了。

“对。人有生就有死，与其生了还会死去，不如干脆就不出生。你的存在，本身就是多余的，自缢而死，不是正合你的逻辑吗？”孤独者无言以对。

在我们的生活里，很多人在面对孤独的时候，总是什么也不做，他们就像故事中的孤独者一样，给自己找出很多的借口和理由来麻醉自己。殊不知，生活中实在有太多的事情需要我们去处理，如果只是在孤独中束手无策，消极地空耗时间，那么这样的人生真的不如早早了结算了。

孤独是朵静静开放的莲花，人只有静默独处才容易发现和感受具有终极价值的事物，因此与其一味哀叹，不如勇敢面对寂寞体会淡泊，克服寂寞带来的心灵困扰。

孤独的人努力奋斗，不断地去探索，对真理永无止境的追求。这是一种永恒的孤独，无奈之余，孤独者诠释了生命的意义。孤独者的路是自己走的，他不随波逐流，在孤独中自得其乐。享受孤独的人，欣赏自己，享受自己的所作所为。在孤独中，他获得了自己给自己的最大的回报。孤独者拥有一颗淡然的心，在自己的世界里创造属于自己的成就。他能漠视周围人的诧异的眼光，走自己的路。

忍受痛苦和孤独是人生的必修课

“忍不但是人生一大修养，是修学菩萨道的德目，也是过幸福生活不可或缺的动力。”在谈及幸福人生为何需要“忍耐”时，佛学大师星云大师曾这样回答：“忍可以化为力量，因为忍是内心的智能，忍是道德的勇气，忍是宽容的慈悲，忍是见性的菩提。”忍的含义如此丰富，自然能够为幸福人生增添更多的滋养。

真正的忍耐不仅在脸上、口上，更在心上，根本不需要忍耐，而是自然就如此，是不需要力气、分毫不勉强的忍耐。人要活着，必须以忍处世，不但要忍穷、忍苦、忍难、忍饥、忍冷、忍热、忍气，也要忍富、忍乐、忍利、忍誉。以忍为慧力，以忍为气力，以忍为动力，还要发挥忍的生命力。

有一支刚刚被制作完成的铅笔即将被放进盒子里送往文具店，铅笔的制造商把它拿到了一旁。制造商说，在我将你送到世界各地之前，有5件事情需要告知：

第一件，你一定能书写出世间最精彩的语句，描绘出世间最美丽的图画，但你必须允许别人始终将你握在手中。

第二件，有时候，你必须承受被削尖的痛苦，因为只有这样，你才能保持旺盛的生命力。

第三件，你身体最重要的部分永远不是你漂亮的外表，而是黑色的内芯。

第四件，你必须随时修正自己可能犯下的任何错误。

第五件，你必须在经过的每一段旅程中留下痕迹，不论发生什么，都必须继续写下去，直到你生命的最后一毫米。

铅笔的一生是充满传奇的一生，它用自己的生命勾勒着世人心中最精致的图画，书写着最温暖的文字，即使在生命渐渐消失的时候，还在创造着新鲜的美丽。但是，它所迈出的每一步，却都踩在锋利的刀刃上，它一生都在忍受着无穷的痛苦。

充实的生命，幸福的人生，需要能够忍受寂寞，忍受他人的恶意羞辱，忍受生活的磨炼，在忍耐中坚强，在坚强中成长。

山里有座寺庙，庙里有尊铜铸的大佛和一口大钟。每天大钟都要承受几百次撞击，发出哀鸣，而大佛每天都会坐在那里，接受千千万万人的顶礼膜拜。

一天深夜里，大钟向大佛提出抗议说："你我都是铜铸的，你却高高在上，每天都有人向你献花供果、烧香奉茶，甚至对你顶礼膜拜。但每当有人拜你之时，我就要挨打，这太不公平了吧！"

大佛听后思索了一会儿，微微一笑，然后安慰大钟说："大钟啊，你也不必艳羡我，你知道吗？当初我被工匠制造时，一棒一棒地捶打，一刀一刀地雕琢，历经刀山火海的痛楚，日夜忍耐如雨点落下的刀锤……千锤百炼才铸成佛的眼耳鼻身。我的苦难，你不曾忍受，我走过难忍能忍的苦行，才坐在这里，接受鲜花供养和人类的礼拜！而你，别人只在你身上轻轻敲打一下，就忍受不了，痛得不停喊叫！"

大钟听后，若有所思。

忍受艰苦的雕琢和捶打之后，大佛才成其为大佛，钟的那点捶打之苦又有什么的呢？忍耐与痛苦总是相随相伴，而这样的经历，却总是能够将人导向幸福的彼岸。

在西方学者的眼里："忍耐和坚持是痛苦的，但它会逐渐给你带来好处。"而在中国古人心中也有同样的含义，例如"不经一翻寒彻骨，怎得梅花扑鼻香"。如此一说，忍耐似乎成了人们必修的业绩和成就的必需品。

忍是修行必需的一种精神，同时也是人获得成就的不可回避的路程。"忍"是佛家的智慧，也是儒家的学说结晶之一，孔子所讲的"克己复礼"就是"忍"的一种。其实，人生的种种都需要忍耐，事业失败、感情受挫、学习刻苦，人际维持、家庭管理，如果你不能忍受这些，你将很难成功。人们不论干什么都一定要有忍耐和坚持的精神，这是一种完全正确和不可或缺的人生观。

也许你不比别人聪明，也许你有某种缺陷，但你却不一定不如别人成功，只要你多一份坚持，多一份忍耐，就能够渡过困境，成就他人所不能。山洞的开凿、桥梁的建筑、铁道的铺设，没有一个不是靠着人性的坚忍而建成。

通往成功之路通常都是艰巨的，绝不可能唾手可得。生活中的苦涩，使人失望流泪；漫漫岁月的辛苦挣扎，催人衰老。人的一生经历机遇、打击、磨炼，这些都将化为百折不挠的意志，为事业的永恒做足心理储备。修行佛禅也好，成就人生也好，始终都要从困境里苦苦挣扎，最后臻至化境，而此刻最需要的，就是一颗能够忍受痛苦和孤独的心。忍，是年轻人的必要修行课。

孤单是一个人的狂欢，狂欢是一群人的孤单

青春是一个流连游乐场的孩子，在热热闹闹中享受欢声笑语，但它同时也是游乐场里孤独的旋转木马，看着人来人往，喧静交替，自己却无法从这热闹的寂寞里逃离。

Facebook自2004年横空出世以来，深刻地改变了人和人之间惯有的交往模式。这种虚拟的人际关系社区甚至被誉为21世纪最伟大的“发明”。只是，当一个人可以在Facebook上轻易地拥有成百上千个“好友”时，朋友对他而言，还意味着什么呢？这种困惑和现实生活里的人际关系惊人地相似：当我们不断参加各种聚会，在热闹和喧嚣中认识越来越多的“朋友”时，我们的内心，却似乎更加寂寞和不笃定了。正如以Facebook创始人马克·扎克伯格为原型的电影《社交网络》中所表现的：在Facebook 上，马克拥有1332083 个“好友”，但在现实中，他最好的朋友却在起诉他。仔细想想，这个悲剧虽然只属于马克，但这样的悲哀，却属于我们很多人。

布雷斯·巴斯达曾说过：“所有人类的不幸，都是起始于无法一个人安静

地坐在房间里。”这样的概括虽略显武断，倒也贴合现代人，尤其是城市人内心深处的纹理。许多时候，我们正是因为无法一个人安静地坐在房间里陪着自己，才会忍不住跑到各种聚会里去寻求一群人的陪伴，以期在觥筹交错间忘记流逝的时光，在欢声笑语里稀释琐碎的烦恼，在人声鼎沸中湮没延绵的寂寥……

只是，这样的陪伴，这样的热闹，往往并不完全属于你一个人，或者说，你压根就无法完全拥有它。因为正像歌里唱的那样：“孤单是一个人的狂欢，狂欢是一群人的孤单。”当一群人因为各自的孤单而聚在一起狂欢时，谁又会愿意把时间浪费在聆听他人的寂寞上呢？大家都是来排解寂寞的，自然没人愿意充当“知心姐姐”。这就难怪人们会感慨“外面越热闹，内心越寂寞”了，因为缺乏听众的寂寞，只会加倍呓语。

外界的热闹和喧嚣并不能剪除我们内心寂寞的杂草，更不能帮我们采撷到幸福的花蕾。这个道理显而易见，只是我们大多选择了视而不见。此刻，我们不如暂缓一下被寂寞驱使的匆匆脚步，轻轻俯身，去仔细拨弄一下我们的生活，看看那一丛表面的绿荫茂盛下，究竟掩盖了多少一直在蒙蔽我们完美心灵的尘垢。

让我们试着拨开那些平日给我们带来快乐和满足的美食、电视剧、闲聊、聚会……让我们仔细辨认一下，看看我们究竟是真的喜欢那些东西，还是仅仅因为它们打发了我们的胃、眼睛和一段空虚的时光。结果令人遗憾，但并不让人意外：大部分人都是因为后者，因为自身的欲望、空虚和无聊。也正因为如此，我们才会不断地尝试新奇的食物，寻求更新的节目，渴求更多的聚会和朋友……当然，结果也只能是更加饥渴和寂寞。

我们为何不能虔诚地享受生命的馈赠，怀着恭谨与喜悦去和食物进行最自然的互动呢？我们为何不能耐心而用心地去聆听我们身边的故事，尝尝那些远比肥皂剧更有营养的真实的欢笑和眼泪呢？我们为何不能单纯地因为自己的爱憎而选择朋友，因为自己的好恶而选择聚会或闲聊的内容呢？ 匆匆生命，我们为何总是不能尽兴？

一时的繁华和热闹，竟成了一世的芜杂与孤寂。

其实，我们的寂寞和烦恼也不见得就完全来自于外界的纷扰。在真正的智者看来，我们的人生就如同一次漫长的行脚，纵然可以时常呼朋引伴，也能久久地从家人温暖的关切中获得心安，但总有一些时候，我们会在喧嚣里突然默默，会在人群中茫然踽踽，会在这繁花似锦的年代，风华正茂的年纪，蓦然感到一丝凄凄与戚戚。这也许是人与生俱来的特质之一，如果不算严重的话，本可不必理会。只是，当我们的内心没有被喜悦而祥和的感觉充盈时，寂寞和浮躁就很容易冒出头来，兴风作浪。那些不经意的、细小的哀愁与伤感，我们往往过目即忘，可她们残余的寂寥感却久久地挂着我们的睫毛，等我们在人群中稍一转身，在镜子前稍一眨眼，那浓郁的孤独感就趁机倾泻而下，瞬间打湿了我们的眼睛。

幸运的是，这恼人的眼泪虽然模糊了我们眼里的世界，却也清晰了我们心里的自己。当周围的喧嚣渐渐褪去，当我们偶尔也如朱自清一样轻叹“热闹是他们的，而我什么也没有”时，当我们对那些包裹着我们的声音和色彩慢慢感到陌生时，也许我们对自己，倒是渐渐熟悉起来了。这样的我们，离纯粹还有一点距离，但离纯真，却已经很近了。其实回头想想，我们岂是无法拥有那样的热闹？我们只是不愿去拥有罢了。

毕竟，当我们踮起脚去追逐那些轻飘飘的热闹时，也就无暇俯身去捡拾生命里那些安静的美好了。

只有独处的时候，一个人才会了解自己

人们总是习惯睁大眼睛，仔细打量周遭的、网上的、世界的一切，生怕错过一个新的资讯，而跟朋友闲聊时没了谈资。殊不知，我们眼里看到的一切，都会成为我们心里的背景音乐。是宁静祥和，还是紧张烦躁，都取决于我们的眼睛望向哪里。夏正正的那句“人闭上眼睛，是为了和自己相见”就是给我

们的相对温柔的提醒吧，要是生活这个糟老头子亲自出马，也许就不会这么仁慈了。

人世枯荣，红尘哀乐，鸟鹊争鸣，与我们何干？不如一个人，静下来，闭上眼睛，和自己完完全全地在一起，不管是在林下入定，还是在自己的房间里静卧，还是在一个有人或没人的地方，沉浸在自己内心的无边静谧和遐想里。因为“只有独处的时候，一个人才会真正了解自己”。而不了解自己的人，一切喜怒哀乐都少了点真实和厚重。

探险家大卫·尼尔说：“一个人独处的甜美经验是笔墨难以形容的。心灵和感觉在不断观察和反省的沉思中，发展出敏锐度。”可有多少人，已经忘记了这种“甜美经验”，对美好事物的感受也变得愈发迟钝。早晨，我们要跟无数人去挤公车；中午，我们要陪客户、上司共进午餐；晚上，我们还要抽空联络一下许久不见的朋友……日复一日，我们哪还有独处的时间呢？也正因为如此，我们的生活才愈发显得忙碌，琐碎和昏沉。

为了给我们的内心换一首安静的背景音乐，我们需要常常停下匆忙的脚步，找一段时间安静地独处，在那个当下和自己完美地相遇。当然，你也许会担心把家人朋友晾在一边不太好，但这种想法，其实来源于我们对自己的欺骗——虽然要处理的事很多，但我们每天不是还能余下很多时间去看一些没有营养的肥皂剧，浏览一些不知真假的娱乐八卦吗？难道就抽不出十几分钟和自己单独相处？

而且，独处不仅不会影响我们和外界的联系，相反，它还会养护我们待人接物的淡定和从容。“接客如独处，独处有佛祖”，当我们从时常的独处中获得了内心的安详和笃定，再去与人相处时，就会摆脱常人的紧张和烦乱，不仅自己内心祥和，也让别人感到舒服，就像佛祖那春风化雨的言行举止一样，安详、自在、清净 。

安宁的独处是生命的需要，但问题是独处的时候，我们该做点什么呢？单纯地坐着或者躺着吗？其实，我们在和自己独处时，能做的事实在太多了！

一、想些没有答案的问题

也许你会觉得可笑：“这算什么？”殊不知：“人是一株会思想的芦

苇”，当我们远离了那些看似没有意义的思索，我们的人生，也就真的没有多少意义了。我们知道财富是好的，光阴是宝贵的，家人是重要的，但我们是否想过，那个拥有财富、体会时光、爱着亲人的“我”，到底是谁呢？他的本来面目是什么？他真正喜爱的是什么？他打算怎样度过自己的一生？这些问题对一些人来说只是无聊的文字游戏，但对另一些人来说，却是真实的颈项利剑，迫切需要解答。

虽然这些问题似乎永远都没有答案，但对他们的每一次思考，都会让我们更接近心中那个真实的自己。西方有句谚语说：“人类一思考，老天就发笑。”但如果我们因此就停止思考，岂不更加可笑？

二、反思自己

“静坐常思己过，闲谈莫论人非。”古人早就提醒我们，一个人静坐时要常常思虑自己的行为，想想对哪些过错的改正是被我们错过了的。如果你想起了昨天因为工作劳累而对家人态度冷淡，今天就买点小礼物，早点下班回去逗他们开心；如果你想起了就在刚才和同事因为一个问题的分歧而言语不快，马上就去和他开个玩笑，让芥蒂在笑声里烟消云散；如果你想起了曾经十分向往的一处山川，马上就着手安排一下时间和路线，找个周末或是长假，去把曾经的自己，在天地间拾起；如果……

这样的反思，是不是比工作总结和年终汇报更值得我们花费宝贵的时光呢？

三、培养自己的“慢性子”

一个人时候，我们总是要比和别人在一起时来的轻松自在，动作幅度变大，动作频率却变慢，要么伸伸懒腰，要么在床上打几个滚。总之，不用拘谨，也不必着急。这样的自在，是我们在匆忙的城市生活里，很难再寻觅到的。试着培养自己的“慢性子”吧，慢慢地翻着书页，仿佛被翻过的那一页上的文字，会永远褪去；慢慢地清洗晚餐后的瓜果，仿佛那每一颗、每一个，都是家人的一次温暖微笑；慢慢地抚摸爱人的头发，仿佛那一缕青丝，转眼就会成白发；慢慢地……

从现在开始，和自己在一起。体会眼前、脑海、心底的一切，让他们一一浮现、绽开，再把他们一一折好、放稳。等你静静完成了这一切，心满意足地继续上路时，你会蓦然发现，自己从里到外已经焕然一新，那是一种多么安宁而笃定的感觉！

孤独、安静到了极致，就将遇见生命的深刻

关于人生，每个人都有不同的期许，但大部分人都不会否认：我们所追求的事物，应该让自己幸福，这似乎是最不言自明的真理了。但可悲的是，在这个世界上，欲望的囚徒永远都比真理的信徒多得多。所以，当别人都在追逐欲望的惯性下苦苦挣扎时，懂得停下来问问自己“我所说的幸福究竟是什么意思”的人，往往是最幸运的孩子。

所以，幸运的我们不妨问问自己：我要的幸福，究竟是怎样的呢？如果我的幸福像大部分人一样，来自于另一些人和事的陪伴，来自于金钱与荣誉的簇拥，那幸福的遥控器，岂不是一直握在别人的手里？当我们因为寻求幸福而排斥独处时，我们恰恰错过了通往幸福的捷径——孤独。

作为一个本不包含任何感情色彩的词汇，“孤独”似乎一点都不孤独，因为它总是联结着“寂寞”“空虚”“灵性”“深刻”等情感丰富的词。而这些词，又往往并不是一伙的。所以，有人视孤独为寂寞的兄弟，冷酷无情；有人视孤独为通往灵性的捷径，景色宜人；更有人视孤独为一种与众不同的“情调”，乐在其中。

对此，我们不得不用一种很俗套的句式加以总结：“孤独对你来说究竟意味着什么，完全取决于你如何看待它。”既然如此，我们不如把它看得正面一点，积极一点，甚至是可爱一点吧！梁实秋说：“寂寞是一种难得的清福。”也有人附和：“孤独是一封给自己的情书。”想来也都是同一个意思。

在一个人内心长久的孤独里，一切原本喧闹的事物都会渐渐褪去它原有的鲜艳和动人，甚至连存放那些事物的时光，也渐渐褪去了颜色，模糊不清。不

过，也许“褪了色的时光，才是时光原本的颜色”。我们正好可以从这份孤独里看到一切原初的色彩。另外，真正的孤独在让华丽和喧嚣褪色的同时，也会让另一些更有分量的东西慢慢浮现于我们的生命之中。这些愈发清晰、愈发明媚动人的东西，也许才是真正支撑着我们的生活，也温润着我们渴望在尘世获得幸福的“媚俗”之心的暖阳。

有一个数据也许能让我们对这种孤独的“美好”有更深的体会：曹雪芹写《红楼梦》用了10年，司马迁写《史记》用了15年，托尔斯泰写《战争与和平》用了37年，歌德写《浮士德》用了60年……我们一般会惊叹于先贤们的决心和毅力，但我们不妨走得再近一些，试着去轻触，他们生命里那些真实而生动的纹理。看他们在那样漫长的孤独里，是如何将自己酿成一杯清茗，在那些踽踽独行的日子里细呷慢啜，于那些伏案疾书的灯盏下轻啜深饮，直到岁月都从青涩变得成熟，他们才起身，将那饱满而醇香的孤独，一饮而尽。也许这才是他们能够坚持这么久只为完成一部著作的原因。

因为他们不是在坚持，而是在喜欢；他们也不是在孤独，而是在满足。

不过，这种饱满的孤独似乎并非人人所愿。当大部分人用“交流感情”“娱乐身心”的大衣裹紧自己走出房间，走向饭店、牌桌时，他们逃避的，正是先贤们甘之如饴的寂寞和孤独。虽然偶尔，我们也会在席散酒醒之后深深厌恶前一晚的自己，但无奈的是，我们反思的脚步却远不及社交圈子的车轮有力：那些从喧嚣里滋生的伤感与排斥，不知不觉就被更多的喧嚣所湮没。被湮没的我们来不及呐喊抗议，甚至来不及抱怨两句，就被人群匆匆冲向了会所、饭桌、KTV……

对此，大多数人除了感到些许不适，更多的则是“大家都这样”的无奈或麻木。只是，你有没有问过自己：日子一天天这么过来了，还要一天天这么过下去吗？如果可以，我们不如决然地抽身离去一次，完全停下自己的匆匆脚步。在那个只属于你自己的安宁时刻，在那个和先贤的灯盏同样静谧的时刻，安静地注视天空，看云霞落在蓝天的怀抱里，笑得温柔；安静地聆听大地，听自己的心被无数清泉洗涤，在澄明的泉水中咚咚叮叮……

这样的瞬间，才是我们真正渴望的幸福和满足吧！

有一句话送给大家："孤独、安静到了极致，就将遇见生命的深刻。"其实，我们并不需要多么深刻的领悟，我们需要的，只是在孤独的心静如水里，看见天地的清澈明亮，看见心头的花开成海。

这样，此趟人生，才无所愧憾。

灵性瑜伽：放弃思考，感受呼吸

佛门的故事虽然多令人感到说教意味太浓，但偶尔怀着谦卑的心去聆听一番，也许就会有别样的收获。现代女性多喜欢练习瑜伽，殊不知，瑜伽正是古代印度僧人的一种修行方式。其中许多动作的背后，都有深刻的佛门智慧。另外，我们知道瑜伽在介绍动作的同时，还十分重视配套的呼吸方法，对此，专家们的解释各异，而作为外行的我们倒是不妨追根溯源一番，看看在古老的印度，人们为什么这么重视呼吸。

一天，佛陀把弟子们叫到法堂前，问道："你们说说，你们天天托钵乞食，究竟是为了什么？"

"世尊，这是为了滋养身体，保全生命啊。"弟子们几乎不假思索。

"那么，肉体生命到底能维持多久？"佛陀接着问。

"有情众生的生命平均起来大约有几十年吧！"一个弟子迫不及待地回答。

"你并没有明白生命的真相到底是什么。"佛陀听后摇了摇头。

另外一个弟子想了想，说："人的生命在春夏秋冬之间，春夏萌发，秋冬凋零。"

佛陀还是笑着摇了摇头："你觉察到了生命的短暂，但只是看到生命的表象而已。"

"世尊，我想起来了，人的生命在于饮食之间，所以才要托钵乞食呀！"

又一个弟子一脸欣喜地答道。

"不对，不对。人活着不只是为了乞食呀！"佛祖又加以否定。

弟子们面面相觑，一脸茫然，又都在思索另外的答案。这时一个烧火的小弟子怯生生地说道："依我看，人的生命恐怕是在一呼一吸之间吧！"

佛祖听后连连点头微笑。

是啊，生命只在一呼一吸之间。曾经鲜活的脸庞，可能下一秒就会永远凝固。所以，我们可以大胆地猜测一番：注重呼吸的瑜伽术，可能就是让我们通过有意识地控制呼吸，来觉知瞬息万变的世界，觉知因缘聚合的自己，觉知我们安静之后的，心底真实的图景。这可能也是许多人不仅把瑜伽当成一种塑体的运动，更当成一种修炼气质的重要手段的原因吧。

其实，就算我们对身体上的瑜伽术不感兴趣，在灵魂里，我们也可以偶尔尝试一次灵性的瑜伽修炼。在这样的修炼中，我们可以一点点地拉伸思维的疆域，拓展灵魂的国土，在广袤的天地间迷失自己，却在最深的心底，重新遇见那个最真实的自己！

让我们先学会放弃思考，将注意力全部转移到呼吸上。这一步至关重要，因为真正困扰我们的，往往就是我们自己的大脑：当它因为无法得知未来的形状，便不断给心传递悲观焦虑的信号，所以我们才会犹如挂在干枯枝丫上的黄叶，飘摇伶仃；当它因为无法感知到生命的真实温度，便不断给心填充欲望来逃避寒冷，直至它膨胀成一个随时会爆炸的气球，在空中飘摇不定……这一切都由我们大脑的局限造成。所以，我们要做的一地步，就是放弃它，放弃思考。转而去在意自己的每次呼吸。

等我们呼吸的节奏渐渐稳定下来，等我们开始熟悉这样的一呼一吸，冥想自然而然地就来到了。这种冥想并非我们常说的"苦思冥想"，而是我们心灵的自然呼吸。是的，等我们安静地专注于身体的一呼一吸时，我们的心，也就可以舒畅地呼吸了。

等到了这样的时刻，我们就可以自由地选择接下来"要去哪里"了：是回到外婆的澎湖湾，让柔柔的清风，金色的麦浪，野花清晨奋力托起的露珠来填满我们的心灵；是回到童年伙伴的身边，让那些天真的微笑，无邪的注视，温暖的言语和身影来包裹我们的灵魂；还是回到心底的自留地，让五颜六色的问号，千奇百怪的幻想，谁也听不懂的密码写就的日记来占据我们的心智……

我们甚至可以自由自在地穿梭其中，奔腾，跳跃，滑落，旋转……

当然，我们也可以不去回忆和畅想任何画面，只是单纯地数着自己的心跳和呼吸：呼，吸；呼，吸……

我们会在这样看似单调，实则体验丰富的情境中感受到最饱满的自己。这种饱满，来自于我们不带目的地去专注于一件细微的小事。这听起来很简单，其实，除了跟小伙伴一起玩游戏的孩子，绝大部分人早就失去这种能力了吧！回想一下冥想时我们脑海里闪过的画面：大自然，小伙伴，对世界的好奇，安静的心态……现在的我们，还剩下哪一条呢？浮华和炫目将大自然挤出我们的视线，我们对伙伴的注视也从眼睛转向衣着，冷漠与无视更是将我们对世界的好奇心冰封，取而代之的是八卦娱乐。安静的心？别开玩笑了，沉默的人总是被大家忽略，谁还会安心地享受那份恬淡……

现在，你总算能发现一点现在的这个自己，和我们想象中的相去多远了吧。不如也来学学这有趣的灵性瑜伽吧，你也可以选择任意的，适合自己的姿势和方法：有的人适合静坐，有的人适合平躺，有的人喜欢专注于一个有趣的想法，有的人喜欢赤诚地做一次祈祷……都没关系，重要的是：我们在安静的“失去，找回，失去，找回”里，在缓慢的“呼，吸，呼，吸”里，重新拥有自己的身体和灵魂。

人生“漫漫自由路”

生命里的每一种经历，都是一件或大或小的礼物，即使是高墙铁窗里的漫长孤独，只要我们心怀赤诚，依然能发现它里面隐藏的宝贵财富。

1918年7月18日，一个健康的小家伙出生在了南非特兰斯凯一个部落酋长家里。他从小学习成绩优异，1938年进入黑尔堡学院，而后又就读于威特沃特斯兰德大学，获法学学士学位。

本来，他毕业后可以安心做自己的律师，而且他是家中长子，被指定为酋长继承人。但他表示："绝不愿以酋长身份统治一个受压迫的部族，而要以一个战士的名义投身于民族解放事业！"在当时的南非，社会矛盾突出，白人统治者跟黑人平民之间的权力斗争严重，他毅然走上了追求民族解放的道路，他就是后来被称为"民族之矛"的南非国父——纳尔逊·罗利赫拉赫拉·曼德拉。

1944年，曼德拉参加了主张"非暴力斗争"的南非非洲人国民大会（简称非国大）。1952年先后任非国大执委、德兰士瓦省主席、全国副主席。同年年底，他成功地组织并领导了"蔑视不公正法令运动"，赢得了全体黑人的尊敬。也就在此时，他受到了南非当局的注意，曾两次被告知不准参加公众集会。

1962年8月，曼德拉被捕入狱，当时他43岁，南非政府以"煽动"罪和"非法越境"罪判处他5年监禁。这还只是开始，不屈的曼德拉依然坚持斗争，1964年，他又被指控犯有"企图以暴力推翻政府"，改判为无期徒刑。

"我已经把我的一生奉献给了非洲人民的斗争，我为反对白人种族统治进行斗争，我也为反对黑人专制而斗争。我怀有一个建立民主和自由社会的美好理想，在这样的社会里，所有人都和睦相处，有着平等的机会。我希望为这一理想而活着，并去实现它。但如果需要的话，我也准备为它献出生命。"被判终身监禁时，曼德拉将审讯法庭变成了揭露种族隔离制度罪恶和唤醒广大民众的讲坛，他那长达4个小时的声明是这样结束的。

之后，他被关在荒凉的大西洋小岛——罗本岛上27年。虽然当时曼德拉年事已高，但看守他的狱警依然像对待年轻犯人一样，对他进行残酷的虐待。

罗本岛上布满岩石，到处是海豹、蛇和其他动物。曼德拉被关在总集中营的一个锌皮房内，白天打石头，将采石场的大石块碎成石料。他有时要下到冰冷的海水里捞海带，有时干采石灰的活儿——每天早晨排队到采石场，然后被解开脚镣，在一个很大的石灰石场里，用尖镐和铁锹挖石灰石。因为曼德拉是要犯，看管他的看守就有3人。他们对他并不友好，总是寻找各种理由虐待他。

漫长的监狱生活，打造了曼德拉忍耐、宽容、坚毅的个性。生活规律，早睡早起，坚持锻炼，不吃油腻与甜食，这是曼德拉曾经向南非国民披露的长寿秘诀。而这些习惯，正形成于罗本岛，至今他仍恪守不渝。

在监狱中，他每天早晨在牢房里原地跑步45分钟，然后做100个俯卧撑、200个仰卧起坐和50个下蹲运动。“锻炼是我生活中不变的习惯。锻炼不仅对一个人的身体健康有好处，而且对心情舒畅也有重大作用。锻炼能消除紧张，而紧张是健康的大敌。我发现，当我身体好时，我工作起来就感到愉快，思维也很敏捷，因此，锻炼就成为我生活中不变的习惯。”曼德拉在自传《漫漫自由路》中这样写道。

也许我们现在读来，会觉得没什么，但对于已近高龄却一直在监狱中遭受着各种苦痛和孤独的曼德拉来说，能坚持做到那些，真的让人动容。

1991年，当曼德拉出狱并当选南非总统，他在就职典礼上的一个举动震惊了整个世界。总统就职仪式开始后，曼德拉起身致辞，欢迎来宾。他依次介绍了来自世界各国的政要，然后他说，能接待这么多尊贵的客人，他深感荣幸，但他最高兴的是，当初在罗本岛监狱看守他的3名狱警也能到场。随即他邀请他们起身，并把他们介绍给大家。

曼德拉的博大胸襟和宽容精神，令那些残酷虐待了他27年的人汗颜，也让所有到场的人肃然起敬。看着年迈的曼德拉缓缓站起，恭敬地向3个曾关押他的看守致敬，在场的所有来宾以致整个世界，都静下来了。

后来，曼德拉向朋友们解释，他年轻时性子很急，脾气也比较暴躁，正是狱中的生活使他学会了控制情绪，因此才有今天这个儒雅、慈祥的曼德拉。牢狱岁月给了他时间与激励，也使他学会了如何处理自己遭遇的痛苦和孤独。

获释当天，他的心情平静：“当我迈过通往自由的监狱大门时，我已经清楚，自己若不能把悲痛与怨恨留在身后，那么我其实仍在狱中。”

没错，面对生活中的磨难，如果不能以豁达的心胸面对，那么我们只能一直生活在痛苦当中。曼德拉后来还说道："在那漫长而孤独的岁月中，我对自己的人民获得自由的渴望变成了一种对所有人，包括白人和黑人，都获得自由的渴望。"可敬的曼德拉不仅没有怨恨白人，反而把他们也当做了自己要帮助争取自由的对象。也许这就是他在那段孤寂而艰难的岁月里，收获的最大的精神感悟。

经历了27年牢狱的曼德拉愈发觉得时间的可贵。对曼德拉来说，生命里没有退休这两个字，等他1999年去职之后，他又将目光转向了那些渴望教育的孩子们、那些没有钱治疗的艾滋病患者以及世界上远未消失的战争硝烟。而这一年，他已经82岁。

对于生命的苦难，我们不能把它当成是"谁"的错。你总是去看他人的优越面，心中的怨恨愈增。接受自己，接受现实，相信我已富有、已完美，生命将无憾。

人生难免会经历这样或那样的波折。面对生活中的痛苦，如果一味沉浸在对命运的抱怨中，那么我们看到的只能是漫无天际的悲观和失望，可是如果保持一颗豁达的心，即使是在人生的风雪里，也只会当成是风景来观赏。

越娇艳的花，越开得静谧

诗人卞之琳有一首传世名作这样写道："你站在桥上看风景，看风景的人在楼上看你。明月装饰了你的窗子，你装饰了别人的梦。"你是否无数次读到过这首《断章》，你是否有那么几次看到桥上看风景的人会不禁莞尔，但你可曾知晓那个在清风明月之下装饰了别人的梦乡的姑娘是谁？诗人卞之琳一生只结过一次婚，那年他45岁，但在他45岁之前，他却只爱着一个人，那个被称为"民国最后一位才女"的张充和小姐，后来人们都尊称她为"张充和先生"。

张充和生于1914年的上海，祖籍安徽合肥，其祖父和父亲都是清末民初的名仕大家，张充和是家里最小的一个女儿，上面有三个姐姐，“合肥四姐妹”就是人们对张家四个不俗的女儿的并称。她们中大姐嫁给了昆曲名伶顾传玠，二姐嫁给了著名语言学家周有光，三姐的爱情被为人所知，她的先生就是《边城》的作者沈从文。张充和的丈夫是当时在清华任教的著名美籍汉学家。

相比于姐姐们似乎更加耀眼的前半生，张充和用她的诗词、书法、绘画、昆曲和旗袍抒写了她多姿多彩的一整个人生。时至今日，张充和在近百岁高龄下依然做着她钟爱了一辈子的昆曲事业。纪录片《昆曲六百年》里，她说在美国一个人想唱曲了，先用录音机录下自己的笛声，然后一边播放一边唱……电视里老人的声音不再婉转悠扬，却有一种让人牵肠的美。

张充和有着极其绚丽的一生，她出身名门贵族，从小就接受中国传统文化的熏陶，天资聪慧的她4岁会背诗，6岁能诵《三字经》《千字文》。后来，她的国学造诣和文艺修为即使在当时文化纷繁滋长、百花齐放的中国都可谓是熠熠生辉。章士钊曾将她比作蔡文姬，而焦菊隐称她为当代李清照。那些年代里，她交往过的均是名流雅士，姐夫沈从文自不必说，卞之琳更是对其钟情已久，黄裳、俞平伯等人也是她的座上常客。应该说：她是一个不亚于任何名伶才女的传奇。安静的姿态，热烈的才华，她的确如卞之琳描述的那样，是一轮朗照的明月，惹得人人抬头赞叹。

但她同时也是十分寂寞的。张充和为人谦和，淡泊名利，安详低调。她一生所爱的，均是平淡绵长的事物，一如她恬淡从容的性格——“十分冷淡存知己，一曲微茫度此生”。她身为明月，却兀自冷清，兀自圆缺，甚至对于自己非凡的才华，她也毫不在意。她常说自己的作品就像随地吐的一口痰，无意存留，谁愿意发表就拿去发表，她反正不会在意的。

如果一定要为张充和的寂寞做一个注脚，那昆曲是再合适不过的了。张充和钟爱昆曲，多年前随夫嫁去美国后一直在美国传承着这门古老而优美的中华文化，而且一干就是半个多世纪。《昆曲六百年》里94岁的老人在曲友的说笑下裹上一袭大红色的戏袍，摆上几个身段站姿，笑得像个豆蔻少女般羞涩。在她年轻时，昆曲正是最后的繁盛时期，那时文人雅客都爱听上一段、唱上一曲。在那之后，昆曲几乎就没落了，如今就算是进了联合国非物质文化遗产名录，也只是有心人才能听得到的雅韵了。昆曲的调子极婉转悠扬，人们管昆曲的唱腔叫做“水磨腔”，那得要像清水打磨红木家具一般细致精心的嗓子才能开口来唱；唱词更是工致典雅，五六百年前汤显祖写下的是什么，如今唱的就是那一模一样的词。昆曲就是这样一种古老的文化，她久远，像从旧时光里走来老唱片的味道；她慢，慢得一个字能唱出九曲十八弯，绕梁三日；她寂寞，寂寞得几百年都没有什么变化。张充和先生就在这寂寞的昆曲上耗尽了大半辈子的时光，身在美国的她一人分饰两角，先吹后唱，自己跟自己一唱一和，倒也乐得自在有趣。

年轻的时候，有昆曲名家曾经邀请她去同台演出，在各种出版的昆曲图录里，她的名字是和俞振飞、梅兰芳这些一代大师的名字连在一起的。1943年在重庆粉墨登台的一曲《游园惊梦》，曾轰动大后方的杏坛文苑，章士钊、沈尹默等人纷纷赋诗唱和，成为抗战年间一件文化盛事。但在家跟姐姐们一起唱曲时，她却常常甘做小角色，当起了绿叶，不愿干那故意出风头的事。也许，在张充和的心底，快乐的事与外界的名声赞誉没多少关系，她更喜欢与家人曲友一起唱戏，与文坛好友吟诗作词，共飨丹青，那之外的浮华都是各家看客的，自己从来都“十分冷淡”。她冷淡到几乎漠视她卓然的成就，作品完成了就完成了，她只热爱那诗词书画本身，那之后的荣光褒奖就不管了。

现如今，先生仍在美国，丈夫去世近十年了，她自己也马上满百岁。诗词、书画、昆曲、旗袍，爱了一辈子的依然在爱着、做着、唱着。不知道当年去国离家时带走的一箱戏服是否还针脚饱满，也不知道那一方小院里的牡丹玫瑰、葱蒜时蔬她是否还有精力继续侍弄着。就算她有一天真的垂垂老矣，那一颗田园归农的闲适的心不会枯萎，那一份冷淡寂寞的心境一如往昔，当年的那轮明月还是那般皎洁明亮，还是那般清冷寂寞。

寂寞不只是心情，有时也是心境；寂寞的不只是人，有时也可以是青春岁月。有的人活的轰轰烈烈、大开大合，羡煞旁人；有的人一生只做一件事，从初春到深秋，从青丝到白发……我们不能说谁的人生更精彩、更值得，但我们可以肯定：有时，越是娇艳的花，越是开得静谧。

听不到掌声，却依然美丽

寂寞并不是每个人都能享受的。对许多年轻人来说，不被寂寞埋没，而是与它一路同行，是一种难得的境界。滚滚红尘中，人们常常被无边无际的寂寞与孤独侵蚀，最终抑郁消沉，甚至使人生旅途戛然而止。但很少有人能在其中独享一份寂寞，活出一片未来。

邰丽华是中国唯一登上两大世界顶级艺术殿堂——美国纽约卡内基音乐厅和意大利斯卡拉大剧院的舞蹈演员，也许她并没有达到舞蹈的顶峰，但她却用自己的行动证明了一个残疾人只要通过努力一样可以取得了不起的成就。

在邰丽华两岁那年，她因高烧失去了听力，没过多久，甜美的歌喉也关闭了，她从此陷入了无声世界，当时的寂寞与痛苦难以想象。快满7岁那年，父母决定将她送入市聋哑学校学习，在那里的一堂律动课改变了她的人生。

聋哑学校的律动课是为了让学生通过震颤感受到节奏的变化。当老师踏响木地板上的象脚鼓时，一种奇怪而自然的有节奏的振动刹那间传遍邰丽华的全身，她感到一种从未有过的对另一个世界新奇的感知。当别的同学表现出万分高兴的时候，她已经将整个身体匍匐在地板上，深深地投入到那充满幸福的律动之中了。她激动，她兴奋，眸子闪亮，小脸通红，她感觉到这个世界从未有过的美丽，她指着自己的胸口，用三个手势告诉老师：我——喜——欢。

她努力地感受不同的振动，娇小的身体随之摆动。她突然发现，这是一种属于她的语言。她比别人勤于思考，更善于琢磨用舞蹈来表达情感。从此她踏上了她的舞蹈之路。

在婀娜的舞姿背后，对于邰丽华而言，她要付出比常人多好几倍的辛苦努力。台上一分钟，台下十年功。她全身心地投入到她的舞蹈事业中，为了练舞，她将自己变成了一只旋转的陀螺，24小时中除了吃饭和睡觉的时间，其他时间都是在舞蹈。找不准节拍再练，动作不对再改，一次又一次摔倒，爬起，摔倒，爬起。练得身上青一块、紫一块，以致小腿上留下了一道又一道青黑的伤疤。

人们一定记住了《雀之灵》中那只清丽、温婉，总在不经意间为人们绽放无比的绚烂，然后又在刹那将一切归之于平淡的人间之鸟；人们也一定不会忘记《千手观音》中那个有着甜美笑容，仿若能涤荡一切尘埃的观音姐姐。舞蹈，对于邰丽华来说，是儿时的嬉戏，是精神的寄托，是感受这个世界的特定方式。她用行动传递着自己的心绪：她虽然听不到掌声，虽然曾经活在寂寞之中，但心中却永远有一支随时为她奏乐的乐队，她依然可以坚强而美丽。

美丽而坚强的舞蹈天使获得了《感动中国》2005年度人物，颁奖词中对她这样评价："从不幸的谷底到艺术的巅峰，也许你的生命本身就是一次绝美的舞蹈，于无声处，展现生命的蓬勃，在手臂间勾勒人性的高洁，一个朴素女子为我们呈现华丽的奇迹，心灵的震撼不需要语言，你在我们眼中是最美。"

也许偶尔的寂静会让我们的心得以沉静，可无休止的寂静却让人难以忍受。到最后，寂静转化为寂寞，寂寞又慢慢削平一个人的斗志，磨灭一个人的梦想。但邰丽华却没有被那种无声的寂寞所吞噬，反而在寂寞中实现了理想，获得了最后的成功。虽然她听不到掌声，但那些美丽的声音一定一直萦绕在她的心头。

寂寞不是一片阴霾，不是将我们与绚烂朝阳阻隔的障碍，它有时也会在迷雾中露出一缕阳光，只是离我们尚且遥远。寂寞并不可怕，那些与寂寞朝夕相处的人，往往最能体会其至深至美的本质。他们能体验常人所不能体验的生活，因为他们深刻地体味过寂寞；他们能感悟常人所不能感悟的道理，因为他们是在寂寞中重生。

唯有寂寞，才能让我们体味夜的深沉与沉醉；唯有寂寞，才能让我们更懂得光明的耀眼与温馨。在寂寞中穿行，在寂寞中获得重生，即便是听不到热烈激昂的掌声，看不到胜利后的繁华，也依然能在心底为自己鼓掌。

享受寂寞，守得云开见月明

王国维在《人间词话》里说：“古今之成大事业、大学问者，必经过三种境界：‘昨夜西风凋碧树。独上高楼，望尽天涯路’，此第一境也；‘衣带渐宽终不悔，为伊消得人憔悴’，此第二境也；‘众里寻他千百度，蓦然回首，那人却在灯火阑珊处’，此第三境也。”第一境界“昨夜西风凋碧树。独上高楼，望尽天涯路”是说要有一颗甘于寂寞的心，甘于为事业献身的人；第二境界“衣带渐宽终不悔，为伊消得人憔悴”，在不断的追求中费心费力，倾注自己的心血；第三境界“众里寻他千百度，蓦然回首，那人却在灯火阑珊处”，在不断的追求和付出中最终能够看到最终的成果而成大业。

而在现实的社会中，这种甘于寂寞，默默成就的人越来越少，快节奏的生活让人变的浮躁，为了眼前的营营小利而蠢蠢欲动，一味地追求所谓的利益，没有一颗能够坚持梦想的心，最后也没有得到什么利益，只是害了自己。

刚刚大学毕业的小张是从农村出来的，开始走上工作岗位拿到的薪水还算不错。但是，他给自己施加的心理压力很大。他从小家境贫寒，父母终日在田地里辛苦耕作，用省吃俭用积攒下来的钱供他读书，因此他一直希望能够有朝一日在城里买房接父母来住。虽然他生活已经很节俭了，但是每月将房租、饭钱、交通费、通信费等生活必需费用扣除之后，几乎所剩无几。而城里的房价飞涨，物价也在上涨，都使他心境难以平静。这就使他萌生跳槽的念头，于是他开始四处搜集招聘信息，希望能够跳到一家薪水更高的公司。

可以想象，他萌生这个念头的时候，就很难以专心工作。不久，他的上司就觉察出了他的问题，他做的方案漏洞百出、毫无新意，甚至出现很多错别字，可以明显看出是在敷衍了事，没有用心去做。于是，上司找他谈话，不料刚批评几句，小张不仅没有承认自己的问题，反而质问上司："你给我这么点薪水，还希望我能做出什么高水平的方案来？"上司这才意识到，小张原来的情绪源于薪水低。他并没有生气，反而平静地告诉小张："公司里的薪水并不是一成不变的，只要你做出了业绩，薪水自然会上去的。真正决定你薪水的不是公司、不是老板，而是你自己。"但是，小张根本听不进去，一怒之下，刚工作不到半年的他毅然决定辞职不干了。

辞职后，他开始专心找薪水高的工作，凭着他的聪明才智，很快又应聘到另外一家公司，这家公司的薪水比之前的公司高出了1000元，这让小张庆幸自己跳槽非常明智。刚工作三个月，小张偶尔从同事那里了解到，同行业里的另一家公司薪水普遍要比现在的公司要高，这使小张本来平静的心又一次地波动起来，他又开始关注这家公司的消息。本来他所在的公司打算委任他一项重要的项目，要出差到外地的分公司半年，虽然辛苦，但是能够为以后在公司的晋升奠定基础。

但是，小张一心想要跳到另一家公司，根本无心继续待下去，拒绝了这个在别人看来千载难逢的好机会。于是，小张在公司老板的眼里就留下了不思进取的印象。在金融危机袭来的时候，公司裁员，小张不幸被裁掉。当他再去找工作的时候，几乎所有的面试都会问他同一个问题："为什么你在不到一年的时间里换了两份工作？"

作为一个刚出社会的人，最忌讳的是沉不住气。看到眼前的利益，就往往失去了对于自己能力的加强，也忘了自己踏踏实实学习的初衷。金钱并不是衡量成功的唯一标准，人生永远不忙的一件事是去挣钱，如果你学到足够的能力，不会缺少这些机会。如果只是看待仅有的小利，而放弃坚持和学习，是一件多么得不偿失的事情。工资有价，但是经验和能力无价，没有沉下心来的学习，是无法得到的，自视甚高的智力资本也在经验和能力前不值得一提。

现代社会中的许多年轻人都在为自己的梦想而奋斗，这个过程是长期的且枯燥的，是需要一步一步地坚实地踏出，没有所谓的捷径。在实现的梦想中，面临着很多的诱惑，出现很多所谓的捷径，但是这些并不能让你去实现梦想，只能让你距离自己的梦想越来越远。真正实现梦想的过程是一个不断沉淀，不断积累，然后厚积薄发的过程。这个过程，容不下三心二意，容不下朝秦暮楚，只有敢于“独上高楼，望尽天涯路”甘于寂寞的心，沉浸在自己的梦想实现过程中，并为之有“衣带渐宽终不悔，为伊消得人憔悴”的努力，才能够收获“那人却在灯火阑珊处”的美景。

生命是一首承载寂寞的乐章

克里希那穆提认为单独生活是一种高超的生活智慧，大部分人不能单独生活，因此他们需要伴侣。

单独生活需要极大的智慧，而你必须独处才能发现神或真理。你如果有伴侣，有丈夫或妻子或是有小孩都是很好的，但是你知道，我们就在其中迷失了，我们在家庭及工作中迷失了，在这种无聊、单调的腐化中迷失了。我们习惯了这种生存方式，一旦想到必须独处，就变成一件可怕的事。我们大部分的人只把我们的信心放在一件事情上，把所有的鸡蛋放在一个篮子里面，离开了我们的伴侣，生活就不在丰富，离开了家庭，我们就失去了作用。但是如果一个人的生活是丰富的，我们不是指在金钱、知识上的丰富，因为那是人人都可以获得的，我们指的是无始无终处在真理的活动中的丰富，那么伴侣关系就变成次要的事了。

然而，在实际生活中，害怕孤独，将忙碌和焦虑视为充实却大有人在，他们用忙碌和勤奋来掩盖失落和内心的不安。西方有位哲人在总结自己的一生时说过这样的话：“在我整整75年的生命中，我没有过过四个星期真正的安宁，这一生只是一块必须时常推上去又不断滚下来的崖石。”追求宁静，或者说追求寂寞对许多人来说都成了一个梦想，寂寞并不是每个人都能享受的。

许多人把失意、伤感、无为、消极等与寂寞联系在一起，认为将自己封闭起来就是寂寞。其实，这是一种误解。倘使这样去超越生活，不仅会限制生命的成长，还会与现实产生隔阂，这样的人其实是逃避生活。

寂寞是心灵的避难所，会给你足够的时间去舔舐伤口，重新以明朗的笑容直面人生。懂得了寂寞，便能从容地面对阳光，将自己化作一杯清茗，在轻啜深酌中渐渐明白，不是所有的生长都能成熟，不是所有的欢歌都是幸福，不是所有的故事都会真实，有时，平淡是穿越灿烂而抵达美丽的一种高度，一种境界。

的确，在我们所接受的教育中，很少有人曾教我们学会独处。正像克里希那穆提在演讲中所言：

“很少人教我们如何独处。你可曾一个人出去散步过？一个人单独出去是很重要的。坐在一棵树下，不带书，没有伴侣，完全自己一个人，然后去观察落叶，听水波轻拍岸边的声音，听渔夫的歌声，观看鸟儿飞翔以及你自己此起彼落在脑中追逐的思绪。如果你能够独处并且观察这些事，你就会发现惊人的丰富内涵，这些丰富的内涵是政府不能抽取、人为机构所不能败坏的，它是永远不会被毁灭的。”

很少有人体会到独处的意义。周国平先生曾说过这样一段话，点出了独处的意义，即可以让我们“记住回家的路”。他指出所谓“记住回家的路”有两层意思。

其一，人活在世上，总要到社会上去做事的。如果说这是一种走出家门，那么，回家便是回到每个人的自我，回到个人的内心生活。一个人倘若只有外在生活，没有内心生活，他最多只是活得热闹或者忙碌罢了，绝不可能活得充实。其二，如果把人生看做一次旅行，那么，只要活着，我们就总是在旅途上。人在旅途，怎能没有乡愁？乡愁使我们追思世界的本原，人生的终极，灵魂的永恒故乡。总括起来，“记住回家的路”就是：记住从社会回到自我的路，记住从世界回到上帝的路。人当然不能不活在社会上和世界中，但是，时时记起回家的路，便可以保持清醒，不在社会的纷争和世界的喧嚣中沉沦。

年轻的朋友，停下忙碌的工作节奏，给自己一个独处的时间和空间，我们就不会在喧嚣和忙碌中迷失自我。我们时常相信：唯有结识别人，我们的生活才能有进展。这想法没有什么不对，但只有我们独处时，我们与自己的思想直接交流时，才会展开我们真正的生活。

青春第❽季

慢慢来，一切都来得及

有一位伟人这样说过："人生慢路，做加法不如做减法。当工作、学习与生活让我们不堪重负时，我们就应该在人生的清单上，减去一些不需要的东西，让包袱轻一点，让感受深一点，让负担少一点，让快乐多一点。"现代的年轻人，要抚平焦虑、躁动的心灵，进而摆脱烦恼、郁闷、狂躁等现代生活病，并在自己的内心建立起清净、开阔、欢喜的世界，真正体会到身心俱安的快乐，才能在紧张繁忙中找回自我，并早日破解幸福的密码，找到开启自己富足心灵的钥匙。

给心灵放个假，让流浪的心彻底回家

很多年轻人都希望恢复“五·一”黄金周，因为对于紧张疲惫的都市年轻人来说，长假旅游可以让他们放慢生活的脚步，舒缓工作的压力，好好体会平日里错过的生活。

记得曾有一组漫画，画的是在早上八九点钟的上海城铁里，人山人海，接踵摩肩。人们互相推着往前走，谁走慢了都会遭到周围人的白眼。如果在这个时候谁的鞋被踩掉了，恐怕都没有时间和空间给你回头找鞋的机会。不止是上海，北京、广州、香港等全国各大都市都有这样的情况。赶在早高峰上班的时候，用网友的戏称来说，人在城铁里会挤得像“明信片”一样。

也许有人会说这就是现代生活带给我们的充实，可仔细想想，除了充实之外，我们是不是还遭遇了许多的现代病？比如烦躁、焦虑、紧张、失眠、抑郁……高科技的生活和高科技一样，是一柄双刃剑，有利于生活的地方，也有不利于生命的方面。吉祥上师曾经用这样三个字来总结我们今天的生活：忙、盲、茫。

第一个“忙”是说人们忙碌的状态，人忙心也忙。第二个“盲”是指人们忙碌的目标，就是盲目地忙碌，用最简单的词来说，就是瞎忙。对于那些看似忙忙碌碌的人，如果你抓住他问他一句：“你在忙什么？”他多半都不知道。也因此，就有了第三个“茫”——迷茫。人们是如此忙碌，像个陀螺一样高速旋转，好像一旦自己闲下来，生活就会塌方，世界也将不可救药。

可事实上，我们都知道那句看似玩笑的真理：地球离开谁都照样运转，谁都不可能成为世界的核心。我们在建造世界、改变世界的时候，却常常忘了最重要的事，就是先建设自己。促成人们如此忙碌的并不是真紧张的工作和生活，而是人们内心对追求更高物质生活的一种焦虑和饥渴。

吉祥上师曾经讲过这样一个故事：一只狐狸想溜进一个葡萄园里大吃一顿，但是栅栏的空隙太小，它钻不进去。在狠狠地节食三天后，它总算能钻进去了。但是，当它大吃一顿以后又出不来了，只好在里面又饿了三天，才得以出来。这只狐狸感慨地说："忙来忙去，到头来还是一场空。"

反观我们忙忙碌碌的一生，常常像这只狐狸一样，只顾着奔向目标，却常常因为目的性太明确，而丧失了欣赏沿途风景的心情。所以，我们总是抱怨休息太少，长假太短，好像只有时间上的空闲才能让我们的心灵得到放松。也正是基于现代人的这种心理诉求，吉祥上师提出了这个全新的概念——心灵度假。

心灵度假的内涵中，最重要的一点就是通过抚平都市年轻人焦虑、躁动的心灵，进而帮助大家摆脱烦恼、郁闷、狂躁等现代生活病，并在每个人的内心建立起清净、开阔、欢喜的世界，让人们真正体会到身心俱安的快乐，让那些在紧张繁忙中迷失自我的年轻人，早日破解幸福的密码，找到开启自己快乐心灵的钥匙。

很多人都知道，瑞士是世界上国民幸福指数很高的国家，却很少有人知道瑞士的首都是不通飞机的。瑞士是一个多湖的国家，星罗棋布的大小湖泊遍布全国。漫步在湖边的草地上，一片静谧到极致的风影便笼罩了你。站在水边，望着一碧如洗的水中天，简直分不清哪是水哪是天。水天一色的澄澈让所有的浮躁都变得安静下来，每个到过那里的人都会不由自主地融入其中，做了画中之人。所以，当初有人提出要在首都修建机场时，绝大多数市民都投票反对，因为他们不愿让飞机的噪声影响城市的安静，不愿看到繁忙的飞机掠过城市的上空，也不愿意让现代化的进步改变他们原本快乐的生活节奏。所以，大多数人只知道瑞士是世界上最富裕的国家之一，却不知道真正富有的是他们气定神闲的灵魂。

如果我们能够在现代化生活的疲惫中，时常给自己的心灵放个长假，让为物质生活奔忙的灵魂早点回到宁静的心灵家园，那么我们就会天天都有好心情，天天也便都是快乐的假期了。

人生慢路，做加法不如做减法

当年，拥有30多亿美元资产的美国莱斯勒石油公司迎来了自己的新一届继承人，他就是年仅40岁的吉姆·特纳。人们本以为新上任的吉姆·特纳会酣畅淋漓地大干一番惊天动地的事业，然而，让人们大跌眼镜的是，他却不动声色地组建起了一个评估团，以50年作基数对公司资产进行了全面的盘点。随后，在资产总和中，他减去了自己和家人所需的费用、社会应酬所需的社交费，再减去必须支付的银行利息、公司的硬性支出、生产投资等，最终发现还剩8千万美元。

于是，他毫不犹豫地从这笔钱中拿出了3千万美元，为家乡建了一所大学，余下的钱全部捐给了美国社会福利基金会。人们对他的举动大惑不解，可他却说："这笔钱对我来说，已经没有实质的意义了，减去它就是减去了我生命中的负担。"也许有人觉得，放下这些财富就意味着贫穷和愁苦，至少失去巨大的财富，应该也不是一件值得庆幸的事情吧！不然，为什么股票交易大厅里总是有一张张苦闷的脸，为什么总是有不少人因投资的失利而跳楼自杀。

但是，吉姆·特纳恰恰相反。在莱斯勒石油公司员工的印象中，他们永远看不到吉姆·特纳愁眉苦脸的样子。即使在发生加勒比海海啸，公司的油井已经出现一亿多美元的损失时，吉姆·特纳在董事会上依然谈笑风生，他说："纵然减去一亿美元，我还是比你们富有十倍，我就有多于你们十倍的快乐。"

在85岁时，乐观开朗的吉姆·特纳悄然谢世。在自己的墓碑上，他留下了这样一行字："我最欣慰的是用好了人生的减法！"幸福的人生总是相似的，不幸的人生却各有各的不幸。吉姆·特纳的人生似乎昭示了这样一条道理：学会做减法，人生才能更快乐！

谁都无法否认，人生是一场漫长的旅行。在年轻的时候，我们拼命往行囊中塞进各种各样的东西，比如学历、证书、技能、知识、经验、爱情、友谊……我们就像进到一个琳琅满目的超市，不管自己需不需要，都先放在购物车里再说。可是，当我们的购物车堆了太多不实用的货品时，当我们沉重地推着车子走向收银台时，我们才发现，有很多东西其实都是生活的奢侈品，也有一些东西只是生活的装饰品。这些东西买回去，可能永远摆在家里的某个角落，任尘埃落满，却始终不会被使用。所以，在收银台前，我们开始从购物车里取出很多东西，把它们重新安放在货架上。因为我们知道，舍得有时候比获得更重要，更需要智慧的眼光来鉴定。就像我们到了一定的年龄，在经历过沧海桑田的波澜，默然无奈的分别后，我们才能明白，人生最重要的不是绚烂，而是万条江河归大海的平淡；不是学会拥有，而是懂得放弃。

有一位哲人曾说：“人生慢路，做加法不如做减法。当工作、学习与生活让我们不堪重负时，我们就应该在人生的清单上，减去一些不需要的东西，让包袱轻一点，让感受深一点，让负担少一点，让快乐多一点。”

有人说，人生就是最好的哲学教科书，我们关于智慧的全部修炼，都是在人生的取舍、得失、进退之间慢慢完成的。我们的人生需要加法，追求知识、追求名利、追求成功、追求爱情、追求进步，这些都是我们安身立命的根本，也是实现自我价值的重要途径。但是，千万不要陷在欲望的旋涡里无法自拔。我们应该时刻提醒自己，人生也需要减法。

这个减法就是追求知识时学会迁移与引申，不被知识套牢，不死读书、读死书，不在离开书本的时候，一无所知，一无所能。这个减法就是在追求名利的时候，时刻保持超越贫富之心，提醒自己名利只是我们服务于人时更好的保障与支撑。这个减法也是安于淡泊、淡看成败，懂得知足，懂得节制，懂得云卷云舒的浪漫，懂得花开花落的从容。

蜗牛角上笑名利，随贫随富且随喜

唐代大诗人白居易有一首《对酒》诗：“蜗牛角上争何事？石火光中寄此身。随富随贫且欢乐，不开口笑是痴人。”这首小诗只有简简单单的28个字，却深得后代人的赞赏。诗的大意是，人活在这个世界上，从空间上讲，就像是活在蜗牛角上一样局促；从时间上讲，就像电光火石一样短暂。何必去你争我夺呢？无论贫富都不应该斤斤计较，开口便笑，放怀得失才有真正的快乐。吉祥上师在为弟子诵读这首诗的时候，开示道：“人生一世，富有富的因缘，贫有贫的因缘，但是无论何时都不要忘了内在的欢喜。换句话说，人活着应该随贫随富且随喜。”

古代的许多诗人都是这样一种生活状态，比如陶渊明的诗有云：“方宅十余亩，草屋八九间。榆柳荫后檐，桃李罗堂前。暧暧远人村，依依墟里烟。狗吠深巷中，鸡鸣桑树颠。”这是一种再简单不过的生活了：种几亩田，栽几棵树，守着袅袅炊烟，听着鸡鸣犬吠。这样的日子简单、恬适、悠然自得。

良田千顷，夜眠八尺；家有万金，日食三餐。真正的幸福并不是获得多少，而是你能够满足多少。《伊索寓言》中有这样一个故事：有一次，孙子和祖父进林子里去捕野鸡。祖父教孙子用一种捕猎机：它像一只箱子，用木棍支起，木棍上系着的绳子一直连接到他们隐蔽的灌木丛中。野鸡受撒下的玉米粒的诱惑，一路啄食，就会进入箱子，只要一拉绳子就能捕到他们了。

祖孙俩支好箱子藏起来不久，就有一群野鸡飞来，共有九只。大概是饿了很久的缘故，不一会儿就有六只野鸡走进了箱子。孙子正要拉绳子，可转念一想，剩下的三只一会儿也会进去的，再等等吧。等了一会儿，那三只非但没进去，反而从里面走出来三只。孙子后悔了，对自己说，哪怕再有一只走进去就拉绳子。接着，又有两只走了出来。如果这时拉绳，还能套住一只。但孙子对失去的好运不甘心，心想还会有野鸡要回去的，所以迟迟没有拉绳。结果连最后那一只也走了出来，孙子一只野鸡也没有捕到。

这个故事很多人都读过，它告诉我们的是：贪婪是幸福的天敌。要想真正获得幸福，就要学会淡定，学会知足。人生是贫穷还是富有，是黑白还是彩色，有时候常常取决于我们自己的眼光。如果愿意接受自己的缺憾，接收生命完整或不完整的赐予，那么我们就能快乐地活着。

人生一世，不可过于看重名利，不可只为自身享乐而活，否则就会丧失了自身存在的价值。一切名利，都只是过眼云烟。如花美眷，终究会有美人迟暮的一天；帝王将相，到头来庄周梦蝶，只是一场虚幻；金钱再多，也只是生不带来死不带去。

人生百年，百年之后，能让世人忆起的不是某个人财富的多少，而是他能够为社会做出贡献的多少。衡量一个人的贫富，也当作如是观。

求财就像吸毒，瘾会越来越大

很久以前，在深山里有一个神奇的洞，里面的宝藏可以让人终生享用不尽，但是，这个山洞一百年才打开一次。有一次，有一个人无意中经过那座山时，正巧碰到洞门大开。机不可失，时不再来，他兴奋地进入洞内。山洞里堆满了大量的金银珠宝，他急忙将各式各样的宝物往袋子里装。由于洞门随时都有可能关上，他必须动作很快，并且要尽快离开。可是，他却不甘心少拿点东西，所以装了很久仍然不愿意离开。

时间就这样一分一秒地过去，离洞口关闭的时间越来越近了。他终于装了满满一袋子珠宝得意扬扬地走出了洞口。可是出来后，他却发现自己光顾着装财宝，把帽子忘在里面了，于是他又冲入洞中。可惜，时间再也没有给他机会，他和山洞一起消失得无影无踪了。

这个故事很简单，却十分耐人寻味。人是不可能没有欲望的，不然就会失去前进的动力。但人活着却不能过分贪婪，因为贪欲是个无底洞，你永远也填不满。吉祥上师对此曾做过一个精妙的比喻，他说："求财就像是吃药、吸毒一样，总会出现抗药性。一段时间过后，原来的剂量不管用了，只能加大剂量。过段时间又不够了，只能继续加大剂量……如此反复，最后彻底失败，很难再得到快乐。"

生活中，我们不断地挖掘财富的宝藏，为的是获得精神的快乐。但财富的积累不但没能让我们获得满足和快乐，还让很多人的内心变得更加空虚，这实在是一个怪圈，如同刀尖上舔血。

据说，因纽特人捕狼的办法非常特别，世代相传也极为有效。严冬季节，他们在锋利的刀刃上涂上一层新鲜的动物血，等血冻住后，他们再往上涂第二层血，再等血冻住，接着再涂……这样，刀刃很快就被冻起来的血掩藏得严严实实了。

然后，因纽特人把已经用血包裹住的尖刀的刀把结实地扎在地上，刀尖朝上。当狼顺着血腥味找到这样的尖刀时，它们会兴奋地舔食刀上新鲜的冻血。融化的血液散发出强烈的气味，在血腥的刺激下，它们会越舔越快，越舔越用力，不知不觉间，所有的血都被舔干净了，锋利的刀刃也暴露出来。但此时，狼已经嗜血如狂，它们依然猛舔刀锋，甚至根本感觉不到舌头被刀锋划开的疼痛。在北极寒冷的夜晚里，狼完全不知道它舔食的其实是自己的鲜血，它只是变得更加贪婪，舌头抽动得更快，血流得也更多，直到最后精疲力竭地倒在雪地上。

生活中，很多年轻人都如故事中的狼一样，在欲望的旋涡中越陷越深，世上得与失的界限。有时候很难准确地划分，我们常常自认为得到很多，但可能失去的却更多。与其把生命置于贪婪的悬崖峭壁边，不如随性一些，洒脱一些。该放弃的时候就放弃，千万不要把自己变成一只刀尖上舔血的狼。

很多企业家为什么在40岁以后就会面临"中年危机"呢？一方面，是人到中年，身体机能开始出现各种老化迹象；另一方面，就是中年人出现了心灵与财富危机。当人们还在30多岁的时候，会对财富抱以很高的期待，他赚钱的目标只有几万、十几万。但是当这些人经过多年的努力，以百万富翁、千万富豪的身份跻身中年人的行列时，会觉得一年赚几十万都没有意思，继而对生活产生挫败感，长久下去，就会产生幻灭感，严重的人还有可能自杀。

对于如何解决这一问题，最明智的做法是，在这个时候，人最需要的就是内心的安宁、平和与圆满。当我们反思回顾自己的人生时，就会发现我们的财富其实就像那个山洞里的口袋，永远也装不满。与其等洞门轰隆一下关闭消失，不如及早抽身出来。当我们淡看人生财富，将精神的富有作为衡量幸福人生指数的时候，也许财富的毒瘾就会越来越小。

没有过不去的事儿，只有过不去的心

还记得《基度山伯爵》里给人留下的启示吗？人生最重要的只有两件事：等待与希望。生活中，我们常常会发现，那些始终怀有追求和梦想的年轻人，到最后多半都实现了自己的希望；那些对生活从来都不抱任何希望的人，到最后常常是固守一方，只知抱怨，永远也无法改变自己的生活。有时候，决定人们成败的不是智商的差别，而是心灵的思考与行动到底能够相差多远。

从前，在一片茫茫的沙漠中有一个小村子，村中的人们守着一片绿洲过了几千年。偶尔，当沙漠中风沙四起，或者绿洲干涸，村里的人便会遭受巨大的折磨。一代又一代的人总是抱怨着上天的不公平，却从未尝试过从这里走出去，他们一直留在原地，并且固执地相信这片沙漠是走不出去的。

有一天，村子里来了一位云游四方的老禅师，人们围住他劝他不要再继续往前走，他们说："这片沙漠是走不出去的，我们祖祖辈辈都在这里，你就不要再去冒险了！"老禅师问："你们在这里生活得幸福吗？"村民们说："虽然环境有些险恶，但是也没有什么不可忍受的。没有幸福，也没有不幸福。"老禅师又问："那么你们有没有尝试过走出这片沙漠呢？你们看，我不是走进来了吗？那就一定能走出去！”村民们反问：“为什么要走出去呢？”老禅师摇摇头，拄着拐杖又上路了。他白天休息，晚上看着北斗星赶路。三天三夜之后，他走出了村民们几千年也没有走出的沙漠。

村民们接受了命运的安排，默默地承受着恶劣环境的折磨，甚至没有动过改变这种现实的念头，几千年来日复一日地过着相同的日子。“哀其不幸，怒其不争”，老禅师之所以摇头也正是为此。正如吉祥上师劝解世人所说：“世界上，根本没有过不去的事儿，只有过不去的心。”换句话说，世界上很多事情并不是我们无法达成，而是在还没有开始的时候，我们就自己先行放弃了。有时候，过不去的心表现为不去努力争取本来可以做到的事，而是随波逐流，空耗余生，就像上面的村民们一样。有时候，过不去的心表现为不愿意放弃我们曾经拥有的东西，比如财富、爱情；从经济学的角度讲，也就是不愿意放下沉没成本。

有一个关于前世今生的故事。在很久以前，有个书生和未婚妻约好，在某年某月某日结婚。可是到那一天，未婚妻竟嫁给了别人。书生受此打击，一病不起。家人用尽各种办法都无能为力，只能无奈地看着他奄奄一息，行将远去。

这时，一个云游僧人路过此地。在得知情况后，僧人决定点化一下书生。于是他来到书生的床前，从怀里摸出一面镜子叫他看。书生看到茫茫大海，一名遇害的女子一丝不挂地躺在海滩上。路过一人，看一眼，摇摇头，离开了……又路过一人，看了看，将自己的衣服脱下来给女尸盖上，但是站了一会儿也离开了……最后一位路人走来，挖下一个坑，小心翼翼地将尸体掩埋了……书生正在疑惑间，忽然看到画面切换：洞房花烛夜，自己的未婚妻被她的丈夫掀起盖头……书生不明所以，迷惑地望向僧人。

僧人解释说：“海滩上的那具女尸，就是你未婚妻的前世，你是第二个路过的人，曾给过她一件衣服。她今生和你相恋，只为还你一个情。但她要报答一生一世的人，是最后那个把她掩埋的人，那个人就是她现在的丈夫。书生大悟，刷地从床上坐起，病竟然痊愈了！

我们常说：“命里有时终须有，命里无时莫强求。”但事到临头，我们不是倒向“莫强求”的消极念头，就是倒向“不松手”执着顽固。可尘世间的一切，都是无数因缘聚合而成，我们既要有追求的勇气，也要有懂得放手的睿智。只有这样，我们才能有一颗“得之我幸，失之我命”的平常心，也才能生出不被世俗牵绊的心，快快乐乐地过好幸福的生活。

慢慢来，着急不能成功

《羊城晚报》的记者曾采访本焕长老，问本焕长老怎样看待出家。本焕长老答道：“社会的事、大家的事情很多，也不能个个都出家。”

记者欲要反驳，说：“可是现代人有很多烦恼啊，小孩子要努力考大学，毕业又要担心就业，找到工作后还要担心买房买车……”

本焕长老没等他说完就说：“这个事没办法急的啦，各人有各人的因缘，各人有福德因果。有了福德就能成功，没有福德就不能成功，慢慢来，着急也不能成功。”

本焕长老略带地方口音的接话，一针见血的点出了现代年轻人烦恼的根源：着急。

因为着急，所以年轻人总是为更快、更早地达到目的而心浮气躁，不能遂了心愿时，还要哭爹喊娘，骂天咒地。可是花开有花期，树绿有节气，一棵小苗永远不可能在一天内开花结果。达成一件事，就像培植花种，纵然盼它发芽、盼它开花，还是要耐心等待一个温度、水分、时间恰到好处的时刻，早一点不行，晚一点也不行。本焕长老的一句“慢慢来，着急不能成功”，其实是在启示年轻人当以养花的心生活、进去，静候一个恰当的契机，和自己真正想要的未来、真心想要的所求相遇。

一位学僧问禅师：“师父，以我的资质多久可以开悟？”

禅师说：“十年。”

学僧又问："要十年吗？师父，如果我加倍苦修的话，又需要多久开悟呢？"

禅师说："得要二十年。"

学僧很是疑惑，于是又问："如果我夜以继日，不休不眠，只为禅修，又需要多久开悟呢？"

禅师说："那样你永无开悟之日。"

学僧惊讶道："为什么？"

禅师说："因为你只在意禅修的结果，又如何有时间来关注自己呢？"

太过注重结果的时候，行走的步调会紊乱，匆忙赶路的过程中，双脚触及地面的力度就会减轻，如此生活就会有失踏实，进而会降低生活、成功的质量。为此，禅师才劝诫学僧，凡事切不可急躁冒进。戒除急躁，能够真正静下心来，看清自己的混乱，看清自己真正想追求的是什么。

世间美好的东西实在多得数不过来。我们总是希望尽可能多的东西为自己所拥有，于是心浮气躁、汲汲营营地追求。求得了这个，丢失了那个，心中满是愤懑，求不得、舍不得，懊恼不堪，生命就这样在拥有和失去之间流走。

佛经里说："在圣不增，在凡不减，心佛众生，三无差别。"不增不减的道理，其实就是自然界运行的一种规律。好比阴阳图，阴盛，阳就会衰，但从整体来看，阴阳的总量并没有变化。在佛教看来，增减是一种假相，但世人却以为增减是实在的，因而整日在增与减的变化中计较。手中拥有的东西，比如财富增加了，就喜不自胜；握住的东西，如权势少了，就心焦绝望。其实从人生的大范围来看，有增必有减，此时增了，彼时就要减。财富增了，其他的"有"便要减；财富减少了，或许幸福反而能增。可是人们偏偏不懂得增减背后的无常机制，像个弹簧一般任由无常摆布，对此老子叹问："孰能安以久动之而徐生？"

"动之徐生"，是"慢慢来"三字的另一种解释，它可阐述的意义很多，浅显而言，慢活便是。徐生贵在一个"慢"字，就像能源一样，长远地开采，慢慢地享用，珍惜地利用，便不至于过快地枯竭，如若是不加节制，乱用一通，即使能源无数，无限再生，也只是糟蹋而已。因此"慢"是万物生生不息地长生妙用，而在本焕长老来看，“慢慢来”的重要性远不止于如此，它还是做人做事的法则。

为人态度从容，可以怡然自得，和谐处众，以智化怨；做事不暴不躁，可以不乱不浊，冷静就难，淡定受喜。如此，即使不盘腿打坐，也可洞悉天地自然奥秘。因此，面对记者的抱怨，本焕长老只给“慢慢来”三字告诫。这一点，对于普通人而言，尤其这个时代，尤为需要。

年轻人中少有人能获得养尊处优的机会，除了儿时可以享受父母的照顾，一旦成人，便须自谋生计。可是谋生计者，几乎每一天都在争分夺秒，忙忙碌碌，然而，事事穷紧张，却始终不知如此疲惫究竟为了甚。以“慢慢来”的心，换一种生活方式，放慢脚步，有条不紊地走向自己的那个成功。

如果是个生意人，慢慢地赚钱，细水长流，钱永远都有的挣；一下子成了暴发户，下次没得赚，富了这代，穷了后代都不是做生意的长久之道。

如果是个小职员，慢慢地学习，循序渐进，成长的空间永远都存在。操之过急，难免让人觉得浮躁，被人看出功利之心，反而不是优秀员工的生存之道。

如果只是一个无权无钱的小人物，那就慢慢享受小人物的小幸福。就像自驾游一样，不在乎终点，只在乎沿途的风景。把手边的事做好，享受生命的过程，感受过活的幸福。

简而言之，不论处在何种职位，收入何如，慢一拍生活就是自然生活，把生活当求学去修习，不求学优而仕，只把心安放在自然地求索中，循序渐进，那么人生便会在徐生慢活中得到片刻的宁静，得到生活的享受。自然地生活不会乏味，而是安稳，不要被急躁的心情牵着鼻子走，让内心纷杂的念头安定下来，在一呼一吸之间，顺着生活本有的节奏，沉淀一份心平气和、悦纳甘苦的醇厚、成熟。

如何寻回自己散佚的心

我们的心灵在尘世中被沾染，被错误地引领，它呈现出一片散乱，忘记了来处，也找不到归路。

天高海阔，在自由宁静的空间，我们常常能够找到适合心灵的栖息地。在这样的环境里，我们摆脱压力，将生活中的烦恼与包袱抖落一地，剩下的只有内心的平静和轻松前行的勇气。内心的平静是智慧的珍宝，它和智慧一样珍贵，比黄金更令人垂涎。如今，越来越多的人开始学习追求内心的平静，冥想和静思已经成为一种时尚。他们通过各种沉思冥想训练自己，让注意力在宇宙间漂浮，不被焦虑所困。伊斯华伦在他的书《征服心灵》中说："在深沉的冥想中，我们的心灵是静止、宁静而澄静的。这是我们童稚时期的天真状态，借此我们才知道自己是谁，以及生命的目的是什么。"

年轻人治学、做人，不仅需要战战兢兢的严谨，同时也需要洒脱自在的怡然，对此，老子也有几个诗意的比喻："涣兮若冰之将释""敦兮其若朴""旷兮其若谷"。

春暖花开，冰消雪融，普润大地，一如圣人胸襟气度的潇洒与自得。不但如此，一个修道人的行、一举一动，还应该厚道老实、朴实不夸，仿佛一块璞玉，状如顽石，内在晶莹剔透，又如一方原木，表面其貌不扬，实则上等沉香。

"旷兮其若谷"是比喻思想的豁达、空灵。修道有成的人，脑子清明空灵，如同空洞的山谷，回音萦绕。只有心境永远保持在空灵之中，才是真正的七窍玲珑。

在《庄子·逍遥游》中，庄子说了这样一个故事：

一天，惠子对庄子说："魏王送我一颗大葫芦种子，我将它培植起来，结出一个容积有五石的大葫芦。用大葫芦去盛水吧，它的坚固程度承受不了水的压力；把它剖开做瓢吧，又太大了，没有什么地方可以放得下。这个葫芦那么大，却没有什么用处，我就把它砸烂了。”庄子说：“先生实在是不善于使用大的东西啊！宋国有一户善于调制不皲手药物的人家，世世代代以漂洗丝絮为职业。有位游客听说了这件事，愿意用百金的高价收买他的药方。全家人聚集在一起商量：‘我们世世代代在河水里漂洗丝絮，所得的钱不过数金，如今一下子就能卖得百金，就把药方卖给他吧。’游客得到药方，来游说吴王，操练水军。正巧越国发难，吴王派他统率部队，靠着这一奇妙的药方，冬天跟越军在水上交战，大败越军，吴王划割土地封赏他。能使皮肤不皲裂，药方是同样的，有的人用它来获得封赏，有的人却只能靠它在水中漂洗丝絮，这是使用的方法不同。如今你有五石容积的大葫芦，怎么不考虑用它来制成小舟，浮游于江湖之上，却担忧葫芦太大无处可容？看来先生你还是心窍不通啊！”

心界决定视界，更决定世界。庄子拿自己的朋友做标靶，一句蓬心骂尽天下人。

心境不空之人，便是庄子口中“蓬茅塞心”之人。人心不应被蓬茅堵住，而应海阔天空，空旷得纤尘不染。道家讲“清虚”，佛家讲空，空到极点，清虚到极点，智慧自然高远，正所谓“打破冥顽须悟空”。

唐朝江州刺史李渤，问明道禅师：“佛经上所说的‘须弥藏芥子，芥子纳须弥’未免失之玄奇了，小小的芥子，怎么可能容纳那么大的一座须弥山呢？有悖常识，是在骗人吧？”明道禅师闻言而笑，问道：“人家说你‘读书破万卷’，可有这回事？”“当然！我岂止读书万卷？”李渤一派得意扬扬的样子。“那么你读过的万卷书如今何在？”李渤抬手指着头脑说：“都在这里了！”明道禅师道：“奇怪，我看你的头颅只有一粒椰子那么大，怎么可能装得下万卷书？莫非你也骗人吗？”李渤听后，当下恍然大悟。

只拘泥于一种形式之中，只会让心灵关闭、固执己见、自以为是；开通心窍，才能融会贯通。

借用《菜根谭》中得一句话“此身常放在闲处，此心常安在静中”。面对竞争激烈，杂务缠身的现实生活，人们常会觉得压力沉重，心境失衡。如果我们能够让自己的心静下来，常常聆听来自内心的安宁，我们的工作和生活就会达到一个新的境界。

一杯茶中的莲塘

很多时候我们忘记了好朋友的生日，忘记了亲人的纪念日，每天想着的就是看不到尽头的房贷还款，钞票化的人情往来，职场上的尔虞我诈，我们的生活被物质充斥了，我们的理想也都变得物质化了，所以我们急着赶路，跑得气喘吁吁都不愿停歇。

看着世上有许多人钻营忙碌了一辈子，但他们究竟为谁辛苦为谁忙，到头来自己都无所适从。依照老子的观点，若想生活得充实而从容，只需记住两个字——徐生。所谓“徐”，就是缓慢的意思，只有明明白白、充满意义的“动之徐生”，才能心平气和、生生不息。南怀瑾先生强调，“动之徐生”是做人做事的法则，佛家要人做一切事都不暴不躁，不乱不浊，一切悠然“徐生”，态度从容，怡然自得。

人生不能一味地急于求成，正所谓“饭未煮熟，不能妄自一开；蛋未孵成，不能妄自一啄”，人间万事都有其平衡之道，“慢慢来”才是平稳心境该有的步调，而这里说的“慢”并不代表懒散、消极、低效率。

人们常说，慢工出细活，笨鸟先自飞。万物都是平衡而有序的，当你急切地想要某件事情成功时，也许你恰恰背离了它成功的条件。许多事与物都需要时间的雕琢，才能变得更完美。千万不要怕生活的节奏慢下来，就与社会脱了节，要知道：做事过于焦急，会令我们失去喘息的机会，到最后反而容易窒息。在急于求成的人面前，事情常会让人措手不及。当我们感到疲累的时候，不如静下心来，放慢脚步，欣赏沿途风光的秀美，春花的蓬勃灿烂、夏雨的专注猛烈、秋月的寂寥淡远、冬雪的晶莹无瑕、小溪的吟唱、蟋蟀的弹奏、鸟儿的放歌……这样令人灵魂为之震撼的美如果仅仅与我们擦肩而过，将是多么可惜的事情。

在人生路上慢慢地行走着，用一颗探求的心灵，携一份悠闲淡泊的神思，看一看世间的百态，品一品人生的甜苦，听一听鸟鸣虫嘶，嗅一嗅芳草鲜花，不需做高深的评论，只需用心去感触，去领悟，你就会发现生活是如此多彩。

有这样一个故事，父子俩一起耕作一片土地。一年一次，他们会把粮食、蔬菜装满老旧的牛车，运到附近的镇上去卖。但父子两人相似的地方并不多，经常有分歧。老人家认为凡事不必着急，年轻人则性子急躁，野心勃勃。

这天清晨，他们又一次运上货到镇上去卖。儿子用棍子不停催赶牛车，要牲口走快些。

“放轻松点儿，儿子，”父亲说，“这样你才会活得久一些。”

可儿子还是坚持要走快一些，以便能赶上好时候，卖个好价钱。

快到中午的时候，他们来到一间小屋前面，父亲说要去和屋里的叔叔打招呼。儿子继续催促父亲赶路，但父亲坚持要和好久不见的弟弟聊一会儿。

又一次上路了，儿子认为应该走左边近一些的路，但父亲却认为应该走右边有漂亮风景的路。

就这样，他们走上了右边的路。赶路时，儿子对路边的牧草地、野花和清澈河流视而不见，只顾闷头往前走。最终，他们没能在傍晚前赶到集市，只好在一个漂亮的大花园里过夜。父亲睡得鼾声四起，儿子却毫无睡意，只想着赶快赶路。

第二天一早，父子俩继续赶路。途中，父亲又不惜“浪费时间”帮助一位农民将陷入沟中的牛车拉出来。这一次，儿子气愤异常，对父亲一再地“耽误时间”感到不可理解。

他认为父亲对看日落、闻花香、帮助别人比赚钱更有兴趣，当他开口抱怨时，父亲语重心长地对他说：“放轻松些，这样你才可以活得更久一些。”

到了下午，他们终于走到俯视城镇的山上。两人站在那里，望着山下的人们来来往往，各自奔忙，很久都不发一言。

突然，儿子把手搭在父亲肩膀上，说："爸，我明白您的意思了。"

他默默地把牛车掉头，离开了原来的地方。

很多时候，我们就和故事中的这个青年一样，在人生中不断地奔跑，奔着下一个目标不断的奋进，我们的生活被忙碌以及一个又一个的目标所占满，心里、眼中也只剩下目标，当我们回头的时候，却发现生命的过程实际上是很美妙的。

大千世界，物欲横流，人追逐的目标越来越大，对物质要求越来越高。人被欲望的黑手牵着，从一个战场转战到另一个战场。脚步日益沉重，心灵日趋疲惫。甚至有些人为满足难填的欲壑，不惜铤而走险，以身试法。

一位智者说得好："人生，走走停停，看人潮拥挤，爱了，哭了，散了——都是回忆。"不管那"哭"、那"散"给我们留下了多么深的创伤，留下的回忆是否美好，那也是我们值得弥足珍贵的东西，毕竟在你走过以后会有一种非常重要的并且很深的感悟，"天空没有留下飞鸟的痕迹，但我已飞过"。那是一种超然，是一种境界。在那些超然与境界中，你会发现成长的惊喜，你会觉得你原来是多么的可爱。

生活需要一杯茶的清香，更需要我们在这杯茶中发现一片"莲塘"。每天早晨出来呼吸着新鲜的空气，给自己泡一杯茶，听一曲优美的曲子，抑或在休息的时候给朋友送去自己亲手包的饺子，或者是陪着父母坐在电视机前说着家常，又或者一家三口一起去海边游玩，让心灵得到极大的放松……生活本就可以这么过，只是平时我们都太紧张了，而忘记了在生活中慢慢体味幸福的味道，我们大可以轻松一些，活的更洒脱一些，做事大可不必急躁，慢慢地走，慢慢地看，你会发现原来生活真的很美好。

做一只沿途贪看风景的爬虫

生命是一场奇妙的人生之旅，我们大可不必步履匆匆，像一只爬虫一样，放慢脚步，贪看沿途的美丽风景，毕竟生命不会给你第二次回首的机会。

佛祖释迦牟尼年轻时，有一次有事必须赶往一个遥远的地方，在当时，修行者唯一的交通工具，就是自己的一双脚。释迦牟尼心中挂念着目的地，无视路程的遥远与艰辛，日夜兼程，终于离目的地不远了。总算能够及时赶到，释迦牟尼心想。

走着走着，眼看再翻越一座山岭，就可以看到自己要去的地方了。释迦牟尼长舒了一口气。其实，在刚开始赶路不久，他就已经清楚地感觉到有颗小石子在鞋子里，不断地刺痛自己的脚底，让自己觉得十分不舒服。这颗小石子真的是非常小，但却让人很痛苦。

因为释迦牟尼一心忙着赶路，也不想浪费时间脱下鞋，索性便把那颗小石子当做是一种修行，不去理会它。直到此时，目的地已将抵达，而时间还有富余，他才停下急匆匆的脚步，坐在山路边休息，想将小石子从鞋中倒出来。

就在释迦牟尼俯身脱鞋之际，他看见了周围的水光山色，景色是如此的美丽。

看着如画的风景，释迦牟尼领悟到，自己一味地忙着赶路，心思意念只是专注在目的地上，一路走来，居然完全没有注意到四周景色的优美。

释迦牟尼脱下鞋子，将那颗小石子拿在手中，赞叹道："小石头啊，真想不到，这一路走来，你不断地折磨我，虽然让我不舒服，但是却让我看到了美丽的风景。如果没有你，我就错过了这美好的一切。"

小石子就像我们生活中遇到的逆境，当遇到不如意时，我们何不暂时停下匆忙的脚步，细心地品味生活中存在的美丽风景？

我们一生劳碌奔波，却总忘记要找个地方定居下来停一停。日休禅师曾经说过：“人生只有三天，活在昨天的人迷惑，活在明天的人等待，只有活在今天最踏实。”但是他又告诫人们：“今天，你别走得太快，否则，将会错过一路的好风景！”

太多年轻人看起来实在太忙了，许多人在为自己的生活忙碌，手脚不停，一刻不得空闲。他们没有时间停一停，看一看，在他们眼里，这原本丰富美丽的世界变得空无一物，只剩下分秒的匆忙、紧张和一生的奔波、劳累。

一天，一位年轻有为的总裁，以比较慢的车速，开着他新买的车经过住宅区的巷道。他时刻小心在路边游戏的孩子会突然跑到路中央，所以当他觉得小孩子快跑出来时，就要减慢车速，以免撞人。就在他的车经过一群小朋友身边的时候，一个小朋友丢了一块砖头打到了他的车门，他很生气地踩了刹车后并退到砖头丢出来的地方。他跳出车，用力地抓住那个丢砖头的小孩，并把他顶在车门上说：“你为什么这样做，你知道你刚刚做了什么吗？真是个可恶的家伙！”接着又吼道：“你知不知道你要赔多少钱来修理这辆新车，你到底为什么要这样做？”

小孩子央求着说：“先生，对不起，我不知道我还能怎么办？我丢砖块是因为没有人肯把车子停下来。”他边说边流下了眼泪。他接着说：“因为我哥哥从轮椅上掉了下来，我一个人没有办法把他抬回去。您可以帮我把他抬回去吗？他受伤了，而且他太重了我抱不动。”

这些话让这位年轻有为的总裁深受触动，他抱起男孩受伤的哥哥，帮他坐回轮椅，并拿出手帕擦拭他哥哥的伤口，以确定他哥哥没有什么大问题。

那个小男孩万分感激地说：“谢谢您，先生，上帝会保佑您的！”年轻的总裁慢慢地走回车上，他决定不修它了。他要让那个凹坑时时提醒自己，不要等周遭的人丢砖块过来了，才注意到生命的脚步已走得太快。

其实，人不是赛场上的马，只懂得拼命往前跑，除了终点的白线之外，什么都看不见。我们不必把每天的时间都安排紧紧的，应该停下匆忙的脚步，留点空闲来欣赏四周的风景，关心身边的人。

生活不是只有劳碌奔波，生活充满着太多的乐趣。停下你匆忙的脚步吧，只有一张一弛，你才能感受到生活的韵味。假如不会忙里偷闲，每天都在马不停蹄地工作，连度假的时候也要急急忙忙地赶飞机，去那些杂志推荐的旅游景点，按照严格的时间表来安排自己的“休息计划”，这样的人，生怕浪费掉了人生中的任何一点时间，而实际上，他却在忙碌中浪费掉了他的整个人生。

日本有一个景区的公路上就竖立着这样一个告示牌：慢慢走，欣赏啊。

那是一条通往景区的必经之路，以前人们去旅游的时候都会匆忙而过，直奔景区而去，这样旅途上的时间对他们来说根本是一种负担。然而这条景区前的小路，景色并不比景区逊色，却完全被人们忽略。在这个告示牌挂上之后，人们才逐渐认识到，原来路边的风景也可以这么美的！这条路后来比那个景区还要闻名，并且值得一提的是，自挂上告示牌之后，那条路上就再也没有出现任何交通事故。

“慢慢走，欣赏啊”，用心体会慢的艺术，我们才能感受到生活的快乐与美好。确实，人生是一条漫长而又短暂的路，这一路苦也相随，乐也相伴，苦起来时，任你哭天抢地、要死要活，依然难以轻易跨越。而快乐时，时间更是匆匆如流水，在你的无意识中，翩然而过。如果任苦难侵袭，或任快乐把时间带走，这些都不是好好把握人生的办法。只有采用欣赏的态度，慢慢地去消化苦，慢慢地去享受乐，这人生才能被我们无限延长，无限延长……

趁年轻，下班就去谈恋爱

“多少人爱过你青春的背影，爱过你的美貌，以虚伪或是真情。唯独一人爱你那朝圣者的心，爱你哀戚的脸上岁月的留痕。”爱尔兰诗人叶芝在《当你老了》一诗中的咏叹，感动着无数处在青春年华的人们。是啊，等到尘烟退隐，繁华落尽，那些曾笼罩着青春的迷雾也渐渐散去，转而凝成一层淡淡的晕影，将那些欢笑和眼泪映衬得同样温暖动人。那时我们才会发现：美好的青春，只有被毫无保留地付出，才不会浪费在心底，令人惋惜。就像耗尽一生也没有得到茉德·岗青睐的叶芝，弥留之际萦绕在心间的并不是幽怨，而是那个温暖了自己一生的画面：“她伫立窗畔，身旁盛开着一大团苹果花；她光彩夺目，仿佛自身就是洒满了阳光的花瓣……”

嫁给一个人，而不是一种生活

做梦是女孩的天性，尤其是关于爱情的美梦。很多女孩都会给自己编织这样的故事：自己成了童话里的主角，挽着王子，骑上白马，周游世界，不再为柴米油盐而奔波……可悲的是，不仅女人自己在做梦，整个社会都在帮着女人编织这个梦境。流行偶像剧里，英俊潇洒的富家子经常会爱上温柔可人的贫家女，权倾天下的王子娶回的也是灰姑娘……天降的富贵和宠爱让平凡的女人一下子从“麻雀”变身为五彩斑斓的“凤凰”。

可现实毕竟没有那么梦幻，不是每个灰姑娘都能找到水晶鞋，跨入金色的马车。更何况，如果一个女人为了金钱，为了过上某种生活，就选择嫁给一个人的话，那她最终收获的将不是金钱和荣光，而只是一个金色的囚笼。

2010年1月，在一个很热门的相亲节目里，一位女嘉宾在拒绝男嘉宾示爱的同时，也大胆地提出了自己的婚恋标准：“我宁可坐在宝马车里哭，也不要坐在自行车后座笑。”这句从她嘴里很随意地说出的“豪言壮语”顿时让舆论炸开了锅。

有人说，这是个“十年寒窗不如一夜作秀”的时代，这位女嘉宾的言论明显又是一次“炒作”。但是，排除“搏出位”“炒作”等我们无法确知的因素，这位女嘉宾的观点在现代社会真的没有代表性吗？当真的把宝马和自行车同时摆在我们面前时，又有几个人会“狠下心”选择自行车呢？女嘉宾这种“求财若渴”的口号，代表的不只是她自己，还有许许多多和她年龄相仿、经历相似的女人，甚至男人，也都抱有相同的想法。而这些人，可能就是你的姐妹，可能就是我的兄弟，也可能就是我们自己。

现实就是这样，许多借由别人的嘴说出的荒诞，正是深埋在我们每个人心底的苟且。

只是，在这个略显芜杂的时代里，我们真的能够得偿所愿地“苟且”吗？在我们把“嫁个有钱人”当做一门虽然令人不齿，但仍值得做的生意时，往往天真地忽略了这样一个现实：没人愿做亏本买卖，天上掉下的，往往不是馅饼，而是陷阱！

有部很有趣的电影就叫《嫁个有钱人》：女主人公阿咪像许多做着“公主梦”的年轻女孩一样，渴望嫁个有钱人，从此名车豪宅、锦衣玉食……一个偶然的机会，她得到了一本名叫《水晶鞋》的书，书里详细介绍了如何像“灰姑娘”一样觅获王子，最终穿上璀璨的水晶鞋。

阿咪如获至宝，她依书中所说，精心地做着准备：声线、眼神、表情、谈吐、身体语言、基本礼仪……阿咪一丝不苟地训练着自己，让别人以为她是上流社会的名媛。“学有所成”之后，阿咪便开始了寻找有钱人的旅程。她狠下心来买了头等舱的机票飞往欧洲，因为头等机舱肯定是有钱人云集的地方。果然，阿咪遇上了一个风度翩翩的公子哥——阿诞。很快，两人打得火热，在欧洲度过了浪漫的假期，也许下了一生的承诺。

就在阿咪沉醉在童话故事之中，以为自己的计划就要得逞的时候，阿诞竟然不辞而别，消失得无影无踪。阿咪除了遭遇心灵上的打击，还要承担经济上的损失——这趟欧洲之旅几乎花光了她的积蓄。原来，那个阿诞其实并不是什么有钱人，他跟阿咪一样，也是看了《水晶鞋》那本书，打算混入上流社会，找个有钱人的！

当然，电影最后喜剧收场，醒悟过来的两个人最终选择了感情，选择了彼此，还意外获得了一大笔钱，当真过上了有钱人的生活。但在现实生活里，我们还会有那么好的运气吗？

2010年7月，也就是“要宝马不要自行车”被提出的半年后，网上出现了一个点击率很高的短片：一个女人坐在宝马车里，富家子连踢带打地拉她下车，但她却死活不下去。经过的路人用手机拍下了这段令人唏嘘的视频。很多网友纷纷回帖说：这就是宝马里哭泣的女人，别说幸福，就连尊严都没有了！

是啊，人人都追求幸福的生活，但追求的手段却千差万别。妄想通过嫁给有钱人而改变命运，一劳永逸的人，既是悲哀的，也是可笑的。因为当我们把幸福的遥控器塞在别人的手中时，哪还有幸福可言呢？当那个你依附的人厌了、腻了，想转台了，只需轻轻一按，你的“幸福”，就会土崩瓦解……

所以，你身边的那个人是开着宝马还是骑着单车并不重要，重要的是：他愿意陪在你的身边，为你的每次欢笑而雀跃，为你的每次泪垂而心伤，一片真心，矢志不渝……

也许，这才是：爱和幸福的真谛。

不要试图遇见百分百女孩

现在快餐式的感情一般都是以“我会给你幸福的”作为故事的开始，又往往以“祝你幸福”作为故事的结束。唏嘘之余，很多人会问：这个世界到底怎么了？为什么越来越多的年轻人开始不再相信爱情，不再相信真心？当“练爱”和“试婚”这样的新鲜词汇不断从网络和闲谈中蹦出时，答案就不言自明了。

这是一个“精明”的时代，也是一个“胆小”的时代。每个人都在不停地做着考量和计算，生怕在与人相处中吃了亏。应用到爱情里，就出现了种种试探和逡巡，害怕对方不是自己一生的伴侣，不敢深情去爱、全心去爱，以免将来“吃亏”。于是，每个人都将真心锁在保险柜里，开锁的密码则是预期的种种条件和标准，只有那个一百分的完美之人才能打开。然而，就在我们固执地守着心里那些可笑的标准和条件时，往往就错过了上帝为我们准备的那个刚刚好的他或她。

回头想想，所谓的百分百女孩和完美男人，难道不正是最适合你的那个吗？

村上春树在他的小说《遇见百分百女孩》中讲了这么一个故事：

一个十八岁的男孩和一个十六岁的女孩在街头不期而遇，他们是再平凡不过的男孩和女孩，但他们有一个相同的信念，他们相信在这个世上一定有一个人百分之百地适合自己。那天，他们相遇了。女孩先叫了出来："也许你不相信，我一直在寻找你。你跟我想象中一模一样！你就是我的百分之百男孩。"而男孩也与她有同样的心情。

奇迹就这样发生在平常的生活中，于是两人心中掠过一丝小小的疑惑：梦想如此轻易成真是否就是好事？于是，男孩提议说："如果我们真是一对百分之百的恋人，那么我们一定还会再相遇。如果下次相遇时，我们仍觉得对方是百分之百就立刻结婚，好吗？"女孩同意了，于是两人就此别过，各奔东西。

殊不知，此番一别即是永远。

很多人都很欣赏这个带点哀伤的故事，但是自己却不愿成为故事里的主人公。这真是个有趣也可悲的现象，在这个什么都可以"练"，可以"试"的时代，我们不是恋爱，而是"练爱"；我们不是结婚，而是"试婚"。所以，即使我们遇见了那个已经确定的百分百的他，却依然还要执着地尝试一次意外，一次考验……除了"吃饱了撑的"，我们实在找不出更贴切的形容了吧。

当我们变成剩男剩女时，我们向上帝抱怨自己的不幸；当上帝派一个人来到我们身边时，我们却还要折腾那么多事，生生错过彼此……只能说，我们是爱"作"的一代人。聪明的人知道："作"这种既让人爱又让人恨的特点，在寻找爱情的旅途中，实在是要不得。当我们不断地试探、考验着另一个人，而不去全心地感受和他在一起时的感觉，那结果只能是：既伤害了别人，也隔离了自己。

恋爱恋爱，深深的迷恋才是爱情如此令人心醉的原因。

是不是只有童话里的小王子才懂得这个道理呢？小王子有一个小小的星球，星球上忽然绽放了一朵娇艳的玫瑰花。以前，这个星球上只有一些无名的小花，小王子从来没有见过这么美丽的花，他爱上这朵玫瑰，细心地呵护她。那一段日子，他以为，这是一朵人世间唯一的花，只有他的星球上才有，其他地方都不存在。

然而，等他来到地球上，发现仅仅一个花园里就有5000朵完全一样的这种花朵。这时，他才知道，他有的只是一朵普通的花。

一开始，这个发现让小王子非常伤心。但最后，小王子明白，尽管世界上有无数朵玫瑰花，但他的星球上的那朵，仍然是独一无二的，因为那朵玫瑰花，他浇灌过，给她罩过花罩，用屏风保护过，除过她身上的毛虫，还倾听过她的怨艾和自诩，聆听过她的沉默……一句话：他驯服了她，她也驯服了他，她是他独一无二的玫瑰。最后，面对着那5000朵玫瑰花，小王子说："你们很美，但你们是空虚的，因为没有人能为你们去死。"

可能大家都读过《小王子》，但是不是每个人都发现并记住了这个关于爱情的最美的故事呢？是啊，只有倾注了爱，倾注了我们的时光和眼泪的亲密关系，才能持久而温暖。如果不曾用心体验过，你甚至无法知道这种关系有多么美好。

真正完美的爱情，需要的往往不是精挑细选，而是彻底地付出，全然地接受。虽然对有些人来说，一个玫瑰园比起一朵独一无二的玫瑰花更有吸引力，但是他们在收获无数次眼花缭乱的尝试机会的同时，也彻底失去了完全拥有一个人，拥有一份温暖的关系，拥有一段完整的爱情的可能。

世间所有相遇都是久别重逢

"契阔死生君莫问，行云流水一孤僧。无端狂笑无端哭，纵有欢肠已似冰。"这是苏曼殊写下的诗句。苏曼殊是近代一位十分著名的诗僧，他为人津津乐道的地方在于：他擅写爱情小说。无须讶异，袈裟和爱情一直是贯穿苏曼殊生命的两样东西，否则他也不会写出"无端狂笑无端哭，纵有欢肠已似冰"这种只有情深之人才能体会到的诗句。

也正是因为爱情、因缘常常让我们又哭又笑，又悲又喜，我们才深深迷恋爱情又厌恶爱情。我们迷恋爱情是因为觉得自己在对的时间遇到了对的人，我们厌恶爱情则是因为觉得自己在对的时间遇到了错的人，或是在错的时间遇到了对的人……总之，只有当我们觉得关于爱情的每个要素都完备时，我们才会觉得安心和幸福。

可是，倘若所有因缘之线都只为你一人而牵，所有爱情的甜蜜也都只让你一人采撷，那剩下的人又该怎么办呢？其实，人世间的很多难题，都不是难在问题本身有多么难解，而是难在看问题的我们，看不到本质、抓不住要领。茫茫人海，能找到彼此的唯一，毕竟是一件十分难得的事情！所以智者告诉我们：不论遇见谁，他都是对的人。

虽然世事难料，人生无常，但没有人完全是因为偶然才进入我们的生命。每个出现在我们身边，和我们有过交集的人和事，都不是没有意义的。他们有的也许是要教会我们什么，有的也许是要协助我们改变眼前的某种境况。欢笑自然是爱情暖人的一面，但泪水也是我们应该学会感恩的东西，因为它让我们深刻地明白了自己的心意，以及什么才值得我们珍惜。总之，即使是一切苦痛和伤害，也是你我生命中不可替代的段段因缘，将我们牵引向更好的自己，更好的未来。

一个年轻人为情所困，便去拜谒智者禅师求开示。他问："为什么我以前爱着一个女孩时，她在我眼中是最美丽的，而现在我爱着一个女孩，我却常常会发现长得比她漂亮的女孩呢？"

智者禅师反问："首先，你敢肯定你是真的那么爱她，在这世界上你是爱她最深的人吗？"

他毫不犹豫地说："那当然！"

智者禅师笑道："恭喜！那么你对她的爱是成熟、理智、真诚而深切的。"

他有些惊讶："为什么？"

智者禅师解释："她不是这世间最美的，甚至在你那么爱她的时候你都清楚地知道这个事实。但你还是那么爱着她，因为你爱的不只是她的青春靓丽。要知道韶华易逝，红颜易老。但你对她的爱已经超越了这些表面的东西，也就超越了岁月。你爱的是她整个的人，主要是她独一无二的心。"

他忍不住应和道："是的。我的确很爱她的清纯善良，痛惜她的孩子气。"

智者禅师笑了笑："那时间的任何考验对你的爱恋来说都算不得什么了。"

他接着问："那为什么后来在一起的时候，两人反倒没有了以前的那些激情，更多的是一种互相依赖？"

智者禅师说："那是因为你的心已经在潜移默化中将爱情转变为了亲情。"

他摸了摸脑袋："亲情？"

智者禅师点了点头："当爱情到了一定程度的时候，是会在不知不觉中转变为亲情的。你会逐渐将她看做你生命中的一部分，这样你就会多了一些宽容和谅解，也只有亲情才是你诞生伊始上天就安排好的。所以你后来做的，只能是去适应你的亲情。无论你将来取得了多大的成就，你都要不讲任何条件地接受他们、对他们负责、对他们好。"

他想了想，点头说道："亲情的确是这样的。"

智者禅师笑了笑，接着开示："爱是因为互相欣赏开始的，因为心动而相恋，因为互相离不开而结婚。但更重要的一点是需要宽容、谅解、习惯和适应才能携手一生的。"

他顿有所悟，喃喃自语道："原来爱情是一种宿命。"

是的，爱情是一种宿命。美好的人和美好的爱，常常于意料之外出现，但却也是意料之内的必然。因为这世间所有的偶然，都是戴了面具的必然。我们和一些人注定要宿命地相遇，宿命地相爱，虽然还有很多人明明比身边的人更美好，可是我们却没有兴趣再多看一眼，这就是所谓的宿命。宿命就是相遇刹那的对视以及相伴之后长久地彼此凝视所建立起来的，再也斩不断的情丝。而对于那些没有宿命的人来说，就是认识再久也不能走进彼此的内心，永远隔着淡淡的、无形的距离。

所以，并没有什么对的时间，对的人。不论你遇见谁，他都是对的人。世间所有的相遇都是久别重逢。在茫茫人海中单单遇上了这样一个让你心动的人，他也倾心于你，于是便选择与其相知相识相恋，这难道不是最正确的事吗？不管你们在一起时是快乐还是悲伤，也不管你们最后是否携手共赴生死，只要当初的选择源自双方的真心，那此刻的一切，都将是你对自己最好的回答。

每个人心中都有个撒哈拉的梦

“爱情有如甘霖，没有了它，干裂的心田，即使撒下再多的种子，终是不可能滋发萌芽的生机。”三毛如是说。

不管我们这一生会遇见多少黑暗与泥泞，只要心里的天空，一直住着一颗最亮的星辰，不论它是一个人，一个梦想，还是一段最柔软的回忆，都会给予我们指引，带我们走出人生的每场黑暗与荒芜。

很多人都听过齐豫的《橄榄树》和《梦田》，在我们惊异于她天籁般动听的嗓音时，可能也会沉醉于两首歌简单却迷人的歌词。《橄榄树》和《梦田》的词作者，就是家喻户晓的作家三毛。

说起来，三毛的长相应该算是普通的，一如她的本名——陈平。其实，三毛本名叫陈懋平，因为觉得“懋”字太难写，就自己改名为陈平。而“三毛”这个笔名，或多或少也带着不想引起任何人注意的意思。但就是这么一个被自己用无数种方法定义为“普通”的女子，却为我们留下了《雨季不再来》《万水千山走遍》《滚滚红尘》……里一个又一个动人的故事，也在无数年轻人心中，种下了那些飞扬着青春和眼泪的，清澈的梦。

三毛的脚步遍及世界各地，其中最让读者怀念与唏嘘的，自然就是她与荷西在撒哈拉沙漠里的故事。1974年，三毛与荷西在撒哈拉沙漠的阿雍小镇登记结婚，开始了他们幸福而疼痛的爱情之旅。

当时，三毛因一篇美国《国家地理》杂志的报道而执意来撒哈拉，荷西便在这找了一份磷矿公司的工作。初来大漠，面对那份寂寥的苍茫与绝美的凄艳，三毛几乎不能自已，后来她在书中写道：“在原本期待着炎热烈日的心情下，大地化转为一片诗意的苍凉。”三毛无可救药地爱上了沙漠原始的野性，也爱上了沙漠的夜晚，那别样的静谧里，美丽的繁星。对三毛这样一个看似洒脱不羁，实则温柔如水的女人来说，诗意的苍茫，其实远不及细微的温柔来的动人。而在三毛眼里，荷西就仿佛那黑夜大漠里的璀璨星点，在最深沉的黑暗与荒凉中，给予她心底最温柔而坚定的支持。

虽然在当地人看来，这个长头发的东方女性就是个十足的“野丫头”，一会儿跑去澡堂看沙漠女人如何洗澡，一会儿跟着运水车深入沙漠腹地，了解真正的沙漠人的生活……然而，三毛最重要的“工作”还是当一个快乐的家庭主妇，荷西是一名潜水工程师，最初，荷西上班的地方离家较远，三毛就每天开三个小时的车，冒着走沙与龙卷风的危险去接荷西下班。后来，荷西去了另一个岛工作，离家更远，三毛就毅然放弃自己精心收拾的家，将行李托运过去，陪着心爱的荷西。

三毛每天带着好吃的，骑车去荷西工作的码头，久而久之，那里的工作人员都对她熟悉了，所以每每到了码头时，第一个见到三毛的人就会自然而然地带她去荷西工作的地点，然后，远远的，岸上的潜水员便提前拉拉信号，水下的荷西便一头冒出水面，跑上来抱住三毛，三毛也不管荷西那一身水，紧紧地靠着爱人，看得旁边的人都羡慕不已。

然而，命运就是爱捉弄幸福的人。七年后的夏天，荷西潜水时出了意外，不幸身亡。三毛仿佛被抽空了一般，几天不吃不喝，接连地晕倒过去……为荷西守灵的那夜，三毛对荷西说：“你不要害怕，一直往前走，你会看到黑暗的隧道，走过去就是白光，那是神灵来接你了。我现在有父母在，不能跟你走，你先去等我。”令人惊异的是，说完这些，三毛发现荷西的眼睛居然流出了血，除了爱情的力量，谁又能解释这一切呢？

看到三毛似乎执意追随荷西而去，三毛的亲友都十分着急。琼瑶知道三毛十分重视对别人的承诺，就花了很长时间要三毛答应她不自杀。三毛答应了，可是，最后三毛还是自杀了，这也许是她唯一一次食言吧。

如果说，荷西的一生就是等待三毛，等着三毛爱上他，等待三毛与他共度一生的承诺，最后依然还是要在天堂，等待她的到来。那么，也许三毛最后只是不想再让荷西等下去了。有这样一个人在坚定地等着自己，一生何求呢？

一个也许并不属于人间的爱情故事就这么结束了。如果让喜爱三毛的读者用一句话来总结，可能大部分人都会选择三毛在荷西墓旁喃喃说起的："每想你一次，天上飘落一粒沙，从此形成了撒哈拉。"只是，她还有一句没说，那就是：虽然爱情总是让我们忍受着各种煎熬，但不管怎样，还是要爱！

属于三毛的那颗明星走了，属于我们自己的爱的星辰还依然闪耀着。所以，就像古印度流传的那句感人的祝福所说的那样："深情而热烈地爱吧！也许你会受伤，但这是使人生完整的唯一方法。"

那些不懂得珍惜这来之不易的"缘"的人，那些仅仅因为一些小小的争执、阻碍就轻易地放弃了一段又一段良缘的人，那些最终甚至开始怀疑爱情的人，也许他们更应该怀疑的是自己对爱投入的程度。微博上流传着这么一个感人的故事：伦敦地铁站常会出现一个孤独的老人，她不是来等人的，而是等待已逝世丈夫的声音。她的丈夫生前是个演员，为伦敦地铁录制了一段广播。自从丈夫在几年前去世后，她就经常到地铁站来听听他的声音。所以，如果你还能听得见心爱之人的声音，记得好好珍惜！

为爱付出，青春无悔

有时候，幸福并不是我们拼尽全力，终于获得了什么，而仅仅是那些令人怀念的"拼尽全力"本身。其实，不仅爱情，有关青春，甚至生命的所有故事，大致如此。曾经的素纸信笺，现在的电子邮件，曾经的午夜广播，现在的全天网络……在时光的长河里，每个人都被裹挟着往前流走，无法停留。所以，"喜新厌旧"不知不觉间已经成了一种刻在人类基因中的特质，虽然换个角度看，这也许是大自然优胜劣汰的一种手段，但作为身处其中的鲜活的生命来说，总是很难站在那么高的角度俯瞰一切。更多时候，我们如同一条不只有三秒钟记忆的金鱼，虽然早就明白周围的流水无时无刻不在改变着，但心底却总怀有一种天真的错觉：偶尔回溯逆流，说不定还能遇见那些曾经包裹自己的暖流……这时候，我们基因里“喜新厌旧”的那段序列也许就会悄悄把“厌”改为“恋”了吧。

在这个匆忙的时代，“恋旧”似乎显得有点奢侈，程雨城在《纸上卧游记》中说道，如果时间可以算作一种货币，那么书籍就会是最大的奢侈品。因为拥有一只LV的皮包可能只需要刷卡的一刹那，而拥有一本书却需要许多天。若是按照这个标准，回忆就不仅是奢侈品，更是“非卖品”了，因为不管你愿意在它身上花费多少时间，它都无法让那些过往重新属于你。这样看来，恋旧，或说回忆，似乎是一笔明显得不偿失的买卖。那为何还有这么多人趋之若鹜，奋不顾身呢？

可能这是因为我们的青春故事，我们的生命历程，并不仅仅是一种时间的交易，至少我们心理上不愿接受如此冷漠的字眼。即使一定要用这样的比喻，我们也宁愿把自己比作一个略显愚笨的货郎，心心念念着那些已经付出的时光，结果将更多的时光搭在了回忆上，而不是一个精明的商人，对付出的东西，毫不怜惜。

爱尔兰诗人叶芝有一首家喻户晓的小诗——《当你老了》，里面有几句被广为传诵：“多少人爱过你青春的片影，爱过你的美貌，以虚伪或是真情。唯独一人爱你那朝圣者的心，爱你哀戚的脸上岁月的留痕。”是啊，这就像水木年华在《一生有你》中反复吟唱到的：“多少人曾爱慕你年轻时的容颜，可是谁愿承受岁月无情的变迁？”在爱情里，能做到爱你“年轻的美貌”的人俯拾皆是，能做到爱你“朝圣者的心”的人也并不难找，但真正能做到爱你“满是岁月留痕的脸”的人，还真是寥寥无几。

1889年1月30日，23岁的叶芝第一次遇见了那个注定要耗尽他一生光阴的女人——茉德·岗，她那年22岁，正是开得最美的时候，不仅美貌非凡，苗条动人，而且，她当真拥有一颗“朝圣者的心”。茉德·岗的父亲是一名爱尔兰军官，她本来可以安然享受都柏林的上流社会生活，但她在看到爱尔兰底层人民受英裔欺压的悲惨境况后，毅然放弃了那些安逸与奢华，转而投身到争取爱尔兰民族独立的运动中来，并且成为了领导人之一。这可能也是叶芝对她爱得那么持久而深刻的原因之一吧！

但对初遇茉德·岗的叶芝来说，后来的一切都无关紧要，他只是明确地知道：自己无可救药地爱上了一个美丽的姑娘。他后来回忆这段往事时说道："我一直相信，在第一次读到她的名字的时候，我就有了一种不可抑制的冲动，仿佛有什么神秘的征兆。现在她驾车来到贝德福德公园街我家的房前，带着约翰·奥黎里写给我父亲的信件。我从来没有想过会在一个活生生的女人身上看到这样超凡的美……这样的美，我一直以为只是属于名画，属于诗歌，属于古代的传说——苹果花一般的肤色，脸庞和身体正是布莱克所谓的最高贵的轮廓之美，因只从青春至暮年绝少改变，那分明是不属于人间的，美丽！"

虽然叶芝对茉德·岗一见钟情，但诗人常有的"羞怯"又让他难以启齿表露爱意。看到美丽非凡，气质高贵的茉德·岗，叶芝突然发现自己是如此寒酸鄙陋，用他自己的话说叫"不成熟和缺乏成就"，不明就里的茉德·岗也沉浸在独立斗争当中，对叶芝"若即若离"，敏感的诗人对此痛苦万分。

也许是再也忍受不了这种煎熬，叶芝的判断力也开始欺骗自己，1891年7月，叶芝误解了茉德·岗给自己的一封信，以为她是在暗示对自己的爱慕。可是，当叶芝兴冲冲地跑去向茉德·岗求婚时，却被她明确拒绝了，她说她只想和叶芝保持友谊。此后，不死心的叶芝数度向茉德·岗求婚，均遭到拒绝。

1903年，让叶芝绝望的消息传来，茉德·岗嫁给了与她并肩战斗的麦克布莱德少校。1916年，麦克布莱德少校在斗争中不幸牺牲，对茉德·岗念念不忘的叶芝再次向茉德·岗求婚，结果仍然和多年前一样。苦闷的叶芝从此只能在诗篇里寄托自己的爱慕与思念：《当你老了》《白鸟》《和解》……我们今天默默吟咏的行行诗句，都是叶芝在漫长的孤寂岁月里的喃喃低语。

除了惯常的敬仰与感动，可能也会有些人不合时宜地跳出来嘲笑叶芝——这个自作多情的老头，用近半个世纪的时间单恋着一个人，实在是太愚蠢了！是啊，叶芝就是那个愚笨的货郎，只因初见茉德·岗灿烂的身影，就付出了自己的青春，付出了一生的年华，实在是愚不可及！更何况那次初见对于茉德·岗来说，可能只不过是生活中一个似有似无的插曲。

若是关于青春、爱情、生命的一切，真可以这样简单地计算得失就好了，也不会再为我们平添许多烦恼。其实，我们大多数人都是和叶芝一样的愚人，只是愚笨的程度不一而已。没办法，我们实在想象不出，如果青春不是用来追寻那些无与伦比的瞬间、温暖动人的时刻，它还应该用来做什么?

等到尘烟退隐，繁华落尽，那些曾笼罩着青春的迷雾也渐渐散去，转而凝成一层淡淡的晕影，将那些欢笑和眼泪映衬得同样温暖动人。那时我们才会发现：美好的青春，只有被毫无保留地付出出去，才不会浪费在心底，令人惋惜。就像耗尽一生也没有得到茉德·岗青睐的叶芝，弥留之际萦绕在心间的并不是幽怨，而是那个温暖了自己一生的画面："她伫立窗畔，身旁盛开着一大团苹果花；她光彩夺目，仿佛自身就是洒满了阳光的花瓣……"

如果爱，请深爱

如果要评出历史上被各种电影使用次数最多的乐曲的话，卡农肯定是当之无愧的冠军。《我的野蛮女友》《爱有天意》《凡夫俗子》……许多电影里最催泪的桥段，都伴随着卡农的悠扬婉转，如泣如诉。其实，卡农并非曲名，而是一种曲式，是一种音乐谱曲技法：一个声部的曲调自始至终追随着另一声部，数个声部的相同旋律依次出现，交叉进行，互相模仿，互相交织，缠绕，追逐……直到最后一个小结，最后一个和弦，它们才终于融合在一起，不再分离……这种缠绵婉转的音乐，就如同一个婉转唯美的爱情故事，两个人相偎相依，不离不弃……

而我们常说的卡农，其实是德国音乐家帕海贝尔以此技法创作的一首《Canon in D》（D大调卡农）。只是由于这首乐曲实在太有名，所以人们就直接称它为卡农。说到这首让无数人蓦然安静，悄然沉醉的乐曲，就不得不提到关于它产生的一个同样令人心碎的故事。

1653年9月1日，帕海贝尔出生在德国纽伦堡，在那个战乱频繁的年代里，帕海贝尔从小就四处流浪。10多岁时，他流浪到了英国的一个小村庄，村庄教堂的一个琴师看他可怜，便收养了他。时间久了，耳濡目染之下，帕海贝尔也学会了弹钢琴，时不时还能即兴创作一些动听的曲子，这让琴师十分惊叹。

在帕海贝尔所在的村庄隔壁，有一个镇子，镇上有一个有钱有势的家族，但他们家族最令人称道的不是金钱和权势，而是家里的小公主——芭芭拉·盖布勒。芭芭拉是镇上最漂亮的姑娘，追求者络绎不绝。但芭芭拉自从到教堂听了帕海贝尔弹的曲子，就没再看过其他追求者一眼，她深深地爱上了这个默默无闻的弹琴的小子。但木讷的帕海贝尔心里只有音乐，压根就没注意到芭芭拉眼里的爱慕。害羞又“恨铁不成钢”的芭芭拉最后想了个妙招——学钢琴！她三两下就说服了家里让她每周去教堂学钢琴，而帕海贝尔也乐意收下这个一脸诚恳地说热爱音乐的徒弟。

之后师徒二人的相处并不愉快，芭芭拉的音乐天分并不算高，加上她本来的目标就不是弹琴而是帕海贝尔，所以琴技一直没有多大进步。这让对音乐孜孜以求的帕海贝尔大为恼火，每当他看见芭芭拉摆出一副大小姐模样，这喊累那喊无聊时，便忍不住一顿批评教育。委屈的芭芭拉虽然很不甘，但还是一直跟着帕海贝尔，希望他总有一天能明白自己的心意。

但是，帕海贝尔终于还是“榆木疙瘩”一个，他在一次又一次的失望之后对芭芭拉说：“你走吧，我看得出来，其实你并不喜欢钢琴，你还是去做你喜欢做的事吧！”芭芭拉听后伤心不已，但她还是不好意思向帕海贝尔表白，倔强的她最后认真地说道：“谁说我不喜欢？我回去一定会好好弹琴，半年后，我要在镇上一年一度的钢琴比赛里拿第一！”

为了向心爱的人证明自己，芭芭拉在这半年里勤奋地练习着，饿了就让佣人送些吃的，困了就趴在琴上睡一会。就这样，爱情的力量让芭芭拉的琴技突飞猛进，半年后如愿以偿获得了钢琴比赛的冠军。芭芭拉兴奋地拿着奖杯去找帕海贝尔，经过这半年的相思，她已经下定决心向帕海贝尔表白了。可等她到了教堂才发现，帕海贝尔已经被征兵，拉去打仗了。芭芭拉失落地拿着奖杯，喃喃地说：“帕海贝尔，我等你回来！”

转眼过去了3年，芭芭拉每天在忧郁的琴声中等待着心爱之人的归来，期间许多人上门求婚，都悻悻而归，芭芭拉的父母也拿她没办法。镇长的儿子也看上了芭芭拉，为了让芭芭拉断了对帕海贝尔的念想，他便托人找了一具已经无法分辨容貌的尸体，告诉芭芭拉这就是战争中不幸身亡的帕海贝尔。望着“帕海贝尔”的尸体，芭芭拉仿佛被抽空了一般，她默默守着尸体3天3夜，谁劝也没有用。就在第3天晚上，她跑到当时帕海贝尔教她弹琴的教堂里，割腕自杀了。

其实，帕海贝尔并没有死，而且，在最开始芭芭拉离开他的半年里，他已经发现自己有点离不开这个淘气的小公主了。他发现自己当初只是因为对于教琴过于认真，才让生气盖过了自己对她的喜欢，他也终于发觉芭芭拉其实也是喜欢自己的。不懂如何表达的帕海贝尔便打算写一首动人的情歌作为向芭芭拉求婚的礼物，只是，当乐曲只完成了1/3的时候，他便被招去打仗了，在战火纷飞中，他愈发思念芭芭拉，便在每次修整的闲暇，用浓浓的思念，完成了乐曲剩下的2/3。

就在芭芭拉自杀后第2个月，战争结束，帕海贝尔回来了。当他得知了所有事后，忍不住号啕大哭：为何天意如此弄人？之后的一次礼拜时，帕海贝尔召集了镇上的所有人，他强忍着泪水，第一次弹出了这首完整的《D大调卡农》，在这交织着太多思念和不舍，却又美到极致的琴声里，所有人都留下了感动的眼泪……

其实，这个故事的真实性一直以来都有争议，有人说，芭芭拉其实是死于瘟疫，有人则说死于难产……但不管真实的历史如何，每个用心听过这首乐曲的人都会知道，只有最深沉而真挚的情感，才能孕育出如此动人的旋律。

爱是青春永恒的主题之一，在青春激昂的主旋律下，那温柔婉转的爱恋之歌也是必不可少的组成部分。也许谁都会在青春的爱恋里受伤，但就像那句印度箴言所说：“热烈而深沉地爱吧！也许你会受伤，但这是使人生完整的，唯一方法。”

爱经不起时间的摧残

还记得那段青涩得如同柠檬的初恋时光吗？还记得那些在皎洁的月光下牵手散步的日子吗？每个人都可能会记得，但是，又有多少人能一同彼此扶持地走过？也许只是因为一个永远没有未来的等待，便久久地错过，再无法重来。

她与他出生在一个贫困落后的小山村。

那时的感情，正如那片恬静的湖水，漾着涟漪，浮着花叶，青涩而纯美。

他采了几支美丽的野花编了一个花环，亲手为她带上，并笑着说："等我毕业后，做我的新娘，好不好？"她羞涩地笑笑，轻轻地点了点头。

那一年，他刚刚收到大学的录取通知书，收拾好行李，准备离开这个生长了20年的小山村。

他初次来到那个大城市，被缤纷的色彩以及绚丽的霓虹扰乱了心。他开始感到无措，甚至有些慌乱。在第一个假期到来的时候，他重返了家乡，与那个心心念念的女子一同来到湖边，诉说着几个月的相思。

她仍是那么美丽，干净得仿佛不食人间烟火，与那个大城市中打扮妖艳的女人相差甚远，但他独独喜欢这种清秀的美。他吻着她滴下的眼泪，在她的耳边轻柔哄着："等着我，一定等着我。"

从那以后，她只是静静地坐在窗边等着他，从垂柳吐翠的春日，等到落叶纷飞的深秋。

等待的日子是极其难熬的，相信任何尝试过等待的人，都深有体会。在这种无休止的等待中，有的人默默退缩了，有的人却只想盼来一个结果，她，便是后者。

他回去之后，偶尔会与她通个电话。他总是对她说："毕业后我找到工作就接你过来，等着我。"

整整两年，他都没有再回那个小山村。她知道他正为了学业，为了自己能过上好日子而努力着。她不在意这些，心中只有一个念想，就是等着他。

毕业后，他如愿地留在了那个大城市，有了一份不错的收入。在年假的时候，他再一次回到那个小山村，见到她时却愣住了。

短短几年，她仿佛老了十岁，头发有些凌乱，面容消瘦枯黄，全没有了当年那清秀的模样。

他问："你过得不好吗？"

她笑了笑，没有回答，也没有提出要与他一同离开。几年来的等待让她疲惫不堪，可见到他时，却是无言。

他有些为难地说："我现在的工作很不稳定，等我稳定了，再回来接你。"

她点了点头，再一次开始了无休止的等待。

人生真的很短暂，没有那么多时间经得起我们驻足停留。也许有人会说："为了爱，我愿意等。"可是，当我们为了缥缈如梦般的未来停下了追寻的脚步，为了一份没有止境的诺言苦苦等待之后，换来的究竟会是什么?

回到那个城市之后，他换了一个又一个工作，薪水也越来越高，但工作的压力让他有些喘不过气来。他不止一次地想到回去娶她，可总觉得此时还没有存够两个人婚礼的钱，也没有在这个城市安顿的能力。

偶尔一次从繁华热闹的街边走过，他看见了橱窗中一套美丽的婚纱，像一只精致的蝴蝶，安详地睡在花间，婚纱的旁边挂着一个制作精美的花环。他忽然想到了自己用野花编制的花环，以及那句"等我毕业了，做我的新娘，好不好"。

顿时，他心中再无迷惑，因为她已经等了他这么多年。他给她打了电话，说要回去娶她，那一刻，他太过于兴奋，竟没听出她的声音有多虚弱。

几天后，他回到了那个山明水秀的小山村。刚一进村子，便得到了一个令他震惊与悔恨的消息，她死了。

他发疯了一样跑到她的家中，见到的却是一张含着笑的黑白照片。她苍老的母亲流着眼泪说："她这些年过得一点也不好，一直痴痴念念地坐在窗前等着你回来。先前请大夫来看，说是活不了多久了，她不想告诉你，怕耽误你工作。"

说完，她的母亲递给他一个很大的纸包，说是她留给他的。

他打开一看，眼泪顿时流了下来，上面只有短短的几个字和一个干枯了的花环，上面写着："对不起，我等不到你了……"

初恋，人生最美好的情感。那时，风很清，心很静，一切都纯净得如同清泉。当你的世界中有了这样一段感情，就不需要再犹豫与彷徨，也别留下她一个人等待。因为没有任何爱情，经得起时间的摧残。

在最美的时刻遇见你

"如何让你遇见我，在我最美丽的时刻。"相信许多人都曾有过诗人席慕蓉的这句感叹。女人的精心打扮，男人的儒雅举止，也许都在时刻等着心仪人的青睐与观赏。在这样忐忑的期盼中，在这样无休止的等待中，当初的一张张美丽容颜慢慢地憔悴，曾经的一颗颗青春跳动的心渐渐地疲累。幸运的人等到了他们心仪的对象，而不幸运的人却在等待中郁郁终老。

一个人的美丽也许只有短短几年，在繁华的时刻展示出自己独有的风采，主动追寻爱，制造两个人的浪漫，才会让你的美丽绽放出独特的色彩。

还记得那部韩国电影《淘气少女求爱记》中，女主角孔姬智就是一个勇敢追爱的小女人。当她遇上了心目中的白马王子——金贤俊时，为了追求这位完美的男子，姬智没有消极地认为她不能获得他的爱情，也没有默默地等待这位神仙般完美的男人垂青，而是使出全部的招数，展开了号称世上最伟大的恋爱计划。

追爱的第一步，姬智需要明确知晓贤俊接下来的时间安排，以便于自己制造机会接近。为此，姬智决心要去偷贤俊的笔记本，偷偷跑去他所住的饭店的房间。正要离开的时候，贤俊突然回来了，她只好躲进阳台，结果看到了贤俊换衣服。后来她又生怕被人发现，在东躲西藏的过程中不幸地掉入垃圾桶。另外，她为了想要得到贤俊的心，骗他说她得了不治之症，假装躺在病床上，其实她得的并不是什么不治之症，而是难以启齿的痔疮。

就是这样，姬智成了一块强力胶布，牢牢地粘住贤俊。她无所不用，有时候很可爱，有时候又古怪得不得了，为此贤俊感到无可奈何。但在一次偶然的机会，贤俊发现姬智原来是一位充满爱心的天使，她曾热心帮助她的朋友渡过难关……几经周折，贤俊终于被姬智追爱的勇气感动，一对有情人终成眷属。

电影中的姬智聪明伶俐，活泼好动，她的这段美丽的邂逅与浪漫的相约，不经意地触碰了许多年轻男女渴望爱情的心灵。世间不是缺少美好的爱情，而是缺少对爱情的追寻。只要像姬智一样，在生命中最美丽的时刻，为自己营造一段浪漫如童话般的爱情，相信任何人都可以展现出其生命独特的美感。

作家安妮宝贝的《清醒记》中有一段很美的文字："去偏远的山村旅行，偶然邂逅暮色中洁白梨花，盛放在空旷山谷里。那些花朵不卑不亢，不惊不乍，让人为它而动容。知道它们即将会凋落，心里就会有了寂寞。围着它们不停地按动快门，然后坐在树下抽根烟，看着晚霞金红的天边渐渐被夜色覆没。"也许我们或多或少地都会有这种迟暮的感觉，在青春还未曾盛放却要即将凋零的时候。我们都不是妖艳的罂粟花，也不是浓烈的曼珠沙华，我们只是空谷里寂寞盛开的梨花，想要努力地盛放至最美，以同样激烈的绝美报复那些绝望等待的青春，那些仓皇无助的失落。

念念不忘的那段遥远虚无的爱情，也许永远没有结果；期期盼盼的那个偶入山谷的赏花人了，也许永远不会到来。爱情的世界里，如何发生只是其次，过程与结果才具有真正的意义。女人不必再低吟"君若无定云，妾若不动山。云行出山易，山逐云去难"，被动地等待男人的宠幸；男人也无须故作深沉，等待"新时代"女性的主动示好与垂青。那样只会让机遇一次次地从指缝间流失，错过美好的时刻，错过爱情。

爱情的路上缺少的不是守株待兔的"稳重派"，而是缺少主动出击的"行动派"，无论你此时是富有青春活力的少年，还是行走于职场的精英，都不妨碍你收获爱情，获得圆满富足的人生。人生中最美丽的时刻转瞬即逝，为自己营造一份心心念念的爱情，在最美丽的时刻邂逅最完美的意中人。

在茫茫人海中寻找总比停下来等待多些希望，只是给自己多了一些机会选择。在最美丽的时刻，在最耀眼的瞬间，只因你放下了那顽固的矜持，在爱情的道路上先勇于迈出一步，属于你的幸福自然不会落空。

曾经的伤痛其实是种财富

《新桥恋人》里的米歇尔说："梦里出现的人，醒来时就该去见他，生活就是这么简单。"至今仍然震撼于这部电影里所诠释的那种疯狂的爱，绝望的爱，不顾一切得让人想逃避，但是他们活得无比真实，或是说为了爱无比真实地活着。在他们眼中，爱情正如新桥上那场烟花，虽易逝难存，但那极致的绚烂却会永远留存在人的记忆里，所以他们不会错过生命中任何一场烟花。

爱就是要山河无尘、朗朗清清。如果有爱，就不要有其他，那些只会弄脏了爱。而爱中应该没有惧怕、没有功利、没有权衡、没有身家背景，当如洁白的罂粟花一般，美丽得让人沉溺、无法抗拒。倘若一开始就计算得清明、守护得周全，那便不能算是爱。爱就要坦坦荡荡，不管他们的前途是否茫茫，未来是否恓惶，只知道，此时此刻，有爱就够了。

但爱情不是一个凝固不变的点，而是一条流动的河。这条河中有壮观的激流，但也必然有平缓的流程；有明显的主航道，但也可能会有支流和暗流。除此之外，天上的云朵和两岸的景物会在河面上投射出倒影，晚来的风雨会在河面上吹起涟漪，打起浪花。所有这一切都是这条河的组成部分，共同造就了我们生命中的美丽的爱情风景。

"每天夜里/见到你/感觉你/我知道你没有远离/穿越千里万里来到我的身边/告诉我你没有远去/无论咫尺与天涯/我深信这颗心永不移/你再次打开我的心扉/珍藏在我的心里/我心永相伴着你/守住情我们/真情永恒一生一世。"

这首《我心永恒》，作为电影《泰坦尼克号》主题曲，尽显悠扬婉转和凄美动人，深受人们的喜爱。但人们喜爱的不仅仅是这首歌曲本身，更在于这首歌曲代表着爱情的美好与永恒。

爱情犹如一剂良方，可以把我们从没有幻想的单调生活中解救出来，可以使我们的想象力不再流于贫乏，可以使让我们过度理智的生活重新焕发出浪漫的光彩。爱情给我们以自由，让我们进入想象力的神圣世界，使我们的心灵得以扩张，流露出原本被凡俗生活掩盖的渴望与需求。柏拉图式的恋爱，并不仅仅是“没有性行为的爱情”那么简单，而是要在人的肉体和人际关系之中，寻找通往永恒之爱的路径。

然而，爱情绝不是单纯的。过去的纠葛，未来的希望，以及种种鸡毛蒜皮的琐碎小事，只要与对方只有一点点联系，都会对爱情产生深远的影响。我们总是期待着爱情的抚慰，却往往惊讶地发现，它也能在我们心中留下空虚和裂痕。分手的过程常常是漫长而痛苦的，永远无法真正了结。我们可能永远也无法确定分手的决定究竟是对是错。就算分手能让心灵获得些许宁静，但当初热恋的激情也会存留在记忆中，在梦境里反复出现。没有机会表达的爱，同样会折磨人们的情感。

充实与空虚，恰恰是爱情硬币的正反两面。一段新的恋情，可以抚平我们心中的创伤，让我们的生命更加圆满。但同时，又会为我们带来新的问题，新的痛苦。但我们完全可以不在乎，因为爱情本身具有一种自我复苏的力量，爱情本身永远是年轻的，如同希腊神话中的女神，只要在遗忘之水中沐浴一番，就能恢复贞洁。因此，与其在失恋的痛苦无望中形销骨立，倒不如坦然接受爱情造成的空虚，因为空虚是爱情本质的一部分。我们不必刻意避免重蹈覆辙，遭受失恋的打击之后，我们所能做的就是驱散心中的怀疑，再度投入到爱情之中，尽管我们已经体验到了其中的黑暗和空虚。

所以，未经失恋的人是很难懂得真正的爱情的，未曾失意的人也不会懂得人生。爱一个人，这个人就成了自己的一切，除他之外的整个世界似乎都可以不存在了。那么，一旦失去了这个人，是否就失去了一切呢？不！恰恰相反，整个世界又在我们面前展现了，我们重新得到了一切。

因为爱情恰是这样一种欲望：和某种美好的事物结合在一起，俗世的乐趣往往能够引领我们通往永恒的精神享受。爱情既是两个人之间纯粹世俗的关系，也是通往心灵深层经验的途径。爱情让身处其中的人们感到困惑，因为它对心灵的影响，并不总是和人际关系的节奏与需求协调一致。

人一生并不是只能爱一次，一生只有一次爱情的人才真正是痛苦的，也是真正失败的。当然，这也并不是否定“梁山伯与祝英台式”的爱情，他们对爱情的忠贞固然可歌可泣，但并不能把爱情作为生命的全部意义，以至于情侣中一方离世，另一方就以殉情方式来向世人呈示自己对爱情的忠贞。这样的爱情是一场悲剧。那些用殉情方式来结束生命的也只不过是爱情殉葬品，他们的死不是因为忠贞，而是没有能力承受失去爱情的痛苦。《泰坦尼克号》中的罗丝是懂得爱情的，罗丝与杰克的爱是炽烈的，以至于杰克为之牺牲了生命，按照常理罗丝应该殉情以示忠贞，但是罗丝没有这样做，她更加珍惜自己的生命，因为那是杰克用自己的生命换来的，并开始了新的生活：与人相爱、结婚、生子，好好的度过了自己的余生。任何人都不能批判罗丝嫁夫生子就是对杰克的背叛。

一个人的爱情经历并不限于与某一个或某几个特定异性之间的恩恩怨怨，而是对于整个异性世界的总体感受。真正的爱，并不是从一而终的爱一个人，也不是随心所欲地爱很多人，而是即使爱情离去，即使要忍受巨大的痛苦与空虚，却仍然可以保有一颗爱人之心。

如果你爱上了一个人，请温柔地对待他

苏缨说：“对一个女人最大的恭维不是掌声，而是爱情。”可是我们又都知道：“婚姻是爱情的坟墓。”那是不是意味着，结婚的女人就再也享受不到这个世界对她的恭维了呢？这多么让人心寒呀。

其实，有些问题一旦陷入文字游戏和思维陷阱里，就再也绕不出来了。我

们不妨删繁就简，仅仅问问自己：即使婚姻真是爱情的坟墓，你是否愿意与他（她）共赴生死？想明白了这一点，选择就不再是个恼人的问题了。在爱情的世界里，念出一个人的名字只需要记忆和嘴唇，忘记一个人的样子有时却需要一生。当你因为害怕那无趣的坟墓而打算拒绝眼前的爱情时，你也只要问问自己：是不是真的愿意忍受这一辈子的无法忘记？换个比较孩子气的说法，那就是：不喜欢就丢掉，丢不掉的就还是喜欢。

可能，我们更该关心的是：如何让这公认的“坟墓”变得有生机一点。在这点上，很多“老外”比害羞的东方人更在行。

一天，德拉坐在一家小吃店里自斟自饮。后来，进来了一位女士，侍者请她在邻桌就座。她大约快40岁了，从侧面看轮廓清秀，线条优美，穿着简洁而入时。德拉在另一张桌旁还发现一个40多岁的男人。这个男人冲她微笑着，她也以笑回敬。

一会儿，男人起身走了出去，片刻后回到原座，手中添了一束兰花。他在一张菜单上写了几笔，然后交给侍者，侍者将菜单与兰花一并送到她面前，女士看过菜单微微点头。男人随即离座移步过来，“十分感谢您能允许我与您同坐一桌，独自一人实在无聊。”接着，德拉又听到，“我在城里经常见到您，但不知如何接近。”女士听后友好地对他报以微笑。侍者送来了葡萄酒，就听男人说：“今天喝葡萄酒是再合适不过了，来，小姐，为我们的相识干杯！”

德拉要走了，结账时侍者悄悄告诉他：“他们这样已好久了，每年3月的傍晚总是男的先来，女的后到，总要同一张桌子，多少年来一直如此。有一次我问那位教授先生为何要这样做，他回答说：‘我们想保持年轻。’”

“那位女士是谁呢？”德拉好奇地问侍者。

“他的妻子。”侍者微笑着回答道。

真是有趣的两口子，都40多岁了，还玩这“无聊”的游戏。不过，也许你和我一样，也会在心底默默祝福他们，永远这么天真地甜蜜下去吧！

我们常讲爱情需要缘分，勉强不得，但有时，我们却连什么是缘都没有真的了解。有人说：“缘之所系，不是永不别离，而是不断地相逢。”也有人说：“缘分其实就是我们花在对方身上的所有心思。”你多一分真心的经营，就多一分亲密，多一分难舍的缘分。佛家常说，每个最细微的念头，都有它的后果，相信大家也并不排斥“因果循环”这样的观点：两个有缘人之间的“缘”，也许并不是玄之又玄的道与法，其实就是彼此相系的执念罢了。缘分是一次相遇时的凝视，化作一段分别后的牵念，把两人紧紧相连，纵然相隔万里，岁月经年，这种相互羁绊的种子却早已深深地埋在了彼此心底，只等一个小小的触机，就能顺理成章地开到荼蘼。缘分也是一段长久的相伴后如左右手般的熟悉，无须叨扰叮咛，甚至无须甜言蜜语，只需一个眼神，一声轻咳，一次张望，我们就知道彼此的需要，知道自己的责任。这样的亲密关系，这样再也分不开的缘分，也许才是对女人，也是对男人，在这个纷扰的尘世里最大的恭维和安慰吧。

更何况，我们若是还有德拉遇到的那对夫妻的聪明心思，能永葆爱情的新鲜，那我们除了恭维和安慰，也许还能收获不断的惊喜和激动。这样的“坟墓”，想必谁都不会排斥。

可惜的是，不是人人都懂得珍惜爱情，珍惜婚姻的美好。结婚在这个一切变的简便快捷的年代反而复杂了，以前是为了结婚，我要有物质基础；现在是有了物质基础，我才能结婚。没人问问自己：婚姻到底是两个人的结合，还是车、房和生育工具的结合呢？结婚这个单纯又美好的事情，变得如此复杂和悲哀，我们还哪有心思去思考怎么让爱情保鲜，怎么维系这段难得的缘分，怎么让婚姻生活充满惊喜呢？其实，即使不谈那些神圣的、高贵的字眼，但至少我们应该明确一个顺序，那就是：是我们相爱，想永远生活在一起，所以要结婚，要为房子发愁。而不是你有房有车，所以我们有条件结婚，所以相爱。

如果你和我一样，真的渴望在这个滚滚红尘中，找到一个甘心一起共赴生死的人，那就忘掉金钱、地位、容貌、忘掉担忧、恐惧和不确定吧。常鲜的爱情往往仅存于一碗粥，一杯茶，一次搀扶，一个相视而笑里……再加上漫长的时光的调味，10年，20年，30年……我们终会品出最醇香的幸福。最后，用席慕蓉的一句诗来总结可能最合适不过了：“在年轻的时候，如果你爱上一个人，请你一定要温柔地对他。不管你们相爱的时间有多长或多短，若你们始终能够温柔相待，那么，所有的时刻，都将是一种无瑕的美丽。”

幸福就是找个温暖的人过一辈子

关于爱情的魔力，有人做过很有趣的总结：“人吵架为什么嗓门会那么大？因为彼此心的距离太远了，要大声才会听见。为什么相恋时的情侣都是细声细语的，我们旁人却听不清？因为他们心在一起，所以无须大声也能彼此相通。”的确如此，爱情就是这么神奇，相爱的人之间，总是萦绕着各种奇妙的温暖。

高晓松在《恋恋风尘》里写道：“午夜的电影，写满古老的恋情，在黑暗中，为年轻歌唱。”爱情正是讴歌青春最动人的音符，是书写年轻最华美的形容词。只是，大千世界上哪去找这么一个愿意与你一起唱歌写诗的人呢？又有多少人在青春的电影散场后，无奈地将那些没能唱出的歌曲，没能念诵的诗篇，悄悄封在心底？

我们的一生说长不长，说短不短，也许，刚好够我们去找一个这样的人，安度余生。

一个男孩对一个女孩说：“如果我只有一碗粥，我会把一半给我的母亲，另一半给你。”小女孩喜欢上了小男孩。那一年他12岁，她10岁。

他们村子被洪水淹没了，他不停地救人，有老人，有孩子，有认识的，有不认识的，唯独没有亲自去救她。当她被别人救出后，有人问他：“你既然喜欢她，为什么不救她？”他轻轻地说：“正是因为我爱她，我才先去救别人。她死了，我也不会独活。”于是他们结婚了。那一年他22岁，她20岁。

那年闹饥荒，他们穷得揭不开锅，最后只剩下一点面了，只够做一碗汤面。他舍不得吃，让她吃；她舍不得吃，让他吃！三天后，那碗汤面发霉了。当时，他42岁，她40岁。

许多年过去了，他和她为了锻炼身体一起学习气功。这时他们调到了城里，每天早上乘公共汽车去市中心的公园，当一个青年人给他们让座时，他们都不愿坐下而让对方站着。于是两人靠在一起手里抓着扶手，脸上都带着满足的微笑，车上的人竟不由自主地全都站了起来。那一年，他72岁，她70岁。

她说："10年后如果我们都已死了，我一定变成他，他一定变成我，然后他再来喝我送他的半碗粥！"

最美的爱情，莫过如此。

其实，何止人类，就连许多动物都会用一生的时间，去追寻自己的爱情。同心鸟、比目鱼，都是自然界中最具深情的动物。

法布尔在《昆虫记》里也提到了一种美得让人心醉的痴情昆虫——孔雀蛾。孔雀蛾全身披着红棕色的绒毛，脖子上还扎有一个白色的领结，翅膀上洒着灰色和褐色的小点儿。而它们之所以被称为"孔雀蛾"，是因为翅膀周围有一圈灰白色的边，中央有一个大眼睛，有黑得发亮的瞳孔和许多色彩镶成的眼帘，看起来就像是孔雀的羽毛一样。

孔雀蛾的生命十分短暂，只有两三个晚上，所以它们一生中唯一的目的就是寻找配偶。为了这一目标，它们继承了一种很特别的天赋：不管路途多么遥远，天色怎样黑暗，它总能找到它的对象。即使在最恶劣的天气条件下，孔雀蛾也会果断地飞出来，穿过层层树林的阻隔，顺利地到达目的地。

法布尔曾在某个五月初把一只刚孵化的雌性孔雀蛾罩在一个金属丝做的钟罩里。他当时这么做并没有特别的目的，只是一种习惯而已。可等到第二天早晨，当他再次来到这里时，发现满屋子都是雄性孔雀娥。他惊喜地感叹道："一共有多少蛾子？这个房间里大约有二十只，加上别的房间里的，至少在四十只以上。四十个情人来向这位那天早晨才出生的新娘致敬——这位关在象牙塔里的公主！"

而在那之后的一个星期里，每天晚上这些大蛾们总要来觐见它们美丽的公主。那时正值暴雨季节，晚上更是一片漆黑。而法布尔的屋子又被遮在许多大树后面，很难找到。可是，那些孔雀蛾却不管这些，它们穿过无尽的黑暗和艰难的路程，只为见到自己的"心上人"。

法布尔最后深情地写道："孔雀蛾不懂得吃。当许多别的蛾成群结队地在花园里飞来飞去吮吸蜜汁的时候，它从不会想到吃东西这回事。这样，它的寿命当然是不会长的了，只不过是两三天的时间，只来得及找一个伴侣而已。”

其实，我们的寿命又比他们长多久呢？几十年光阴，可能也就刚好够找一个可人的伴侣吧。许多年前，电视上有两只手表的广告词很流行，一个是飞亚达的“一旦拥有，别无所求”，另一个是铁时达的“不在乎天长地久，只在乎曾经拥有”。前一个是“在天愿做比翼鸟，在地愿为连理枝”的圆满，后一个是“两情若是久长时，又岂在朝朝暮暮”的浪漫。

若不以浪子为职业，想必很多人都会选择前者，尤其是新婚之妇。三毛初嫁荷西时，一次新年钟声敲响之际，荷西让她快随着钟声许下12个愿望，三毛就默念道：“但愿人长久，但愿人长久，但愿人长久……”每个人都希望与自己心爱的人于携手处，只见花明月满，如鸳鸯、蝴蝶那般双宿双飞，最好能同化灰、化尘，博得个地久天长、生生世世。

其实，我们的一生都在奢求什么呢？大富大贵？流芳百世？都不是。我们不过是想和一个人过着再平常不过的生活，与他（她）一起坐卧行停，看云之光、竹之摇曳、群雀之噪鸣、行人之容颜——从这一切日常的琐事里，体味出无上的美好，有微妙的享乐，也有微妙的受苦。

是的，真正的幸福，就是找个温暖的人，过一辈子。我眼望住你，你手伸向我，这世间，就不再需要任何多余的温暖和美丽。

爱是一捧沙，攥得越紧失去越多

生活中一些事情常常是物极必反的：你越是想得到他的爱，越要他时时刻刻不与你分离，他越会远离你，背弃爱情。你多大幅度地想拉他向左，他则多大幅度地向右荡去。

一个即将出嫁的女孩向她的母亲提了一个问题：“妈妈，婚后我该怎样把握爱情呢？”“傻孩子，爱情怎么能把握呢？”母亲诧异道。“那爱情为什么不能把握呢？”女孩疑惑地追问。母亲听了女孩的问话，慢慢地蹲下，从地上捧起一捧沙子，送到女儿的面前。只见那捧沙子在母亲的手里，圆圆满满的，没有一点流失，没有一点撒落。接着母亲用力将双手握紧，沙子立刻从母亲的指缝间泻落下来。当母亲再把手张开时，原来那捧沙子已所剩无几，其团团圆圆的形状，也早已被压得扁扁的，毫无美感可言。女孩望着母亲手中的沙子，领悟地点点头。原来爱情需要空间，握得越紧，失去的反而越多。

毫无疑问，爱人时常需要从捆在他脖子上的爱的锁链里挣脱出来。我们应当自信，真正的爱是可以超越时间、空间的。因此，作为婚姻的双方，在魅力的法则上，请留给彼此一个距离。这距离不仅仅包含空间的尺度，同样包含心灵的尺度。 否则原本能够抓住的甜蜜与幸福将从你指间像沙子一样溜走。

因为人是群居动物，所以人的内心总有着对孤独的恐惧，时刻都渴望与人结伴、成群。在找到能够与自己结伴的人之后，加之以惰性，我们很容易去依赖那个相较来说内心更强大，更有能力的人。在生活中，我们总能看到很多人在恋爱、结婚之后，以为找到了终生的依靠，就不需要自己再努力了，什么事情都会交给对方去处理，像一棵槲寄生一样依靠宿主体内的养分得以常青，时长日久，这种过度的依赖让爱人感到压抑、痛苦、难以呼吸。

其实，看一个人是否具有爱的能力，很多时候会先看这个人能不能忍受一个人独处，并在独处时也将自己照顾得好不好。人与人从来就不应是互相依附的关系，如果你不能独立自主、自力更生，不能作为一棵树的形象和你的伴侣站在一起，非要选择做一棵不能脱离宿主的槲寄生，那么你们之间就不可能有真正的爱，你们的关系也不是爱的关系。

一位爱情多次受挫的美丽女孩逐渐学会了对她所爱的人说：“我爱你，珍惜你，尊重你。我相信，如果我不拦你的路，你能够或有能力充分发展成你所能成为的人。因为我太爱你，所以我能放手让你与我并肩而行，走在快乐里和痛苦里，我会分担你的眼泪，但我不会要你不哭；我会响应你的需要，关心你，安慰你，但我不会在你能自己走时拖着你不放；我随时准备在你难过和孤独时与你在一起，但我不会不让你体验自己的难过和孤独；我会尽力听懂你的话和意思，但我不会总是同意你所说的。有时我会生气，生气时我会尽量让你知道我在生气，以使我们不必为有分歧而彼此过不去。”

爱无须抓得太死，也不必给得太多，多了也会让人窒息。就像谢晓东歌里所唱的那样：“爱你很好，真的很好，你知道什么是我想要。当被你拥抱，我甚至想不出有什么是我所缺少；早餐做好衬衫熨好，让我看来是你的骄傲。你从不吵闹，但是这安静的生活使我想逃……”爱情就是这样，爱本是生命中深挚的关怀与体察，无须刻意去牵扯，越是想抓牢，越容易成为枷锁。爱情需要自由呼吸，不管是“硬泡”还是“软磨”，都不是爱情本该有的形式。

所有的东西都可以是虚假的，只有生活和爱才是最真实的。口口声声把爱挂在嘴边的人也许并不懂得爱，爱不是甜言蜜语，不是山盟海誓，爱是真实生活中的理解，宽容和相互帮助与扶持。爱是生活中的一份细心的关怀，是人生道路上的一次次搀扶和支持。每个人都希望自己的人生散发出耀眼的光环，都希望自己能有一段不平凡的生活，事业上获得惊人的成就，拥有一段惊天动地的爱情。可是当一切光环都消失的时候，剩下的却是本色的生活和最真实的爱。传统婚姻的形成多是基于交付全部生命的决定，也正是这种全然交付的决定给婚姻以安稳和牢固的基础。

爱情就像一门艺术，要用心、用浪漫去调和，才能琴瑟和鸣，水乳交融。当然浪漫并不是空中楼阁，你无须刻意营造，只要能在平时的小事上下功夫，将幸福植入他（她）的心中，如果他（她）的心中时刻有你，你们的爱情自然长盛不衰。

在路上，为与最好的自己相遇

林语堂先生在《论游览》里写道：“一个真正的旅行家必是一个流浪者，经历着流浪者的快乐、诱惑和探险意念。”有个驴友这样总结，他说：“年轻时候，拍下许多照片，摆在客厅给别人看；等到老了，才明白照片是拍给自己看的。”是啊，真正的旅行，其实是记录时光，记录青春，发现世界，也发现自己……等老了，不至于无所回忆，满是遗憾。

也许，这就像人们在看完《少年派的奇幻漂流》之后，会在心底深信：这个世界，并不只有眼前的残酷与寒冷，它还有奇幻的梦，还有缤纷的旅程，还有旅途中，和万千生灵，和这个世界，温暖的陪伴与共鸣！

人生没有草稿，青春无法彩排

人生没有草稿，根本没有多余的纸篇允许我们反复涂抹，青春的每一天，都是唯一一张空白的纸，就看我们如何去落下岁月的墨迹。哈佛大学流传着这么一则有趣的故事：一个叫斯坦的女孩子选修了威廉·詹姆斯老师的哲学课。期末考试那天，天气晴朗，阳光明媚，当斯坦坐在考场，看见考试的内容是关于人生的意义之类的东西，便在答卷上写下一句话："在今天这样一个美好的天气里答题考试，甚为可惜。"然后，她离开了教室。最后，出人意料的是，老师给了她一个A！

虽然斯坦的行为并不适宜所有人效仿，但这件事居然发生在全世界最著名的学府，还是值得我们思考的。"花开堪折直须折，莫待无花空折枝。"及时把握生命的里的美丽，不辜负大好时光，这在任何地方，对任何人来说，都适用的。也许当我们把每天安排地井井有条：早上读书、下午上课、晚上聚会时，可能就已经错过了某个早晨远行的悸动和某个午后徜徉的惬意了。因为快乐和幸福，往往无法彩排，更不用说提前规划。偶尔忘记那些所谓的"井井有条"吧，及时翻过尘世的藩篱，摘取盛开在我们心头的美丽。

对此，经典电影《春风化雨》里的基廷老师有过更生动的描述：

一次，他把班上的学生带到了校史陈列处。基廷老师让同学们仔细凝视着上百年前的毕业生合照，让他们安静地端详着照片上每一张生动的，充满活力的脸庞，他则在同学们的耳边低语："我们都是凡人，孩子们。信不信由你，这个房间里的每个人，总有一天都要停止呼吸，僵冷，死亡，就像这些照片里的面孔。你们曾无数次经过这里，但却从未真正看过他们。现在，你们看他们，和你们的差异并不大，对吧？同样的发型，和你们一样精力旺盛，和你们一样不可一世，仿佛世界都在他们的掌握之中，他们自认为注定要成就大事，和你们中的大多数人一样。他们的双眼充满了希望，他们是否最后虚度了时光，最后一无所成？如各位所见，这些男孩现在都已化为了尘土。如果你们仔细倾听，便能听见他们在低声耳语，附耳过去仔细听，听见了吗？‘及时行乐吧，孩子们，珍惜时光，让你的生命超凡脱俗，无与伦比！’”

也许是中西文化的差异，“及时行乐”在中国文化里往往会被主流价值观视为“恣意妄为”的代名词，对此，我们不置可否。但不容否认的是，岁月可以重复，季节可以重复，时间可以重复，金钱可以重复，唯有生命不可重复。生命之于每个人只有一次。独处的美，如金的沉默，凄凉的诗和悲壮的歌，都需要我们及时采撷，及时享受。至少，也该保持一种“乘兴而来，兴尽而归”的生活态度，让我们在这个满是桎梏的社会里，时常呼吸到清澈而新鲜的空气。

说到“乘兴而来，兴尽而归”的典范，有一个人不得不提，他就是王子猷。也许大部分人都对这个名字没什么印象，但要是提起他的父亲和弟弟——王羲之和王献之，那就妇孺皆知了。其实，在东晋那个文人普遍崇尚俊逸洒脱的时代，王子猷的作风当真算得上“一绝”。

王子猷住在山阴，也就是王羲之在《兰亭序》里提到的“会稽山阴”。一天夜里，王子猷醒来之后便无法入眠，适逢大雪，他便打开家门，在庭院中温酒吟诗，好不惬意。望着远山近水一片皎然，他不禁意荡神摇。忽然间，他想起了好友戴逵:“此情此景应当与知己共赏！”可戴逵当时远在曹娥江上游的剡县，此时又大雪纷飞……一般名士念及此处写首诗，抒怀一下也就罢了。可王子猷却不思虑那么多，他冒着风雪，连夜乘小船前往戴逵住处。

小船走了整整一夜，等到了戴家门前，天已大亮。然而出人意料的是，王子猷却突然头也不回地乘船返回了。人们奇怪，便去追问缘由，王子猷率性地回答：“我本乘兴而来，最后兴尽而归，又何必非要见到戴逵呢？”如此性情，实在令人叹服！难怪当初谢安给侄女谢道韫选夫时首选就是他（虽然最后谢道韫嫁给了王子猷的二哥）。

我们没有王子猷的显赫家世，每天为吃穿奔波劳碌，自然缺乏这种随性的物质条件，但这并不妨碍我们在匆忙赶路之余，及时采撷路边的花蕾。毕竟，一次驻足和弯腰，并不需要我们花费太多的时间。而我们收获的，却可能是满满的欢喜！

生命不打草稿，我们所认为的草稿，其实就已经是人生的答卷——无法更改；青春无法彩排，我们所认为的彩排，其实就是我们唯一呈现的表演——不能重来。所以，偶尔忘记那些程序一样无趣的日常计划吧，乘兴而来，兴尽而归！及时上路，及时盛开，别让人生留下一丝遗憾。

智者不惑，勇者不惧，行者无疆

有句箴言说得好："智者不惑，勇者不惧。"其实，还少了一点：行者无疆。在这条叫做青春的蜿蜒曲折的长路上，没人知道下一步的脚下会是满地黄金还是一片泥泞，但不可否认的是，那些在路上的人，总比踟蹰观望者离目标更近。

2009年11月28日，台湾金马奖揭晓，黄渤凭借在《斗牛》中的精彩表现，与另一位著名演员张家辉共享金马影帝的殊荣，成为继刘烨之后，第二位内地金马影帝。相比其他获奖者的喜极而泣，黄渤却不失一贯的幽默风趣，甚至开起了自己的玩笑："记得刚考上北京电影学院的时候，有的同学就说：'黄渤也考上电影学院了？现在的招收标准也太松了吧！'(全场爆笑)。后来还有一位长辈知道我要演戏了，就跟我说：'女怕嫁错郎，男怕选错行！'不过看样子我选对了！"全场在笑声中掌声雷动。

其实，正是这种带点豁达，带点"随意"的性格，才让黄渤跨越了条条鸿沟，从歌厅走向了大荧幕，从舞蹈教练走向了金马影帝，完成了电影史上的"不可能的任务"。如果一定要用一句话来概括他的成功秘诀，那就是：当一条路走不通时，换一条，接着走！

黄渤生于1974年，虽然从小还算乖巧，与打架闹事不沾边，但和许多奇思层出的孩子一样，黄渤从小也和学习无缘，倒是对许多“歪门邪道”的东西十分在行。有一次，他甚至拿醋去浇花，只是为了看一看，开出来的花是不是酸的……

不过，虽然黄渤的学习成绩惨不忍睹，但在唱歌、跳舞方面，他倒是有点天分，初二的元旦晚会上，他以一曲《再回首》一下成了学校的“风云人物”，后来还代表学校去参加市里的比赛。其实，很多人不知道的是，那个在书桌前片刻也待不住的皮小子，在听着磁带学唱歌时，却能在屋里一坐一整天。

那个年代，卡拉OK火遍大江南北，青岛也不例外，城里的歌舞厅不计其数。和许多后来大红大紫的歌手一样，还是中学生的黄渤也从歌舞厅开始了自己的“演艺生涯”。思想传统的父母自然是强烈反对黄渤去那些场所的，每次在他偷偷溜出去后，等待他的都是一顿暴揍。不过，倔脾气的黄渤硬是凭着每月不菲的唱歌收入让父母渐渐改变了看法。

再后来，黄渤觉得青岛已经无法满足自己了，他想去更广阔的天地挑战，于是他开始四处走穴。最后，除了西藏、新疆和甘肃外，他的足迹踏遍了中国的所有省份。在这段充满欢笑和泪水的旅途中，黄渤受过骗，挨过饿，但就是在最艰苦的情况下，他也没有选择放弃。只是看着那些曾和他在一起唱歌的杨钰莹、毛宁、满文军、零点乐队等，一个个先后都红了，而他自己虽然衣食无忧，但却始终没能推开唱片公司的大门。此时的黄渤终于对自己这么久以来的选择产生了怀疑。

心灰意懒之余，黄渤回到青岛，用自己多年的积蓄，做起了实业公司的小老板。作为一家韩国鞋类模具机械工厂的中方代表，黄渤每天的生活就充斥着不锈钢、轴承这些东西，虽然收入不菲，但对于热爱文艺的黄渤来说，这简直是受罪。所以两年后，当有朋友邀请黄渤去北京演出时，他想都没想就上了路。

来到北京后，黄渤起先还是在酒吧唱歌，后来一次偶然的机会，他接到好友高虎的邀请，在电影《上车，走吧！》里出演了一个主角，没想到，这部戏大获成功，在各大颁奖典礼上都获得了多个提名，他自己也因为将高明这个角色刻画得活灵活现而广受好评。在当年金鸡奖颁奖典礼上，第一次演戏的黄渤发现自己居然和巩俐、周星驰等诸多一线明星坐在了一起。这也让他看到了自己身上的潜能——说不定唱歌并不适合自己，演戏才是自己的出路！

之后黄渤便报考了北京电影学院，打算系统地学习一下专业知识。但令人意外的是，他报考的并不是表演专业，而是配音专业。而且之后的两年里，黄渤也没有再接任何戏。毕业之后，黄渤成为一名配音演员，穿梭在北京各大配音间，也许很多人不知道，许多我们耳熟能详的影片里，都有黄渤的献声，比如《绿巨人》《海底总动员》《三傻大闹宝莱坞》等。

2005年，黄渤受邀参演后来广受好评的黑色幽默电影——《疯狂的石头》。《疯狂的石头》聚集了一批打拼多年的热血电影青年，著名导演宁浩也借由此片在电影圈一路开花结果，黄渤饰演的“黑皮”则以幽默搞笑的表演和一口标准的青岛话被许多年轻人认识和喜爱。

《疯狂的石头》之后，宁浩看到了黄渤身上的表演潜力，便再次找到黄渤，让他出演《疯狂的赛车》的男主角。黄渤果然不负众望，这部投资仅1000万的电影，最终票房过亿，在网络上的播放次数更是不可计数。黄渤总算是在电影圈站稳了脚跟，之后，他的名字频繁出现在各种电影海报上，《倔强的萝卜》《斗牛》《蛋炒饭》《饭局也疯狂》《杀生》……越来越多的人喜欢上了这个看似憨憨傻傻，带点痞劲儿，实则既聪明又幽默的来自青岛的金马影帝。

虽然越来越有名了，但很多时候，黄渤还是愿意回到当初的草根生活状态：坐地铁回家，去市场买菜，回家给老婆做饭……他觉得这才是生活中最根本的东西，这也许就是为什么观众如此钟爱他的原因吧！

唱歌、组乐队、跳舞、拍戏、排话剧、配音、客串主持人……用疯狂来形容黄渤到目前为止的生活似乎并不过分。但仔细分析一下，不难看出，尽管黄渤一直都在坚持，都在执着的道路上，但是他并不是一条路走到黑。回顾自己走过的路，黄渤感慨地说：“我一路走来，其实都是个软坚持。包括我唱歌，包括拍戏，我没有那么死乞白赖，这事儿不行就得怎么着了，也不是遇到难事儿就放弃了，左边一下，右边一下，反正一直是冲着目的地往前走。”

也许这就是黄渤成功的秘诀吧，有自己的坚持，却也并不死脑筋，虽然也曾经历不算短暂的波折和迷惘，但至少自己一直都在通往理想的路上。不管这条路最后回头时显得多么曲折离奇，但只有他自己知道，只要始终在路上，明天就一定会慢慢变得明晰。

身体和灵魂，必须有一个在路上

每个人的心里都住着一个天真而调皮的孩子，而爱和梦想，却只是裹在心上，五颜六色的糖纸。在爱初萌的时候，在梦开始的地方，你我心里的小孩却野蛮地将这些糖纸撕下，折成纸飞机，丢在天涯……来不及哭泣，甚至来不及凝望，你我心里的小孩已经开心地上路去寻找它们了，而我们自己，却往往只会怔怔地待在原地，徘徊唏嘘。

所以，聪明的人早早就懂得旅行的意义，那就是寻找和遇见。寻找心里的那个孩子，和他扯下的那些温暖的糖纸，并遇见最初最美的那个自己。不过，还是有很多人会误解旅行的概念。所谓的旅行，所谓的寻找，并非是地点的变换，风景的异殊，它更多的是我们心里的一种或缓慢或剧烈的转变。这种转变，能让我们听见莲开的声音，闻出玫瑰的味道，更不用说描摹出人世间的温暖和美好了。同时，若是没有这样的转变，那就算我们真的游遍世界，也其实只能看到同样的风景，遇见同样的人。因为我们并没有改变选择风景和朋友的方式。有句话叫"你是什么样的人，就会遇见什么样的人"，说的也是同样的道理。

再想想陈绮贞在《旅行的意义》里唱的吧："你品尝了夜的巴黎，你踏过下雪的北京，你熟记书本里每一句你最爱的真理，却说不出你爱我的原因。"我想，这也是许多踟蹰着不敢出发的人共同的担忧吧：去那么多地方，有什么意义呢？说不定到最后还是一样懵懂和迷茫。其实，这只是因为他们误解了真正的旅行而已。有个驴友总结得好，他说："年轻时候，拍下许多照片，摆在客厅给别人看；等到老了，才明白照片是拍给自己看的。”是啊，真正的旅行，其实是记录时光，记录青春，发现世界，也发现自己……等老了，不至于无所回忆，满是遗憾。

所以，上路吧，年轻人！身体和灵魂，必须有一个在路上。虽然的确有许多人看到别人去旅行，拍到许多美丽风景，自己也跃跃欲试，结果却连几天都坚持不下来。就算坚持下来，也是满腹牢骚。但我们，还是得上路！每个真正将幸福掌握在自己手上的人，都懂得旅行之于自己的真义！许多文人钦慕庄子，钦慕他文章里的洒脱逍遥，却不知道庄子年轻时曾只身远行，南游楚越，探访古风。也正是在这样的旅途中，他一点点发现了生命和自由的终极意义，所以他才能吟咏出那么恣意逍遥的文章。

其实，谁不曾年轻？谁不曾热血汹涌呢？“岂无平生志，拘牵不自由。一朝归渭上，泛如不系舟。”白居易在《适意》中就这样表达自己对自由生命的向往。自古以来，失意的文人墨客常常寄情于山水之间，希望能在游玩嬉戏的清逸洒脱中陶冶性情，驱除烦恼。这在现代人看来，这是多么任性，多么不负责任的行为！可是，生活告诉我们：认真很重要，但生命却提醒我们：任性更重要。前者让你得以生存，后者让你能够真正地生活！

对于像庄子一样，能看得见自己心里这关于生命的清澈秘密的人来说，选择旅行还是钻营，从来不是问题：再高的王座不会高过青山，再多的敬仰目光汇不成一缕斜阳。那些以过来人姿态告诉你诀窍或是捷径的人，他们沾沾自喜或者略带轻蔑的脸上，满是皱纹；那些以统治者姿态告诉你这个世界的游戏规则的人，他们攥紧的拳头，握不住一缕柔软的时光。只有在路上，在大地上，才有最真实的，关于生命的美丽声响！

寄情山水，看春鸟在林间嬉戏，听秋蝉在叶底低鸣，淙淙流水，岚岚烟霞，这样的景象，任谁都会陶醉。但是，我们之前就说过，真正的旅行，并不仅仅限于地点和风景的变换。有时，即使在卧榻上，在办公室的格子间，我们依然可以享受那种和自由相遇，与自己重逢的喜悦满足。程雨城在《纸上卧游记》里写道：南朝有个叫宗少文的人，一生爱好远游，后来身体不行了，没力气再去寻山访友，于是遍画名山大川，挂满了家里的墙壁。宗少文从此每天在家抚琴自娱，竟然使纸上的群山发出回响。他就在这样一间陋室里，重新驰骋山林，纵横天地，着实令人羡慕。

的确，这也不失为一种美妙的旅行。这样的旅途中，宗少文虽然没有真的听到山涧鸟鸣，看到春风秋雨，但至少他一直都在和那个自由的，快乐的，满足的自己不断相遇，亲切交谈，互相鸣和。这样的境遇，可能是很多置身山林的游人都不曾体会过。程雨城最后总结道：真正懂得《庄子》“心有天游”的人，就算被放在写字楼的格子间里，被抛在孤岛上，甚至被关在牢房里，一颗心也仍然是逍遥无际、毫无滞塞的。因为“心有天游”，一切的纵横无垠都只在自己的心里发生。也许，这就是那本书被命名为《纸上卧游记》的原因吧！

就是这样，真正的旅行，不为风景，不为际遇，甚至不需要刻意的寻觅。但我们往往就在这形态各异的旅途中，不经意遇见了最美的风景，成全了最美的际遇。最后，我们在回家的时候，就会发现心底的那个调皮的孩子以及所有的自己，都在微笑着迎接你，拥抱你……

要的不是答案，而是探寻的勇气

年轻是充满疑惑也是坚定不移的，成熟是从容笃定也是踟蹰犹豫的。年轻时什么都不懂却坚定是因为相信总有答案，成熟时什么都懂了却犹豫是因为发现已没有什么能够相信。所以，人生的问题往往不是究竟是否存在确定无疑的答案，而是你是否愿意赤诚而有力地去相信，去探寻。只是，有多少人在日复一日对金钱和安稳的追逐里，将这种对真理和美的探寻，搁浅在心底呢？

是的，我们都渴望幸福的生活，这并没有错。但与其说幸福是一种谋生的能力，倒不如说它是一种探寻的习惯。说它是能力，是因为许多美好只有具备一定基础才能安然享受。而说它是习惯，则是因为即使我们拥有最坚实的基础，也有许多人早已习惯了千篇一律的生活，对美好的事物视而不见，不再愿意向上攀折美丽的花枝。他们就像张玮玮在《米店》里唱的那样“匆匆忙忙，将眼光丢在潮湿的路上”，丢在别人开什么车，拎什么包上，丢在那些转瞬即逝，却层出不穷的热门话题上，丢在心窗外斑斓的城市原野上，剩下窗户里的一片，空空荡荡。

可悲的现实就是这样：我们并不缺乏幸福的能力，却缺乏幸福的习惯。在我们对单纯的欢笑和感动的泪水最为敏感的时光里，我们没有选择“在路上，去远方”，没有选择走遍记忆里的每条大街小巷，没有选择去拜访从前的兄弟和姑娘，却将所有的光阴统统献给了GPA、证书、交际、人脉……

不得不说，这是一笔并不划算的买卖。

因为幸福往往并不像我们想象的那样“公允”。那些只知道埋头“付出”的人，和一开始就找对了方向的人相比，在通往幸福的道路上总是显得步履蹒跚。

但是话说回来，人生的方向、幸福的方向，又究竟在哪呢？对物质的追求说不定也是一条捷径。对此，我们不必过早下结论。况且，我们需要的并不是马上获得一个明确的答案，而是给自己一段时间，翻翻心底的日记，翻翻世界的日历，数数岁月的年轮，数数世间的拥抱和亲吻。答案自然会在这样的淘洗和历练中慢慢浮现于你我心头。

许多国家的年轻人在毕业之后、在工作之前，往往会选择做一次为期一年的长途旅行，让自己在步入社会之前先行体验一下一种与校园完全不同的生活方式，让自己在旅途中观察世界，认识自我，明白自己到底要什么。这一年，就叫做“间隔年（Gap Year）”。

一个“间隔年”究竟能在多大程度上为我们的幸福添砖加瓦呢？我们不妨来看看一个叫做“迟到的间隔年”的故事：

37岁那年，由于经济危机，凯恩所在的公司倒闭了。作为一个普通的上班族，凯恩性格懦弱，小的时候就怕蛇、怕黑暗、怕荒野，长大后又发现自己怕孤独、怕演讲、怕失败……然而，“无所不怕”的凯恩在失业后却做了一个“疯狂”的决定——他没有去找工作而是选择了旅行，来一个37岁的间隔年。

凯恩并不是有钱人，所以这不是一次坐着头等舱漫游世界的舒适旅行，而是一次危险的穿越之旅——他打算靠搭便车从中国的东边走到西边，最终的目标是穿越塔克拉玛干大沙漠。在临行前的聚会中，有朋友挖苦他说：“希望你不要哭着鼻子回来！”

然而，凯恩却义无反顾地踏上了寻找和改变自己的旅途。

一路上，即使是最穷困的时候，他也没有接受过任何金钱的馈赠。他不是为了证明金钱无用，而是用这种艰辛的旅程重塑自己的勇气，使自己能够面对所有从前不敢面对的恐惧。他经历过用蹩脚的中文请求陌生人家的留宿，也经历过在雷雨交加的天气中睡在潮湿的睡袋里，他经历过患有绝症的好心人的帮助，也经历过一次让他心惊胆战的公路抢劫……

最后，跋涉3000千米之后，凯恩来到了新疆库尔勒，准备与一个车队一起穿越“死亡之海”塔克拉玛干沙漠。这是凯恩为自己安排的最后的试炼，他要在自己历经磨难之后，在自己意志最薄弱的时候去挑战更艰苦的环境！

四天之后，凯恩终于跟随车队成功地穿越了这个“进去就出不来的地方”。

也许有人会问：凯恩的这次旅行除了吃苦之外，到底得到了什么？我想，他会坚定地回答你：“我得到的就是这个旅途本身。虽然它很艰苦，虽然这样的旅行我绝不会想要再来一次，但它在回忆中却是无比甜美的！这就像人生的道路，即便是艰苦的，但只要那是我们自己愿意走的，就不算白走！”

是啊，无论是谁，年轻时能有这样一次旅行，都值得铭记于心、一生珍藏吧！更何况，他仅仅用了一个迟来的间隔年，就战胜了从前那个怯懦的自己，这是许多人花了多少年都无法完成的转变。

青春就是这样，许多事只要走出了第一步，剩下的就不会太难了；人生也是这样，当我们下定决心去寻找一个不一样的世界和自己时，一切已经开始不一样了。

穿行天地之间，与大千世界共鸣

有一篇流传很广的美文，里面有一句话挺值得咀嚼："比起那湖中长笑的潜鸟，还有那湖，我并不比它们孤独多少。你看：这孤单的湖又何以为伴呢？"想想确实如此，比起这个世界上的万千生灵：一只潜鸟，一块湖泊，一片云霞，我们不知幸运多少，为何动不动就要说自己孤独寂寞呢？何况，我们若是静下心来，将自己沉到世界的最低处，去安静地聆听这个世界上的每种生命，聆听他们各自的吟唱和彼此的鸣和，也许我们就会惊喜地发现：原来，万事万物都是如此紧密地联系在一起，甚至相互依存，哪有寂寞的可能呢？

这个世界，并不如我们想象的那样孤独。

对此，一种比较怪异的环保观念——"盖娅理论"解释得最为深刻。这个理论以希腊神话中生育了泰坦巨人的地球女神盖娅（Gaea）命名，它认为：地球并非一堆无意识的岩石、而是一个有机生命体。我们熟悉的一切生灵：人类、动物、植物，甚至是无生命的海洋和大地，都像一个个细胞或组织，是地球这个超级生命体的组成部分。这些看似独立的，各自为政的部分，都必须依赖整个地球的健康才能长久地存在下去。若是要用我们更为熟悉，也更诗意的语言来解释的话，正好就是约翰·多恩的那首著名的《布道词》："没有谁是一座孤岛，在大海里独踞；每个人都像一块小小的泥土，连接成了整个陆地……这世界是一不可分割的整体，任何一个部分的损伤，都让整体疼痛不已；所以，请不要问丧钟为谁而鸣，它为你敲响……"眼尖的读者也许已经发现了，是的，海明威那本著名的《丧钟为谁而鸣？》就来自于这首发人深省的小诗。

乍听上去，把地球想象成一种具有生命的"怪物"，把"高贵"的人类想象成这个"怪物"的一小部分，似乎有点恐怖和荒诞，但细想下来却又合情合理。回头看看我们身体内的各个器官，它们各司其职，配合无间构成了我们复杂精巧的身体，使得我们不仅能够存活，还能说话、写字、唱歌、跳舞，使得我们拥有丰富的感情和奇妙的思想，但那些器官——心、肾、手脚等却无法“看到”这个令人惊叹的整体。同样，难道我们自己就不能是一种更高层次“生命”的一部分吗？

当然，我们虽然只是一个局部，以至于无法鸟瞰整体的一切，但处在更高层次里的我们并不像我们身体内的器官一样，只能机械地工作，没有意识。我们可以试着去思考，去感知，去触碰其他“器官”。当我们在为一朵野花或一片枫林赞叹的时候，我们其实也是在肯定自己的生命意义：她们的绽放让你听见自己灵魂盛开的声音！

此时，我们再回头去审视这个理论，还会觉得那么荒诞，那么令人难以接受吗？

其实，偶尔了解一下这些“奇谈怪论”并不会影响我们正常的生活节奏。毕竟，生活的惯性是如此之大，以至于哪怕前一秒你还在尽情地思考着宇宙的终极奥义，下一秒也会随着电脑右下角QQ头像的闪烁，毫无障碍地回到忙碌的现实中。只是，对于我们来说，偶尔来一次毫无顾忌的幻想，将自己和整个世界，和世界里的万千生灵悄然联系在一起，想象他们的每口呼吸，每声啼鸣，每次奔跑，都是在向我们打招呼，都是在为我们的存在提供源源不断的动力，而我们自己的每场悲极和喜泣，也统统喂养了大地……也许，我们就会渐渐体会到一种充盈的感觉。这种感觉，往往比亲情，友情和爱情更让你感到祥和笃定。因为，你感觉自己拥有的是整个世界！

虽然许多人还是会习惯性地这样理解世界：我们都生活在“灵魂的孤岛”上，永远也无法完全地理解另一个生命，去看看他眼中的世界究竟是怎样的，我们注定只能孤独终老，如此云云……但这并不妨碍我们做个温暖的，甚至比现实更真实的梦：在冥冥中与大千世界，与天地万物相连，和谐共鸣！央视纪录片频道曾播放过一个著名的系列纪录片，叫做《人类星球》，这个纪录片所用的宣传语就是：穿行天地之间，与大千世界共鸣！想来不都是一个意思吗？其实，类似的纪录片还有很多：《迁徙的鸟》《海洋》《天地玄黄》……只要你看过其中任何一部，就不会觉得这样的梦，这样的宣传语只是一种不切实际的幻想。它是我们可以真实触摸到的：震撼和美好！

也许，这就像人们在看完《少年派的奇幻漂流》之后，普遍更愿意相信第一个故事一样。这不仅是因为我们的善良，也因为我们在心底深信：这个世界并不只有眼前的残酷与寒冷，它还有奇幻的梦，还有缤纷的旅程，还有旅途中，和万千生灵，和这个世界，温暖的陪伴与共鸣！

花甲背包客：爱是有故事的旅行

匡匡在《时有女子》里的一段话被许多人，尤其是女人广为传诵："我的一生渴望被人收藏，妥善安放，细心保存，免我苦，免我惊，免我四下流离，免我无枝可依，但那人，我知，我一直知，他永不会来。"这样的字句天生就是用来暖人心脾，催人泪下的。只是，在我们用手拭去眼角的泪水之余，不妨也顺势支起脑袋想一想：这样一个"被收藏"的人，真的能够幸福吗？或者说：若是真有那么一个"他"，来到你身边，愿意将你"妥善安放，细心保存"，你就真的可以避免"无枝可依"的孤独吗？

诚然，安全感是每个人都需要的。没有安全感的生活就像没有基石的建筑，只会摇摇欲坠。但问题是，安全感应该来自何处呢？我们应该像那些"柔软的女子"一样，把安全感放手交给另一个人，然后安心地躲在一所大房子里吗？斯科特·派克在《少有人走的路》里斩钉截铁地否定了这条通往幸福的"捷径"，他说："人生唯一的安全感，来自于充分体验人生的不安全感。"

这就难怪"文艺青年"们常常会说："幸福不在别处，只在路上！"只有当我们的双脚紧紧贴着大地的时候，才能切实地感知到力量和方向。更何况，人生本来就是一场华丽的冒险和赌博。不管你是否敢于下注，我们的赌注——时间，都会一分分一秒秒地减少。何不趁着年轻，勇敢地下一次大注呢？

然而，对这样充满激情的言语，我们似乎已经有了免疫力。因为我们听过、见过太多的冒险故事：某人独自一人去了西藏，某人骑单车游遍了全国，某人用一年的时间玩遍了欧洲……甚至见得多了，我们还会暗自嘲笑那些人：看你钱花完了怎么办！

有这样的想法并不奇怪，毕竟，没有把双脚真正地置于大地上的人，永远无法体会那种笃定和自信——钱花了算什么？我们既然可以完整地拥有自己，当然也可以拥有整个世界！

这就像凡·高传记《热爱生活》的作者欧文·斯通所说的："生命是一个奥秘，它的价值在于探索。因而，生命的唯一养料就是冒险。"只有不断冒险，我们的生命才拥有常开不败的充足养料。

我们不妨来看一个足以让大多数年轻人惭愧的真实的故事：

2011年9月，64岁的张广柱和61岁的王钟津成为各大媒体争相报道的网络红人。"卖房也要去旅行"成了网上热议的话题。这对被称为"花甲背包客"的夫妻从2008年开始，在语言不通的情况下，自助游历了欧洲、北美、南美等大洲的40多个国家，引得无数年轻人开始重新思考自己的生活方式——当他们还在写字楼、格子间里愁眉苦脸时，蓦然在网上看到张广柱夫妻的照片，一下子就被他们发自内心的快乐笑容打动了。

退休前的大半辈子里，张广柱和王钟津两人过着和大多数普通夫妻一样的平淡的婚姻生活：柴米油盐，鸡毛蒜皮，说不上死水一潭，但更谈不上波澜壮阔。退休后，同样和许多老人一样，他俩在家里帮女儿照顾孙子，偶尔心血来潮就跟驴友们一起去爬山、旅游。

改变发生在2007年，那年春节，他俩去云南虎跳峡旅游，在一家客栈中，他们看到同在一个屋檐下的外国游客一句中文也不会说，照样敢跑到中国偏僻的地方游玩，他们顿觉不服气：为什么我们就不行呢？此时，他们心中那个"去阿尔卑斯山漫步"的愿望再次浮现。

从云南回来后，两人便开始积极筹备独自去欧洲旅游的计划。从装备到资金再到简单的英语口语练习，各项大小事宜，他们足足准备了一年时间。2008年3月，两位老人终于背上了大包，开始了欧洲16国的自助旅行之路，这一走，就是3年多！他们的足迹踏遍全球40多个国家。这还没完，张广柱和王钟津还曾七次穿越赤道，并最终踏上了南极冰川大陆，真真正正地做到了“环球旅行”！

旅行中，他们还不忘在网上分享着旅途趣事，引来众多年轻网友的关注。在他们上传的照片中，最多的就属张广柱充满活力的“蹦跳”了，他解释道：“我一点都不老，年轻人能跳，我照样也能！”难怪许多网友留言说在二老面前，自己实在是“弱爆了”。

当然，他们的旅途也非一帆风顺，但是，积极乐观的他们，总是一次次“化险为夷”。一次，他俩在威尼斯找旅馆住宿，老板说90欧元（约合700多人民币）一晚，他俩当然觉得贵，但就是想不起来怎么表达“便宜”“打折”的意思。最后，张广柱干脆一边用中文说“便宜点！”一边将手由高往下压，老板终于明白过来。最后他们以60欧元的价格成交。想起这一段，他们还脸上还带着一点孩子似的得意。

当然，旅途中的困难和艰险远不止此。可如果你问他们：这一切有意义吗？他们一定会坚定地告诉你：有！“旅行仿佛让我们重新谈了一场恋爱。”张广柱有些害羞地说着。让他们记忆最深刻的，是在澳大利亚的那个美丽夜晚。那晚，围着篝火，他俩并肩坐在野外，静静地欣赏着满天繁星。那一瞬间，这一路的风雨和欢笑泪水令他们百感交集，两人紧紧依偎着，享受着他们迟来的浪漫和幸福……

也许正如网络上流传的那段话所说：“只要半平方米的钱，日韩新马泰玩一圈；一两个平方米的钱，欧美列国归来……全世界玩遍，可能还没花完一个厕所的钱，但你世界观已改变。”张广柱和王钟津用他们的实际行动告诉我们：“不做房奴、不做车奴、不做财奴、不做钱奴，追寻梦想，过自己想过的生活，这就是我们活得快乐、笑得开心的原因！”

幸福，就在冒险的路上，这也许是最令人激动的真理。但愿，我们都能拥有追寻它的勇气。

珍惜当下，人生少留一些遗憾

佛教把这个世界叫做“婆娑世界”，意思是能容纳许多缺陷的世界。的确，这个世界本来就是充满缺憾的，如果没有缺憾，就不能称其为“人世间”。只有懂得接受遗憾的人，才会懂得去珍惜已拥有的一切。清朝李密庵主张“半”的人生哲学，日本有一派禅宗书道在挥毫泼墨时总留下几处败笔，这都是在暗示世间没有圆满完美。更有日本东照宫的设计者因为自觉太完美，恐怕会遭天谴，而故意把其中一根梁柱的雕花颠倒。

但很多人都混淆了“缺憾”和“遗憾”的概念。虽然不管我们怎么努力，都无法毫无“缺憾”，但我们却可以尽自己所能，为人生少留“遗憾”。毕竟，那些在离开这个世界之前，满心遗憾和不忿的念叨，并不是最好的墓志铭。

有一位护士专门照顾那些临终病人，所以有机会听到他们临终前说出一生最后悔的事。她作了一个概括，有五件事是大多数人最后悔的：

1. “我希望当初我有勇气过自己真正想要的生活，而不是别人希望我过的生活。”这是所有“最后悔的事”中最常被提起的。的确，相比那些我们做过的事，最容易让人后悔的往往是那些没做的事。所以当人们站在生命之路的尽头回首，发现有好多梦想和愿望都未能来得及开花结果，自然会后悔这一路的彷徨踟蹰。回头想想，走在路上的时候，你的生活方式、你的工作、你的感情甚至你的伴侣，究竟是你自己的选择还是别人的？我们有多少人正过着别人希望自己过的生活，而不是自己心底渴望的。往往当你疾病缠身时，才发现自己应该并且能够放下重重顾虑，去追求你要的东西。只是，那是不是太晚了呢？

2. “我希望当初没有花这么多精力在工作上。”护士说这是她照顾过的每一个男病人都会说的话。他们将大部分精力用在了事业和应酬上，既错过了陪伴孩子成长的乐趣，也错过了与爱人的温暖依偎，这是他们最深的后悔与愧疚。而在现代社会，这个问题同样困扰着职业女性。其实，如果把你的生活变得简单些，你也许会发现自己在做很多你以为你需要做，其实完全不需要你做的事。腾出那些事所占的时间，将它分给家人、朋友、爱好，你会活得更加心满意足。

3. “我希望当初我能有勇气表达我的感受。”现代社会，太多人，尤其是年轻人，在不知不觉中压抑着自己的感受与想法，只是为了相安无事，天下太平。殊不知，年轻人就该有自己的态度，那些做人城府和处世智慧并不见得会带你通向人生的成功，却一定会让你远离心智的成熟。也许当你直言不讳，你会得罪领导或同事。但可能从此以后，因为你的朴实和中肯，你们能成为“不打不相识”的好朋友；又或者一次翻脸，正好让你摆脱了某段需要你压抑自己真实情感才能维持的累人关系。不管是哪一种结果，你都是赢家，不是吗?

4. “我希望当初我能和朋友保持联系。”老朋友的好，我们总要等到自己出事的时候才会蓦然想到。多少人正是因为自己忙碌的生活，而忽略了朋友，忽略了曾经闪亮的友谊。你是否有过这样的体会：无意中在QQ空间、微博或是校友录上看到老同学老朋友的新留言或是新照片，在你看到的那一刻，你才意识到，曾经同自己一起生活一起学习的老朋友已经很久没有联系了。曾经那么熟悉的笑脸和声音，现在再回忆时竟然有了一点点的模糊。收拾房间的旧物时，看到曾经和老朋友一起照的照片，过去的美好回忆便浮现在脑海里，久远的事也仿佛发生在昨天，那一刻心头掠过对于朋友的一丝思念，想知道他（她）现在过得怎么样？如果有，就试着主动去联系一下久未见面的老朋友吧！主动给老朋友打个电话，约老朋友一起吃顿饭。很多人临终前终于放下钱、放下权，却放不下心中的情感与牵挂。朋友也好，爱人也罢，其实生命最后的日子里，他们才是我们最深的惦念。

5. “我希望当初我能让自己活过开心点。”也许有点出乎意料，但这一条也在前五之中。很多人直到生命最后才发现，“快乐是一种选择，我却忘记了按钮。”其实，想要快乐，想让生活充满笑声，办法很简单。经常看看任何能让你笑的东西，比如笑话书、网络上搞笑的视频、图片、有意思的文章。即使你心中有无限烦恼，无限忧愁，相信这些东西也会给你带来的短暂的欢乐。有时候把看过的笑话或是文章讲给别人听，比你当时看这个笑话的时候还要开心。这大概是因为快乐与人分享，快乐就会增倍吧。当你看完某个有意思的东西，回味无穷的时候，也可以马上讲给身边的亲人、朋友听，听着她的笑声，你会觉得更开心。工作中，与同事们分享这些有意思的东西，还能增进你与对方的关系，让对方对你有更多的好感。没有人会拒绝有意思的事物，自然也不会拒绝一个满脸笑意的人。

其实，每个人人生旅途都有不同风景，旅途终点的遗憾也不尽相同。除了以上五条外，相信每个人都有自己特别的遗憾。但不管怎样，尽早消除这些遗憾的方法只有一个，那就是珍惜今天的大好时光，珍惜身边物、枕边人，珍惜此刻手里的所有美好心情和感觉。切莫用“来日方长”“还有明天”这样的鬼话来骗自己。你的骗术越高明，将来的损失和遗憾也就越大。

让奇迹般的惊喜充溢每一天

古代文献里记载：这世界上有一种短命的飞虫，叫做“蜉蝣”。蜉蝣是看不到日出和日落的，因为它们在日出之后才出生，在日落之前已经死去。蜉蝣的生命短暂得如此可怜，甚至都无法经历一个春秋、一个冬夏，就像“夏虫不可语冰”里的夏虫一样，永远感知不到另一种截然不同的风景。相比来看，人类已算是一个相当长寿的奇迹了。然而，如果这个星球上有某种生命能延续上万年甚至上百万年，在它们眼里，我们的一生不也如蜉蝣一样短暂吗？

生命就是如此残酷，每个正常走过一生的人，都不过是轮回了三万次的蜉蝣而已。

生如蜉蝣三万次，我们并不是从一开始就知道这个令人难过的事实。往往，在我们经历许多风雨彩虹，尝过许多欢笑泪水之后，才在他人的口中或自己的心底沮丧地发现：原来我们的生命，这个我们还不曾充分拥抱的奇迹，是存在有效期的：时间有限，过期作废。不过，即使从那一天开始，我们的内心就有了恐慌的种子，但我们似乎还是不懂得珍惜眼前的道理，殊不知，我们那三万次短暂的生命，就在这踟蹰犹豫中，一点点流逝无踪。

我们不妨暂缓一下那无止境的回忆与感伤，稍稍专注于此刻的自己。静静地看看窗外的雨水，每一滴雨水坠落在地面之后，便迅速地与地面上的积水混在一起，再也找不到它在空中时的形状。虽然我们知道，这滴雨水并没有消失，它只是换了种形态继续存在。可是，我们却再也找不到它了，虽然每一滴雨水都是那么晶莹剔透，可是，不会再有一滴雨水和刚才那一滴完全一样。这滴雨水从最初的尘埃和水蒸气开始，一直到完全混入在积水之中，过程是多么的短暂，一如我们每天的生命。也许此时，你才会有一点警醒和迫切吧！

让我们擦干眼泪，洗洗沉睡了许久的脸庞，去生活中，去天地间，发现那些美丽动人的事物，打开上帝为你准备的每天的礼物。每一天，这个星球上都有很多奇迹诞生，也有很多奇迹凋零。就算我们没见过大自然的壮阔，没见过宇宙的无穷，仅仅看看我们自己，不就是一个个伟大的奇迹吗？2011年10月31日零点前2分钟，在媒体聚光灯的环绕下，一个被取名为丹妮卡·卡马乔的女婴在菲律宾首都马尼拉一家医院降生，她将成为全球范围内几名被宣布成为象征性的世界第70亿人口的婴儿之一。联合国对外宣布，从这一天开始，这个星球上人口的数量已经突破70亿。我们自然从内心欢迎这新生命的诞生，因为每一个生命都是一个奇迹。如今，有着70亿人生活在这个美丽星球上，就如同有着70亿个奇迹。况且，没有一个人的内心世界和个人经历会与其他人完全一样，这种事情以前不曾有过，现在没有发生，以后也不会存在。这就像每一片叶子的脉络、形状都与其他叶子不同，都是独一无二，无与伦比的。这不是奇迹，又是什么呢？

所以，请珍惜奇迹般的每一天，也珍惜身边的每一个奇迹般的人。虽然我们也有可能会经历父母的离世、朋友的背叛、敌人的羞辱、他人的嘲讽、失败的打击、病痛的折磨、死亡的威胁……在这三万多次生命里体验到哭泣、欢笑、咒骂、歌唱、愤怒、平静、烦恼、快乐、绝望、期望……但在我们经历过这一切之后，我们终会明白：一切都会成为这个完整人生的一部分！

就像克里希那穆提说的那样："试着每天都大死一番吧！"每一天，彻底地洗刷过往的痛苦和快乐，让一切重生！或者，换个更贴近生活的说法，每天将自己重启，这样才能保持高速的运转效率，从容应对人生的风雨。

用过电脑的朋友都知道，如果我们在系统中安装的应用软件越多，电脑运行的速度就会越慢。而且在运行过程中，还会有大量的垃圾文件、错误信息不断产生，若不及时清理掉，不仅仅影响电脑的运行速度，还会造成死机，甚至整个系统的瘫痪。所以，我们必须定期删除多余的软件，清理垃圾文件，这样才能保证电脑的正常运行。

我们的生活和大脑和电脑系统十分相似，如果你想过一种简单快乐，又有新鲜活力的生活，就不能背负太多不必要的包袱，就要学会删繁就简。每天将烦恼和妄想从我们大脑的硬盘中删除掉，为幸福和美好的事物留下足够的空间。

很多时候，我们在人生旅途上匆忙赶路，颓然回首，既错过很多美丽风景，也浪费了许多可贵时光。当我们把一切都理所当然，不再像孩子那样对新鲜的事物充满好奇并花时间去欣赏、发现、品味时，我们就错过了最完美的自己。不如每夜"死去"一次，重启一次，第二天如初生的婴儿一样，仅仅保留着对这个世界的好奇与敏感，用这颗清新、纯真的心，去拥抱最美的世间，也拥抱最美的自己。

这样的生活，我们才能称之为：幸福。这样的幸福，才永远不会瞌睡。

生命的真正乐趣在于旅行的过程

说到活在当下，享受人生，可能很多人都会想到环游世界，想到徒步旅行，想到西藏、云南，想到绝美的山水……的确，人生就是一场旅行，一趟行脚，每个人都是旅行家，都是行脚僧。但你有没有想过，真正的旅行家是怎样的？真正完美的旅行又是怎样的？是有一身精良的装备，出发前在脑子里塞满各种想要解答的问题，在即将开始的旅程中去寻求某种价值和意义，还是什么都不想，什么都不做，哪怕只有几件简单的换洗衣服，就愉快地出发？

真正的旅行之乐永远在旅行本身，而不在旅行开始前随行附带的问题和意义。

林语堂先生在《论游览》里写道："一个真正的旅行家必是一个流浪者，经历着流浪者的快乐、诱惑和探险意念。旅行必须流浪式，否则便不称其为旅行。旅行的要点于无责任、无定时、无来往信札、无嚅嚅好问的邻人、无来客和无目的地。一个好的旅行家绝不知道他往哪里去，更好的甚至不知道从何处而来。他甚至忘却了自己的姓名。"是的，旅行者要像个流浪者，应该无所希冀，无所期盼和负担。

旅行是种消遣，不是寻找也不是发现，它不应有厚重的人生意义和价值观，更不能期盼在短短的旅行中找回自己。想在旅行中找回自己的人，现实中也是迷失的。旅行就是旅行，它只是一个过程，一段充满自由、欢乐和惬意的路途。所以，它的存在不应涉及任何深刻的内容。它不能改进心胸，所有希望通过一次旅行改进心胸的人都是无知的。它能做的，只是让人们暂时忘掉忧伤、彷徨和无奈。只有深入其中才能释放自己，带有太多尘世的杂念就无法真正快乐起来。

而且，旅行也不是为解决问题而开始的，不应为了增加平时的谈资而旅行，也不应为了一张漂亮的风景照片而旅行。旅行的过程应该是一次随性的、无拘无束的游玩。人们不需问目的地，不需结伴而行，不需有任何精良的装备，只要上路，便意味着一切。我们不应该在旅行的时候想结果，不应想得到了什么，失去了什么，不应想某个问题是否找到了答案，人生的意义是否明了。我们要学会享受过程，而不应被结果所累。人一旦为了结果患得患失，就失去了享受过程和继续走下去的勇气，而这样的人是没有快乐可言的。

哪种旅游并不重要，重要的是投入其中。只要全心投入，大漠中的孤游也另有一番意味。它虽表面看起来孤傲，却有佳趣孕育其中。它的妙处在于“我走我的路，一日或二三里或百里，无人干涉，不用计较，莫须商量。或是观草种，察秋毫，或是看鸟迹，观天象，都挺自由。我行我素，其中自有乐趣。”旅行是快乐的，真正的“雅士”，真正的聪明人，洒脱之人，会像林语堂先生那样投入其中，感受过程的快乐。这样的人是洒脱放逸的，他的精神世界是浩瀚而自由的。

无论做哪种事，只有心无旁骛地投入其中，不被过多的琐事羁绊，才能收获最多的快乐。人生何尝不是如此，它就像一次旅行，如果用随性、无拘无束、享受其中的态度面对它，就可能会看到最美丽的风景。所以，想要获得真正的自由与闲适，就应该学着放下那些尘世里庸俗的观点，以静心、养心的状态感受每件事的过程。心态从容了，生活也会多一份美好。

坐在人生的火车上，我们常常忽略了窗外流动的风景：城市的轮廓，高速公路上驰骋的汽车，乡间农舍上的袅袅炊烟，远处山坡上放牧的牛群，成片的玉米地和小麦地、山脉……我们想得最多的是目的地，可当我们真正抵达终点时，才发现结果并没有想象中的那般美好。也许此时我们才能明白，人生的终点站没有真正意义上的完美。

生命的真正乐趣在于旅行的过程，终点站只是一个梦，它永远在我们的前方。

一位富翁在年轻时拼命赚钱，中年时终于实现了自己的梦想，成了一个富翁。可是物质丰富的他，并没有因为实现梦想而感到发自内心的快乐。他一个经营花店的朋友，却过着平凡快乐的生活，时常可以看见他露出愉快的笑脸，对此富翁十分不解。

有一天，这位富翁很不甘心地问他的朋友："我的钱可以买100个花店，可是为什么我却没有你快乐？"

朋友指着旁边的窗子问："从窗外你看到了什么？"

富翁说："我看到很多人在逛花园。"

朋友又问："那你在镜子前又看到了什么呢？"

富翁看着镜子里憔悴的自己说："我看到了我自己。"

"哪一个风景辽阔呢？"

"当然是窗外的风景辽阔了。"

朋友微笑着说："你之所以不高兴，就是因为你活在镜子的世界里呀！当你试着将镜子后面的那层水银漆剥掉，你就会看到全世界。"

人们都说要趁着年轻勇敢追梦，但丰富的人生也需要美好的风景来点缀。清晨的爽朗，午后的豪迈，落日的安详，都是大自然恩赐给我们的礼物，而且大自然一直都在给予。只是有时候我们宁可躲在屋子里工作、睡觉，也不肯光临一下大自然。因为忙碌，我们只知根据温度来添减衣服，却忽略了四季的更替，就这样不知不觉地过了一年又一年。有时，需要我们停下来静静心，然后找一个心向而往之的地方，看看这个世界，享受一下生活的美好。

毕竟，只有打开一扇窗，方能看到一片景；只有踏上一段旅程，人生才会有所不同。

有一种幸福叫微幸福

真正的幸福可能并没有我们想象的那么难，它甚至和梦想、圆满、成功这些宏大的词汇无关。林语堂先生说他的幸福就是："一是睡在自家的床上，二是吃父母做的饭菜，三是听爱人给你说情话，四是跟孩子做游戏。"仔细想来，有哪一条很困难呢？我们也许只是还没来得及发现这些茶米油盐的滋味而已。其实，不管是大明星，还是小老百姓，只有安心品尝自己的生活，不管咸淡，不论苦甜，始终甘之如饴，才能从任何一种境遇里都尝出幸福的味道。

幸福需要回答

幸福的家庭大多是相似的，而幸福的体会却千差万别、因人而异。因为幸福的答案并不统一，它深藏在每个人的心底，人们根据自己的需要来调整爱、判断爱、感受爱、收获爱。每个人都因为所处位置的不同、需求的不同，而对幸福生出的体会也不同。

曾经有一部电影叫《求求你，表扬我》，演员范伟饰演的打工仔在接受王志文扮演的记者采访时说了这样一段话："幸福是什么呢？幸福就是：我饿了，你手里有一肉包子，那你就比我幸福；再比如我冷了，你有一件厚大衣，那你就比我幸福；再比如我想上厕所，可就一个坑，你去了，那你就比我幸福……"这段关于幸福的描述听起来有点可笑，因为这些场景太过日常化，甚至会让人觉得有点粗陋。但就是在这样的例子里，人们才能更好地明白：幸福的本质就是一种愿望的满足。

幸福就像一个神奇的魔方，转动中组合出不同的色彩和图案。有时候，我们需要的是热情与希望；有时候，我们需要的是关怀与帮助；有时候，我们想要的是香车宝马；有时候，我们需要的只是冬天的棉袄、夏天的蒲扇。当你得到了你所需要、所希望的东西时的时候，你的拥有就是一种幸福。

有一个快乐的故事，说在很久以前，一个富人和一个穷人谈论什么是幸福。穷人说："幸福就是现在。"富人望着穷人的茅舍、破旧的衣着，轻蔑地说："这怎么能叫幸福呢？我的幸福生活是百间豪宅、千名奴仆啊！"一段时间之后，突然发生了一场火灾，富人的百间豪宅被烧得片瓦不留，而奴仆们也各奔东西。一夜之间，富人沦为乞丐。在烈日炎炎的七月，汗流浃背的乞丐路过穷人的茅舍，想讨口水喝。穷人端来一大碗清凉的水给他，并问道："你现在认为什么是幸福？"乞丐眼巴巴地说："幸福就是此时你手中的这碗水。"

曾经的富豪，如今的乞丐，经过了这样一个无常的转换，他终于明白了“幸福就是现在”的道理。

此时此刻的幸福，才是我们能够把握的。也许，每个人的心里都有一个幸福的标准，就像富翁所认为的豪宅奴仆，就像乞丐所认为的大腕凉水。幸福的表现可以有千差万别，但幸福的把握却只能浓缩为两个字：知足。

如果不能远离心灵的烦恼，如果不能在尘世获得自己的幸福，那么我们的生活就失去了支点，失去了意义。这样的日子只能让我们烦恼重重。”而对于失去快乐的人生，所有的金钱与地位其实都是没有意义的，所以上师告诉我们说：“每个人的心中都有关于幸福的期盼，我们最应该做的就是放慢脚步，找到自己心中幸福的答案。

现实生活中，有些富翁或者富二代，虽然守着一堆花花绿绿的票子，守着一幢豪华的洋房，守着一位貌合神离的天仙，却未必能咀嚼出幸福的真味。一个人幸福与否，不仅依赖获得什么或者获得多少，还在于自身的感觉与体验。如果非要给天下的幸福做个统一的答案，那就是：当我们获得了内心的宁静、喜悦与祥和时，无论贫穷还是富贵，幸福之树也便开始在心里扎根、成长了。这个时候，我们只需要去做一件事：用自己的智慧找到更多的幸福。

学会细品微小的幸福

有位年轻网友在博客里提到了一件温暖的小事：在肯德基门口，一位年老的乞丐进去买了一支圆筒给自己的乞丐老伴，然后，自己坐在旁边默默地看着她吃。作为消费者，他们自然是有权利在里面坐着吃的，但他们没有。当他们悄悄地坐在门外品尝这“卑微”的幸福时，我想，在他们的爱面前，在那个动人的瞬间，我们才是卑微的。

当我们穿行在陌生城市里的熟悉街道，当我们出入于高楼大厦里的小小格子间，当我们在每个清晨的车水马龙里昏昏沉沉，当我们在每个夜晚的灯火辉煌里疲惫不堪……也许，我们早在匆忙中遗失了这种“爱”和“被爱”的能力了，更不必说用细微的心去观察这个世界，发现她的温柔和美丽了。这就难怪在中国的《幸福白皮书》里，四川、福建等地的幸福指数最高，而经济最发达的北京、上海、深圳等地的幸福指数反而最低。这样的“不够幸福”，或说富庶表面之下的“伪幸福”，虽是人们心照不宣的共识，却不是我们最初追寻的真实。我们渴望的是像“小王子”一样，守护着一个小小的星球，和星球上唯一的玫瑰。每天的工作则是：坐在自己的星球上，看日出和日落……

真正的幸福可能并没有我们想象的那么难，它甚至和梦想、圆满、成功这些宏大的词汇无关。林语堂先生说他的幸福就是：“一是睡在自家的床上，二是吃父母做的饭菜，三是听爱人给你说情话，四是跟孩子做游戏。”仔细想来，有哪一条很困难呢？我们也许只是还没来得及发现这些茶米油盐的滋味而已。其实，不管是大明星，还是小老百姓，只有安心品尝自己的生活，不管咸淡，不论苦甜，始终甘之如饴，才能从任何一种境遇里都尝出幸福的味道。

海明威在海边欣赏波浪，看海鸥飞翔，能从中找到生活的情趣；史怀哲非洲行医，虽然生活条件艰苦，但丰富的精神生活，带给他无比充实的人生。但有的人天天吃喝应酬，却兴味索然。这些人活得很累，也缺乏适当的轻松感和幽默感，他们像在身上穿着一件厚重的铠甲，既不能活动自如，又不能果断摆脱，只好于重负之下步履阑珊。

其实，生活没有那么严肃，我们的心灵也具备幸福所需的一切要素。唯一的问题是：你打算何时停下脚步，回头细尝这份专属于你的幸福温度呢？

彼得拿着刚买的牛奶冰激凌，边走边吃，感到十分快乐。忽然一不小心，整支冰激凌掉在了地上，和泥沙混在一起。

彼得愣愣地站在那里，一句话也说不出来，只是睁大了眼睛看着地上的冰激凌。

这时，一个老太太走过来，对彼得说：“好吧，既然你碰到这样坏的遭遇，脱下鞋子，我给你看一件有意思的事情！”

老太太说：“用脚踩冰激凌，重重地踩，看冰激凌从你脚趾缝隙中冒出来。”彼得照着她的话去做了。

老太太笑着说：“我敢打赌，这里没有一个孩子尝过脚踩冰激凌的滋味！现在跑回家去，把这有趣的经验告诉你妈妈。”

彼得微笑了起来，老太太补充说：“要记住！不管遭遇到什么，你总可以在其中找到乐趣！”

这件事，使彼得很受启发，让他很快学会了这种处世方法。

不久后的一天午后，一场大雨在地面上形成一个个小水坑。彼得的妈妈带着他，小心翼翼地避开人行道上的积水。不料，一辆计程车从身边疾驶而过，将两人的身上溅满了水。

彼得的母亲很生气，旁边的彼得却兴奋地对妈妈说：“遇水则发，我们要发了。”

正在生气的母亲听到这样可爱的童言稚语，不禁莞尔一笑，两人快快乐乐地踩着积水回家了。

许多年轻人常常喜欢用一成不变的方式来处理问题，当心爱的冰激凌掉地上的时候，第一个反应就是生气；当一大早穿上漂亮的衣服准备上班的时候，却莫名其妙地被污水弄脏，第一个反应就是抱怨；总觉得生活对我们不公平，总是有一些令人气愤的事情来搅乱我们的安排。其实，这些事只是偶然，关键在于我们如何看待。

以智慧著称的犹太人说：“这个世界上卖豆子的人应该是最快乐的！因为他们永远不必担心豆子卖不出去。”假如他们的豆子卖不出去，可以拿回家磨成豆浆，然后拿出来卖给行人；如果豆浆卖不完，可以制成豆腐；如果豆腐卖不成，变硬了，就当做豆腐干来卖；如果豆腐干卖不出去，就把这些豆腐干腌制起来变成腐乳。

是的，智者从来不把生活严肃化，他们总是感谢上苍给予他们的现有的一切，将手头的每一份微小的幸福，都仔细品尝一番，久而久之，他们自然也拥有了尝遍人间百味的能力和机会。

几乎错过的奇妙时光

美国作家珍·林德斯为人们讲述过这样一个故事。

她自从与丈夫卡罗和儿子蒂姆一起搬到新家之后，每天好像有无数的活要做。这天，她像平时一样，正在厨房中准备晚饭。忙碌之中，她向墙壁上的挂钟匆匆一瞥，心想着时间快不够用了。如果在快一点做的话，就能在丈夫回家之前把衣服熨好。

虽然是四月，但密歇根州已经开始热了起来，而且那年热得时候太早，有些不合时宜。燥热的天气与忙碌让林德斯心烦意乱，焦虑不安。她抹了把额头上的汗水，看了看窗外阴沉的天气，心中更加烦乱。

她弯下腰，从干净的篮子中拿出一件衬衣放到熨衣板上，正准备熨衣服，门外却传来儿子蒂姆的喊叫声：

“妈妈，快来呀！”

尽管她心里十分着急，可蒂姆的声音特别急切，让她不得不立即拔下熨斗上的插头，直奔了出去。可她见到蒂姆没有任何异常，只是手指含在嘴里，若无其事地望着天空。看上去并没有什么要紧事，不耐烦地问道：

“怎么了？你不知道我正在忙吗？”

蒂姆拉过她，踮起脚尖在她耳边小声说道：“那是什么？”

她仔细听着，忽然听到了一个模糊的声音，那声音像是从远处的树林中传来的。她有些困惑，那是一种她从未听过的声音。突然，她有些惊醒：“那是雨。”

她轻轻地说着，几乎不能相信那是自己的声音。她一把抱住了蒂姆，简直欣喜若狂，“蒂姆！雨来了！”

没过多久，雨滴从天空中落下，发出清脆的声响。她们听着那急骤的雨点落在地上的噼啪声，看着院子里和路上车辙中积蓄着的雨水，心里异常的兴奋。她们甩开鞋子，光着脚跑进雨里，手拉着手，仰望着天空，那种感觉真是美妙极了！

很快，两个人的衣服都被雨水浇透了，但她们仍然在雨中蹦着跳着。在这可怕的热天里，一场大雨显得多么凉爽与新鲜！

雨下了一天一夜，她们一起呼吸着清新的空气与潮湿泥土散发出的芬芳气息，说不出的惬意。

林德斯在回忆当天的事情时说："那天晚上的衣服熨了吗？晚饭做了吗？我已经记不得了。但我却清晰地记着雨中那美妙的一瞬，仿佛世界上只有我和蒂姆看到了那动人的一幕，也许就真的只有我们两个人。"

林德斯由最开始的焦躁不安，到后来与蒂姆一同看雨，心境的转变让她对生活有了更深的感悟。生命中的每一时刻都是美好的，无论是艳阳高照还是细雨迷蒙，无一不是上天对我们最大的恩赐。孩子清澈的眼睛与稚嫩的童心都是纯粹无杂的，他们常常会发现出生活中简单而美好的事物。如果我们能停下手中的工作，倾听他们的声音，体会他们的快乐，那么总会在生活中得到意想不到的体验与收获。

我们实在是太忙了，以至于常常忽视了上帝为人类创造的杰作。我们若是拒绝花时间去体味那些美好的事情，便会在记忆中失去许多可爱的经历。给自己一点闲暇的时间，享受生命中出现的所有美好的景致，这样才不会错过任何一段美好的时光，记忆才会散发着五彩绚烂的光芒。

每一段时光都有其各自的色彩，每一段经历都弥漫着令人心醉的芳香。即使我们为生活忙碌、为明天奋斗，也不影响我们享受偶然出现在生命中的惊喜时光。伸手去触摸雨滴，偶尔晒一晒阳光，才不会错过生命中那些奇妙的时光。

幸福需要被提醒

毕淑敏有篇文章中写道：

我们从小就习惯了在提醒中过日子。天气刚有一丝风吹草动，妈妈就说：别忘了多穿衣服。才相识了一个朋友，爸爸就说：小心他是个骗子。取得了一点成功，还没容得乐出声来，所有关切着你的人会一起说：别骄傲！沉浸在欢快中的时候，自己不停地对自己说：千万不可太高兴，苦难也许马上就要降临……

我们已经习惯了提醒，提醒的后缀词总是灾祸。灾祸似乎成了提醒的专利，把提醒也染得充满了淡淡的贬义。

我们已经习惯了在提醒中过日子，看得见的恐惧和看不见的恐惧始终像乌鸦盘旋在头顶。

在皓月当空的良宵，提醒会走出来对你说：注意风暴。于是我们忽略了皎洁的月光，急急忙忙做好风暴来临前的一切准备。当我们睁大着眼睛枕戈待旦之时，风暴却像迟归的羊群，不知在哪里徘徊。当我们实在忍受不了等待灾难的煎熬时，我们甚至会恶意地祈盼风暴早些到来。

在许多夜晚，风暴始终没有降临，我们辜负了冰冷如银的月光。

风暴终于姗姗地来了。我们怅然发现，所做的准备多半是没有用的。事先能够抵御的风险毕竟有限，世上无法预计的灾难却是无限的。战胜灾难靠的更多的是临门一脚，先前的惴惴不安帮不上一点忙。

当风暴的尾巴终于远去，我们守住零乱的家园，气还没有喘匀，新的提醒又智慧地响起来，我们又开始对未来充满恐惧的期待。

人生总是有灾难。其实大多数人早已练就了对灾难的从容，只是还没有学会灾难间隙的快活。我们太多注重了自己警觉苦难，太忽视提醒幸福。

请从此注意幸福！

幸福也需要提醒吗？

提醒注意跌倒……提醒注意路滑……提醒不要受骗……提醒宠辱不惊……先哲们提醒了我们一万零一次，却不提醒我们幸福。

也许他们认为幸福不提醒也是跑不了的，也许他们以为好的东西你自会珍惜，犯不上谆谆告诫，也许他们太崇尚血与火，觉得幸福无足挂齿。他们总是站在危崖上，指点我们逃离未来的苦难。

但避去苦难之后的时间是什么？

那就是幸福啊！

享受幸福是需要学习的，当幸福即将来临的时刻需要提醒。人可以自然而然地学会感官的享乐，却无法天生地掌握幸福的韵律。灵魂的快意同器官的舒适像一对孪生兄弟，时而相傍相依，时而南辕北辙。

幸福是一种心灵的震颤。它像会倾听音乐的耳朵一样，需要不断地训练。

简而言之，幸福就是没有痛苦的时刻。它出现的频率并不像我们想象得那样少。人们常常只是在幸福的金马车已经驶过去很远时，捡起地上的金鬃毛说，原来我见过她。

人们喜爱回味幸福的标本，却忽略幸福披着露水散发清香的时刻。那时候我们往往步履匆匆，瞻前顾后不知在忙着什么。

世上有预报台风的，有预报地震的，没有人预报幸福。

其实幸福和世界万物一样，有它的征兆。

幸福常常是朦胧的，很有节制地向我们喷洒甘霖。你不要总希冀轰轰烈烈的幸福，它多半只是悄悄地扑面而来。你也不要企图把水龙头拧得更大，使幸福很快地流失。你需要静静地以平和之心，体验幸福的真谛。

幸福并不与财富、地位、声望、婚姻同步，这只是你心灵的感觉。所以，当我们一无所有的时候，我们也能够说：我很幸福，因为我们还有健康的身体。当我们不再享有健康的时候，那些最勇敢的人可以依然微笑着说：我很幸福，因为我还有一颗健康的心。甚至当我们连心也不再存在的时候，那些人类最优秀的分子仍旧可以对宇宙大声说：我很幸福，因为我曾经生活过。

我们常常被生活中的苦难蒙蔽双眼，从此无法找到幸福的曙光。记住提醒自己要幸福，不要丧失找寻幸福的能力，擦亮双眼，其实身边的许多事都是幸福的源泉。常常提醒自己注意幸福，就像在寒冷的日子里经常看看太阳，心就不知不觉暖洋洋，亮光光。

有一种深刻就藏在简单之中

那是1941年美国深夜的洛杉矶。在一间宽敞的摄影棚内，有一群人正忙着拍摄一部电影。刚开拍几分钟，年轻的导演就大喊起来："停！"他一边做动作一边对着摄影师大声说："我要的是一个大仰角，大仰角，明白吗？"这个大仰角的镜头已经反复拍摄十几次了，演员、录音师……所有的工作人员都已累得筋疲力尽，可这位年轻的导演总是不满意，一次次地大声喊停，一遍遍地向着摄影师大叫"大仰角"。

此时，扛着摄影机趴在地板上的摄影师再也无法忍受这个初出茅庐的小伙子了，他站起来大声吼道："我趴得已经够低了，你难道看不到吗？"周围的工作人员忽然变得非常安静，都停下手中的工作，看着他们俩，不知道谁会来收拾这个残局。年轻的导演镇定地盯着摄影师，一句话也没有说。

突然，他转身走到道具旁，在人群的惊呼声中，捡起一把斧子，向着摄影师快步走了过去……只见年轻的导演抡起斧子，向着摄影师刚才趴过的木制地板猛烈地砍去，一下、两下、三下……他把地板砸出一个窟窿。导演让摄影师站到洞中，平静地对他说："这就是我要的角度。"就这样，摄影师蹲在洞中，压低镜头，拍出了一个前所未有的大仰角。

这位年轻的导演名叫奥逊·威尔斯，这部电影便是《公民凯恩》。电影因大仰拍、大景深、阴影逆光等摄影创新技术及新颖的叙事方式，被誉为美国有史以来最伟大的电影之一，至今仍是美国电影学院必备的教学影片，也是世界影史上一颗宝贵的明珠。

在这个小故事中，细心的人们可以发现一个道理：有些看起来原本很艰难的事情，其实做起来很容易。最重要的就是要换个思路，换个视域。一位哲人说："世界上很多深刻的道理其实都藏在简单的事情中。"当我们智慧升起的时候，也许就是为人处世最简单、最直接、最有效的时候。所以说，能够把复杂的问题变得简单，这就是智慧。

其实，世间事莫不如此。当改变了看待生命的角度，我们就可以看见一个和原来截然不同的人生，那些曾经被我们无限放大的痛苦，其实不过是芝麻绿豆大的小事。很多时候，如果我们跳出局限，就不会为小事纠结；一旦放宽视野和心胸，我们就会惊叹世界之大；当我们转变视角看待世界的时候，本来很复杂的问题就会变得很简单。

有一则关于父与子的故事。说是在一个周末的早上，外面下着小雨，妻子不在家，儿子无所事事，于是央求父亲陪自己玩一会儿。可父亲正在为自己的琐事烦闷，于是随手抓起一本旧杂志，翻了翻，看见一张色彩鲜丽的世界地图。于是，父亲把这一页撕下来，然后把它撕成小片，丢在客厅的地板上，说："你把它拼起来，我就给你一块巧克力。"

父亲心想，他至少会忙上半天，自己也能安静地思考自己的事情了。谁知，不到10分钟，儿子就告诉他已经拼好了。父亲十分惊讶，到客厅看了看，每一张纸片都拼在了它应在的位置上，整张地图又恢复了原状。

"孩子，你怎么这么快就拼好的呢？"父亲疑惑地问。"噢，"儿子得意地说，"很简单呀！这张地图的背面有一个人的图画。我先把人的图画拼起来，然后翻过来，地图自然就拼好了。我想，如果人拼得对，地图一定拼得不错。"父亲非常高兴，给了儿子一块巧克力："你不但拼好了地图，而且也让父亲明白了一点：'如果一个人是对的，那么他的世界也是对的。'"

这是一个在成年眼中需要耗时费力的游戏，可是在孩子的眼中却如此简单。所以有那么多人都在怀念自己的童年，渴望回到从前。因为，在那些单纯的眼睛看来，世界其实也是简单的。

幸福是一种刚刚好的感觉

“饿了吃糠甜如蜜，饱了吃蜜也不甜。”一句老话为幸福揭开了这样的定义：幸福是一种刚刚好的感觉，多一点无法再增加幸福感，少一点又觉得缺点什么。为幸福制定一个额度，这样才能长久地享受幸福。

荣华富贵、锦衣玉食，这些东西虽好，可一旦多了，却也让人食不知味。沉浸其中久了，幸福感也会随之减少，慢慢地，一切只是成为了习惯而已。“幸福就是口渴时有水喝”，在某个特殊的时刻，得到最需要的东西，那种幸福感才是最强烈的。

幸福之所以为幸福，就在于它的多样性和普遍性。有句话这样讲“幸福的人基本相同，不幸的人各有各的不幸”。幸福感对于每个人来讲有着一定的普适性，亦即当我们面临幸福的时候，那种心底的愉悦感和满足感基本相同，但是能让每个人感到幸福的事情却是千差万别的。

上帝将一把幸福的种子交给幸福之神，让她带到人间去。

幸福之神问道：“这些种子怎么分配呢？”

上帝说：“每个人平均分配，我要让每个人一生中都获得相同的幸福感。”

“如果那样做，人们的生活不就都相同了吗？”幸福之神显然不能理解上帝的做法。

上帝若有所思地一笑，回答说：“幸福种子是靠人们自己催生的，有些人肆意挥霍，这些幸福的种子便会提前发芽结果，他们会觉得一瞬间拥有了全部的幸福；有些人却懂得珍惜幸福，掌握分寸，不会太过于贪婪，这样幸福就会像流水一样，一直在他们的生命中流淌。”

幸福之神顿时恍然大悟，带着种子离开。

人一生的幸福感也是有限的，与其让它在一个时刻消耗殆尽，不如细水长流一些更好。幸福藏在生活的每一个角落，套用一句俗话来讲就是：“生活中并不缺少幸福，缺少的是发现幸福的眼睛。”幸福其实来的很简单：家人健康，我们应该感到幸福，因为世界上还有那么多人可能连亲人都没见过的孤儿；有份工作，我们应该感到幸福，因为我们能自食其力，感受劳动带来的快乐；甚至活在这个世界上，我们也应该感到幸福，因为还有那么多人没有来到这个世界上就告别了。简简单单的生活，往往蕴藏着许许多多的幸福，而在这种简单之中，幸福才会拉长了身影，让我们一生中都饱尝它甜蜜的滋味。

短暂的幸福如同激情一样，来时很耀眼，如同绚烂的烟花，但烟花落尽之时，也是幸福消散之日。让幸福走得慢一些，争取一些简简单单的美好，生命的全部过程才会都沉浸在幸福之中。

平淡的日子虽然没有太多的波澜壮阔，荡气回肠，但这才是生活的本质。那些散落在平淡生活中的小小幸福，如萤火虫一般，虽然微小，却可以照亮一寸土地。对简单的幸福珍惜，让一个个小幸福在生命中会聚起来，也会照亮全部的人生旅程。

享受生命的共时性

于丹教授曾说：“其实在我的生命中，年龄不是一种历时性的成长，而是一种共时性的存在，我在一天内可以体会15岁和50岁的心情、16岁和60岁的状态。”她真的就这样穿梭在各种角色中，享受着生命的美丽和天真：当她和学生在一起玩的时候，她觉得自己就像一个大学生；当和朋友们讨论文学和人生的时候，就觉得已经接近知天命的年龄了。有时候她好玩好乐，讲起自己年轻时候旅游的事如数家珍，那些新奇的冒险经历，听起来就像一个强壮的小伙子所为。有时候她像一位柔和的母亲，带着对孩子和学生的爱，凝聚着对丈夫和家庭的温暖，轻轻地诉说自己的经历、阅历和对生活的体悟。然而，更多的时候，她像一个老师，娓娓道来，细细倾诉，将千年的智慧如画卷般展开在你的面前，让你感受到她经典朴素而恒久的魅力。

她的语言是有形状的，有颜色的，有味道的。她是一个带着对生活的热情、快乐，尽情挥洒生命的潇洒的人。听她说话就像坐在晴朗的阳光下，读一本非常美好的小说，情节紧凑，文笔优美；又或者就像在蒙蒙烟雨的湖边，品一杯香茗，与一位智者对坐聊天，生命、宇宙的智慧全都泡进茶里，涌出阵阵清香。

韶华在她的身上不断流转，她也在各种闪烁的光年中细细品味每一种年龄的感悟。这一切，似乎都应该归于她有一颗闪烁的、晶莹的“初心”，能够随时像孩子般放下所有的烦恼，记住简单的幸福。

相对成年人来讲，孩子可说是最懂得享受幸福的专家。而那些能够保有孩童之心的成年人，其实可以称得上是一个懂生活的艺术家。在这个复杂喧闹的社会中，能保持年轻人特有的幸福精神与要旨是相当难得而宝贵的。如果要拥有永远的幸福，我们就不能够让自己的精神变得衰老、迟钝或疲倦，我们要始终以一颗单纯的心去面对生活。

有位老师问她7岁的学生：“你幸福吗？”

孩子说：“是的，我很幸福。”

“经常都是幸福的吗？”老师再问道。

孩子回答：“对，我经常都是幸福的。”

“是什么使你感觉幸福呢？”老师继续问道。

孩子很迷惑：“是什么我并不知道，但是，我真的很幸福。”

“一定是有什么事物才使得你幸福的吧？”老师继续追问着。

孩子想了想说：“是啊！我告诉你吧！我的玩伴们使我幸福，我喜欢他们。学校使我幸福，我喜欢上学，我喜欢我的老师。我爱姐姐和弟弟，我也爱爸爸和妈妈，因为爸妈在我生病时关心我。爸妈是爱我的，而且对我很亲切。”

老师认为在她的回答中，一切都已齐备了——和她玩耍的朋友（这是她的伙伴）、学校（这是她读书的地方）、姐弟和父母（这是她以爱为中心的家庭生活圈）。这是具有极单纯形态的幸福，可是我们看成人们最高的生活幸福，其实也与这些因素息息相关。

因为真正的幸福总是很简单的，它就存在于我们生活中的每一个细微之处。这些简单平凡的“小幸福”，要有一颗纯真、质朴的童心才能够体会到。每个人都有自己的职业角色、家庭角色，有自己的朋友和事业，人们在扮演这些角色的同时，也别忘了给自己一颗天真烂漫的童心，一份快乐玩耍的天性。在这种前提下，我们才能游刃有余地穿梭在时光的隧道中，在各种角色中停留，然后体味其中的生活，用以滋养内心的丰盈。一颗纯真的童心可以让我们不被任何一个角色牵绊，因为在这个世界里，每个人所要完成的都不过是一场惊心动魄、美妙绝伦的“穿越”。

如果我们不拒绝这个世界，那么世界就不会拒绝我们。能够和老公玩到一起，和朋友聊到一起，和孩子玩到一起，甚至可以和老人谈到一起，或是能够既喜欢流行歌曲和网络游戏，又能在沉重的千年经典中穿行……我们的生命就具备了一种成长。在青春这场心灵的旅程中，我们便可以尽情地欣赏各处的美景，并收拾好心情，愉快地享受生命的“共时性”，寻找每一个阶段的幸福感。

人并不需要害怕年龄的增长，如果可以拥有不断生长的生命，不断完善并勇于接受新事物的心灵，也就没必要担心生命的终老。幸福散落在人生的各个阶段，只要我们一路前行，就会在前进的过程中将它们一一拾起。

生命给我们什么，我们就享受什么

张爱玲曾说：“生命是一袭华美的袍，上面爬满了虱子。”真正懂得生活的人不会在意袍上的虱子，他会去享受它的华美，让生命自然地绽放，从而忘却瘙痒。生命其实已经给了我们很多东西，没有纵横政界的权势，你至少可以有充足的时间徜徉在家的温暖里；没有锦衣玉食，粗茶淡饭却会给你带来真正的健康；没有高级轿车，你还可以用双脚感受大地的柔软。生命给我们什么，就去享受什么，这才是人生的大境界。

德国大寓言家莱辛写过这样一则寓言：一个人有一张名贵的由黑檀木制成的弓，他用这张弓射得又远又准，因此非常珍惜它。有一次，他把弓捧在掌心仔细把玩时，突然觉得它还有些不完美，说道：“你稍微有些笨重！外观毫不够漂亮，太可惜了！不过这是可以补救的！”他思忖很久终于找到了补救的办法，“我去请最优秀的艺术家为你雕一些美丽的图画。”他对自己说。于是他请艺术家在弓上雕了一幅完整的行猎图。“还有什么比一幅行猎图更适合这张弓的呢！”这个人充满了喜悦，非常满意，“你本应配有这种绝美的装饰，我亲爱的弓！”一面说着，他拉紧了弓，弓却断了。

这把弓本来是非常名贵的，不过是少了些外表的装饰显得不那么完美，这个人过度的苛求反而损坏了原本很优质的弓。

生命就如这把名贵的弓，本来具有了它自身的华美和不足，但它以最实用也是最适合自己的方式存在着，如果太过于追求完美，太苛求，就会打破原本的秩序，只会给自己徒增烦忧。当我们对生命抱以宽容的接受态度而不苛求什么时，它本身的意义却会显得更加丰富和真实。

沙滩上撒满了漂亮的贝壳，活像个闪亮的大毡子。我们怀着欣喜去捡拾，却发现远处的那枚总比自己手中漂亮，于是，我们就把手中的丢弃，去找最漂亮的那枚。时间慢慢过去，潮水就要涨起来了，我们还是遗憾着没找到最漂亮的那个，抱着宁缺毋滥的固执扔下了手中剩下的那枚贝壳，最后落得两手空空。

其实，生命的过程就像捡贝壳一样，如果总惦记着最美的那个贝壳在前方，那么我们所得到的总也不会尽如人意。但是，我们不能一直拒绝生命的馈赠，这样等你走到生命的尽头时会发现两手空空一无所有，即使你不在乎终老时拥有多少，你整个拾取丢弃的过程也会充满不满足和不快乐。

苛求会导致失去，追求完美也要适度。不苛求星星也光芒四射，只需它点缀黑暗天空；不苛求小草也撑起一片阴凉，只需它整天绿茵；不苛求一滴水也滋润整个麦田，只需它昭示着生命的存在。“不以物喜，不以己悲”，让一切自然地来，让一切淡淡地去，生命给了我们什么，就去享受什么，平淡也好，腾达也好，快乐和忧伤抑或幸福与苦难，都坦然的去接受，用心去享受，因为每一点一滴都记录着自己的人生。

人生在世，不能如愿的情况时有发生，如果事事都要探求个究竟，希望在发生不公平的时候，能够有人给我们一个合理的解释，或者必须要有一个人来给我们一些心灵上的安慰，是不太可能实现的。面对生活中的种种失意，我们不必总跟自己过不去，也不必总跟生活过不去。很多事情，并不是谁在刻意给我们制造麻烦，而是我们不懂得改变对待生活的视角，不肯给予生活以宽容，不懂得享受生命的馈赠。

宋代大诗人苏轼说："人有悲欢离合，月有阴晴圆缺，此事古难全。"古人有古人的悲哀，可古人很看得开，他把人世间的悲欢离合比做月的阴晴圆缺，一切全出于自然，其中有永恒不变的真理，它像一只无形的手在那里翻云覆雨，演绎着多姿多彩的世界，今人也有今人的苦恼，因为"此事古难全"。

有一位哲学家，当他是单身汉的时候，和几个朋友一起住在一间小屋里。尽管生活非常不便，但是，他一天到晚总是乐呵呵的。

有人问他："那么多人挤在一起，连转个身都困难，有什么可乐的？"

哲学家说："朋友们在一块儿，随时都可以交流感情，这难道不值得高兴吗？"

过了一段时间，朋友们一个个相继成家了，先后搬了出去。屋子里只剩下了哲学家一个人，但是每天他仍然很快活。

那人又问："你一个人孤孤单单的，有什么好高兴的？"

"我有很多书啊！一本书就是一个老师，和这么多老师在一起，时时刻刻都可以向它们请教，这怎能不令人高兴呢？"

几年后，哲学家结了婚，搬进了一座大楼里。这座大楼有七层，他的家在最底层。底层在这座楼里环境是最差的，上面总是往下面泼污水，丢死老鼠、破鞋子、臭袜子和杂七杂八的脏东西。那人见他还是一副自得其乐的样子，好奇地问："你住这样的房子，也感到高兴吗？"

"是呀！你不知道住一楼有多少妙处啊！比如，进门就是家，不用爬很高的楼梯；搬东西方便，不必费很大的劲儿；朋友来访容易，用不着一层楼一层楼地去叩门询问……特别让我满意的是，可以在空地养些花，种些菜。这些乐趣呀，数之不尽啊！”

后来，那人遇到哲学家的学生，问道：“你的老师总是那么快乐自得，可我却感到，他每次所处的环境并不那么好呀。”

学生笑着说：“决定一个人快乐与否，不是在于环境，而在于心境。”

苦恼和悲哀常常让年轻人抱怨生活，哀自己的命运，怨生活的不公。其实生活仍然是生活，关键看你取什么角度。青春是什么？从某种意义上说，难道不像一场“赌局”吗？用你的青春去赌事业，用你的痛苦去赌欢乐，用你的爱去赌别人的爱。诗人顾城说：“如果你觉得活得没意思了，那就该死了。”

每逢沮丧失落时，我们对一切感到乏味，生活的天空阴云密布，看什么都不顺眼，像T恤衫上印着的：别理我，烦着呢！生活中有很多时候我们心情不好。面对落榜，面对失恋，面对解释不清的误会，我们的确不易很快超脱。但是人有逆反心理，更多的时候是“多云转晴”，忧郁被憧憬所取代。烦些什么？你的敌人就是你自己，战胜不了自己，只有不失败，想不开、钻死胡同，全是自己所为。

享受生活，不是淡漠所有的不公，不是为了超脱凡世的恩怨，而是要正视生活的全面，以缓解和慰藉深深的不幸。相信生活，才能原谅生活，如果你的桅杆折断，不论是你自己的错，还是生活的错，都不该再悲哀地守着孤单的小舟，而是要重新支起新的桅杆。

“人生了病，会变得更有人情味一些的”

虽然我们都明白，幸福生活离不开一双善于发现美的眼睛，但在忙碌的工作和学习里，谁还在意什么美不美呢？我们更关心的是舒不舒服，省不省力，赚不赚钱吧。其实，只需问自己一个问题，我们就会发现自己的生活是多么匆忙而昏沉：有些窗口也许你已经倚靠过无数次了，或是办公室走廊，或是自家阳台，或是一辆经常乘坐的公交，但此刻的你，闭上眼睛，能回忆得起那些窗口的风景吗？除了一两个明显的地标，你还记得那片围墙上的植物开着什么颜色的花吗？你还记得经常有哪些人往来于那条小路吗？你还记得上次待在那个窗口时的心情吗？如果你清晰地记得那些细微的事物，并在回忆的时候嘴角自然而然地扬起微笑，那么恭喜你，你永远不会被这个匆忙的时代所湮没，因为你的心和眼睛，足够敏锐，足够清澈；如果你已经记不清那些场景，只是依稀觉得既熟悉又陌生，那么也不用遗憾，因为绝大部分人的生活，并不比你的更加清冽透亮。

也许，只有当一些突来的变故粗鲁地打断我们的紧张和忙碌时，我们才会被迫着去发现身边那些细小的事物，发现美，也发现自己。这些变故里，生病算是最常见，也是最不受人欢迎的。我们习惯称它为“病魔”，却不曾想过，一个人若是真的能安心在病床上躺个十年半载，他成“佛”的机会反而要比一般人大得多。当然，成佛与否并不是我们关心的，我们关心的，是发现并获得幸福的能力。而这种能力，卧病在床的人也似乎比健康之人更容易拥有。

生病是很奇妙的事，它在困扰、折磨我们身体的同时，也让我们有机会从那些琐碎的事情里抽出身来，把时间和精力全部集中到自己身上。它给了我们认识自己、尊重自己、直面自己的机会，最重要的是，它让我们学会了拉低角度，放慢节奏，重新评估自己的生活和生命。

你是否也有过生病后一个人静静地躺在床上的时候呢？你还记得那种感觉吗？我们仿佛突然具备了猫一样敏锐的感知能力，我们能听见自己的呼吸、心跳，钟表指针的震动、衣服的摩擦，不远处孩子的嬉闹追逐，还有远处汽车的鸣笛声；我们注意到不知何时落在床头的一根头发、书桌上一只忙碌却似乎找不到方向的蚂蚁、窗外柳叶在雨后的风中摇曳时的水润光泽……这些细微的事物仿佛一串串柔软的钥匙，为我们打开了另一个世界的大门，虽然这个世界，一直就潜伏于我们看似枯燥的生活中。我们的心也似乎被这个“新世界”变得柔软而敏感，只是这样的敏感不像那些神经衰弱的人一样，寝食不安，辗转反侧。正相反，它使得我们对周围的一切都放下了戒备，满怀爱意。带着这样的爱意，我们笃定而满足地进入了未曾有过的深沉而香甜的梦乡。

除了变得敏感和知足，生病，尤其是大病一场，往往还能深刻地改变我们的人生观和世界观。有的人在病愈后立马从肉食动物变成了坚定的素食主义者；有的人则开始读佛经，看古书，每天给自己保留一段清净的时光；有的人更是干脆辞职旅行，去完成自己儿时的梦想……然而不管他们的选择在形式上有多么不同，在本质上，他们都是温习了一种最早被人学会，也最快被人忘记的能力，这种能力叫珍惜——珍惜时光，珍惜生命，珍惜家人，也珍惜自己。

生病带来的这种变化还有一个很值得深思的特点，这就是：它不会区分穷人和富人，名人和大众。它对一切生灵都一视同仁。这就难怪著名的“诗人哲学家”周国平也会感叹：“人生了病，会变得更有人情味一些的。一方面，与种种事务疏远了，功名心淡漠了，纵然是迫不得已，毕竟有了一种闲适的心境。另一方面，病中寂寞，对亲友的思念更殷切了，对爱和友谊的体味更细腻了。”是啊，不管你之前过着怎样的生活，拥有多少财富和名誉，生病之后，也都只是躺在床上的一个普普通通的“病人”，一样要被迫放弃原先的忙碌——不管你忙碌的是琐碎的端茶倒水还是几个亿的跨国项目，一样要学会从这漫长的百无聊赖中发现一些有趣的细节，学会静下心来反思从前的日子，反思自己的人生：想想自己打哪来，怎么走到了今天，明天又要去往何处……而这些问题，在我们以往的印象中，似乎是哲人先知和高僧大德们才会关心的吧。原来，那些问题并非玄虚的清谈，只是我们未曾亲手抚摸它们的动人纹理，亲耳听听它们的温暖呼吸而已。

回头想想，我们的视觉、听觉，甚至是禅师们所说的“悟性”，其实一直都是开启着的。而我们平时之所以看不到、听不到、发现不了美和幸福，只是因为我们的心实在是太嘈杂了，我们已经习惯了不敏感的、昏沉的生活方式，哪里还会注意到那些一直陪伴着我们的动人风景呢？

就让我们学会主动地营造那种内在的宁静吧，学会时常从那些昏沉与麻木中抽身出来，全然地感受身边的一切，用全部活力和生命力去聆听，在聆听里发现自己、释放自己、拥抱自己……最后，在这样的发现和拥抱里，收获源源不断的惊喜和生生不息的幸福。

温暖有时只需一次柔软的触摸

我们都渴望和他人、和世界保持一种稳定的关系，并在这种稳定的关系里，收获温暖和笃定的感觉。但有时候，我们想得实在太多了。一丝怡人的温暖，哪需要这么长久的经营呢？有时温暖，只需一次柔软的触摸即可获得。

很多人都会有意无意地忽略触摸对我们的意义，而且随着人类社会的文明程度越高，彼此触摸的可能性反而不断下降。其实，触摸是我们身体的一种本能需要，和睡觉、吃饭、锻炼等一样重要。有研究表明：触摸可以增强人的免疫系统，帮助人们熬过伤痛。除此之外，人们还在不断发现触摸对我们的生活，尤其是我们的心理有着多么深远的影响。

其实，触摸从我们一出生就开始深刻地影响我们了，只是我们自己不知道罢了。有个婴儿房的故事就说明了这个问题：

在一家医院里，有一个很奇怪的现象：一部分婴儿房婴儿的发育程度总是比其他房间的婴儿要好。通过长期的跟踪研究证实，这部分婴儿在认知能力、健康状况等各方面都要比其他婴儿好很多。很多人都感到很纳闷，并提出过各种各样的猜测：空气？地点？温度？但是医院所有婴儿房的条件都是相同的，婴儿们吃着相同的东西，得到的是同样的照看，为什么会有这样大的差别呢？

其中有一个医生很想了解其中的奥秘，于是就定时观察那个房间。在一天夜里，他发现有一个护士正在那个房间里一个一个地抚摸着孩子，并和他们说话。这意外提醒了研究人员注意到抚摸是多么重要。此后，这个房间的孩子每天都会被抚摸45分钟，结果这些孩子比其他没有被抚摸的孩子多长了74%的体重。一年之后，这些孩子的身体和认知能力等方面都有着更好的发展。

其实，不仅是孩子，长大的我们也常常需要触摸的抚慰。心理学家撒提亚曾经提出过：我们每个人都需要四次拥抱来存活，八次拥抱来生活，十二次拥抱来成长。但是，这对于害羞的东方人来说，有点勉强了。如果我们能够克服这份腼腆，每天和家人或亲密的朋友在见面和离开时轻轻拥抱一下，坚持一段时间，你就会发现：自己要比从前开朗和乐观很多。

哈佛大学的幸福课老师本·沙哈尔就十分崇尚用拥抱来治疗人类的自私、冷漠以及心底的不安全感。他说："如果能够找到拥抱的机会，并且在一天之中与不同的人拥抱五次，坚持一段时间，你就会感到比从前更加快乐和幸福。"沙哈尔老师对这一方法深信不疑，并且极力将这个方法推荐给他的学生：从现在开始，每天至少拥抱五次，当然最好是十二次。拥抱是个双赢的事情，当我们拥抱别人的时候，别人也在拥抱我们；当我们抚摸别人的时候，别人也会抚摸我们。这就如同与人分享快乐一样，我们分享它，它就会成长。当然，毕竟我们中国人还是比较腼腆的，所以这种方法还是限定在比较亲近的人身上比较好。

其实，很多时候，亲密的两个人之间的触摸是自然而然就发生的，甚至都不要我们刻意提醒：当我们失落沮丧时，父母会下意识地轻抚我们的背；当我们向闺密诉说心事时，也会习惯性地牵起她们的手；当我们在和爱人一起逛街时，也会不知不觉间就依偎在一起。在这些细微的触摸里，我们自然而然地收获了满满的安定与温暖。所以，我们需要学习的不是这些本能的情感表达，而是有意识地通过触摸、拥抱来给别人带来安慰，抚平他们的焦虑与紧张，也是在抚平我们自己心头的惶恐与匆忙。

追根溯源，并用个比较诗意的说法来形容触摸之于人类的意义的话，那就是：生命是一块被上帝偶尔捡起又随意丢弃的石头，无所谓从哪来，到哪去，一切只在那匆匆一瞥，轻轻一掷。但是，当上帝将它遗忘，当它感到寂寞时，它便伸出许多手去触摸这世界，人就是其中最敏感的一类。人在触摸的过程中不断被坚硬的事物划伤，也被柔软的东西温暖。当人的触摸经过了漫长的轮回后，它渐渐发现，自己触摸的力度和方式也会影响触摸的效果，于是它开始试着温柔地触摸这个世界。

当然，这个世界也用温柔和比温柔更多的东西回应了它。

慈悲是最高贵的生活方式

生命因有了爱，而更加富有；因付出了爱而更有价值，更为芬芳。

法国名著《小王子》中曾写："沙漠之所以美丽，是因为在某处藏着一口井。"而好人就是向这个世界输送缕缕甘泉的一口口井，是他们让这个世界温润光亮，质地饱满。

善良是我们的灵魂所固有的一种感情。行善是一种美德，善行既可以帮助身处困境中的人，又可以使自己的心灵得到安慰，使自己的修养得到提升。

很多年轻人抱怨生活的不完美，却不知道还有更坏的生活，就像有的人抱怨自己没有鞋穿的时候，是因为他没有看到有的人还没有脚。

年轻的朋友，请好好珍惜，学会以感恩之心来面对生活的赐予，并相信我们的生活正在以最好的方式徐徐展开。

慈悲是最高贵的生活方式

一个再平常不过的清晨，洒水车司机发现了一位衣衫褴褛的小男孩一直尾随其后，一条街，又一条街。司机终于忍不住好奇，停车询问。原来小男孩是个孤儿，今天是他的生日，而洒水车放出的音乐，正是那首《祝你生日快乐》。司机得知原委，双眼潮热，邀请小男孩坐在驾驶室。那个清晨，整个城市便飘荡着温馨的生日歌。

生命因有了爱，而更加富有；因付出了爱而更有价值，更为芬芳。不过一首生日歌，就给一个小孩带来了莫大的快乐，温暖着小男孩，其实也温暖着每一个读到这个故事的人。慈悲的力量，其大不可描摹，不可估量。由此可见一斑。

俗话说："投之以桃，报之以李。"今天我们帮助他人，给予他人方便，他人可能不会马上报答我们，但他会记住我们的好，也许会在我们不如意时给以回报。退一万步来说，我们帮助别人，他即使不会报答我们，但可以肯定的是，他日后至少不会做出对我们不利的事情。如果大家都不做不利于我们的事情，这不也是一种极大的帮助吗？

生活的目标是善良，这是我们的灵魂所固有的一种感情。行善是一种美德，善行既可以帮助身处困境中的人，又可以使自己的心灵得到安慰，使自己的修养得到提升。

当我们将手中的鲜花送与别人时，自己已经闻到了鲜花的芳香；而当我们要把泥巴甩向其他人的时候，自己的手已经被污泥染脏。与其在自我中心导致的疏远冷漠中承受孤单，不如走出自我封闭的心门，在融洽的互相交往中感受快乐——彼此的快乐。

愿做一棵树，给行路人乘凉；愿是一道桥梁，让人们渡过河流到他们的目的地；愿做一盏灯，给人们光明及正确的方向。

好人是这个世界的灵魂

也许很多人知道珍珠的璀璨、光亮，却不知道珍珠从何而来吧。起初，蚌含着的只是一粒沙子，它整天因为疼痛而哭泣，久而久之，借着泪水的孕育，这粒沙子就凝成了一粒圆润的珍珠。有人说，蚌的泪水就像是佛说的慈悲，它为自己而哭泣，也为众生的苦难而哀鸣。所以，它才能孕育出宝贵的珍珠，如同这个世界上每一颗善良的心灵。

年轻人对于善良的定义就和幸福一样，总是千差万别。套用流行的话来说："如果墙倒了，我们没有力气扶，但也不去推，这就是善良。自己吃了好东西，别人没有吃，自己不能给但也不能咂嘴说香，这就是善良。"虽然这些都是戏谑之词，但也恰好说出了人们对于道德底线的一种认可。在这浮华尘世，慈悲就是这浑浊世界里的一盏明灯，它能够照亮青春的光华，也能够点亮别人的心灵。

从前，有一位受人尊敬的良宽禅师，平时除了外出弘法之外，他就住在山脚下一间简陋的茅草屋里。一天夜里，一个小偷到禅师的茅屋行窃，翻箱倒柜也没发现什么值钱的东西，于是小偷准备离开，却恰遇外出归来的禅师，两人四目相对，小偷慌张得不知如何是好。 良宽禅师并未发怒，更没有喊人来抓贼，反而和颜悦色地对小偷说："既然你来到了这里，总不能让你空手而归吧，我把身上这件衣服送给你吧！"说完，他将身上的衣服脱下来塞到了小偷的怀里。小偷既惊讶又不知如何是好，于是捧着衣服狼狈地离开了。

清凉的月光下，良宽禅师赤裸着上身，看着小偷离去的背影，不由得感慨道："如此美丽的月光，怎么不能静心观赏呢？我真想把这美丽的月亮也送给你啊！” 天亮以后，良宽禅师起床时，发现那件衣服被放在自己窗外的石台上，而且叠放得整整齐齐。这时，他不由得露出了微笑。良宽禅师送给小偷的并不只是一件衣服，还有自己的一颗慈悲之心，正是他的善良深深地打动并感化了小偷。

有一句话说得很好：“好人是这个世界的灵魂。”如果没有好人，这个世界也许就变成了人间地狱，只有没有感情的躯壳在游荡、漂浮，失去了它动人的光彩。而好人为这个世界注入了精气神，让它充满温暖与让人沉醉的力量。

深圳著名歌手丛飞，在他37岁的短暂人生历程中，先后参加了几百场义演活动，虽然他的收入并不丰厚，但他坚持进行了11年的慈善资助，共资助了183位贫困的孩子，累积捐款捐物达300多万元，他自己的生活却简朴得让人不敢相信。确实，虽然丛飞并没有享受自己所应得的特质生活，但他用一颗善良的心给那些苦难的孩子们送去了未来，也给这个社会增添了一丝暖意。他才是真正意义上的“贵族”，是这个世界的闪光点。正因为有丛飞这样的好人存在，我们才会觉得这是一个有情的世界，是一个值得为之付出情感、为之努力奋进的世界。正因为有好人的存在，我们才会觉得这个世界充满魅力。

法国名著《小王子》中曾写：“沙漠之所以美丽，是因为在某处藏着一口井。”而好人就是向这个世界输送缕缕甘泉的一口口井，是他们让这个世界温润光亮，质地饱满。

感恩是青春最好的存在方式

先来看这样一组统计数据：假如将全世界的人口压缩成一个100人的村庄，那么这个村庄将有：57名亚洲人，21名欧洲人，14名美洲人和大洋洲人，8名非洲人；52名女人和48名男人；30名基督教徒和70名非基督教徒；89名异性恋和11名同性恋；6人拥有全村财富的89%，而这6人均来自美国；80人住房条件不好，70人为文盲，50人营养不良，1人正在死亡，1人正在出生，1人拥有电脑，1人（对，只有1个人）拥有大学文凭……

年轻的朋友们，当你看完这份调查报告后，是不是有所触动呢？我们不是文盲，没有营养不良，甚至还拥有电脑和舒适的住房。原来，我们的生活并没有想象中的那么糟糕。我们整天哀叹、抱怨的“苦日子”放在更广大的时空里，竟然是很多人甘之如饴的渴求。原来，这就是幸福的味道。

如果我们以另一种眼光来衡量世界，或许感受的将会更加强烈。一篇网络文章中曾提到：

“如果今天早晨起床时身体健康，没有疾病，那么我们比世界上其他几千万人都幸运，他们有的因为疾病和灾难甚至看不到下周的太阳；如果我们没有尝试过战争的危险、牢狱的孤独、酷刑的折磨和饥饿的煎熬，那么我们的处境比其他5亿人要好……如果我们的冰箱里有可口的食物，身上有漂亮的衣服，有床可睡，有房可住，那么我们比世界上75%的人都富有；如果我们在银行有存款，钱包里又有现钞，口袋里也有零钱，那么我们已经成为世界上8%最幸运的人。此时，如果我们父母双全、没有离异，那我们就是很稀有的幸运的地球人；如果读了以上的文字，我们能够理解、能够明白、能够体会到自己的幸运和快乐，说明我们已不属于20亿文盲中的一员，他们每天都在为不识字而痛苦……”

当这些温暖的文字不断地流入人们的眼中，很多人涌出了热泪。原来，幸福不在别处，就在我们的手中。我们拥有着很多人羡慕的工作、事业与家庭，拥有着健康、阳光与和平，拥有着人世间最真挚的亲情、爱情与友情……可是，就像很多时候我们常常会手里拿着东西却满屋子去找一样，我们竟然握着自己的幸福而不自知。

我们为“得不到”而忧虑，为“已失去”而懊恼，却忽略了我们手中已经拥有的幸福。因为我们几乎同时忘记了一件很重要的是：感恩。

感恩是青春最好的存在方式，它能够让我们明白活在当下的分分秒秒都是一种莫大的幸福。从历史的延续性上来看，无论是物质技术还是文化传统，主要来自继承前人的成果。而就活在当下来讲，我们每个人的生活也都依赖他人劳动的成果，包括衣食住行、柴米油盐。我们在获得每一粒米，每一件衣服的时候，都应该存着这样的感恩之心。

感谢赐给我们生命的父母，感谢给了我们人间欢乐的爱人和朋友，感谢人类曾经用鲜血的教训换来的和平与稳定，感谢日新月异的科技为我们的生活带来便利……当然还要感谢阳光、雨露的滋养，感谢土地对我们生生不息的孕育。

很多年轻人抱怨生活的不完美，却不知道还有更坏的生活，就像有的人抱怨自己没有鞋穿的时候，是因为他没有看到有的人还没有脚。其实，我们不需要通过与别人的比较来获得幸福，我们应该把目光收回来，放在自己的手里，珍惜我们拥有的一切。

请好好珍惜，学会以感恩之心来面对生活的赐予，并相信我们的生活正在以最好的方式徐徐展开。

这个时候，我们是否该说一句什么呢？比如，感谢上天让我这么早就明晓了真正的幸福。

只要你简单，世界就会对你简单

简单，是平息外部无休无止的喧嚣，回归内在自我的唯一途径。外界生活的简朴将带给我们内心世界的丰富。自由自在的生活在人世间，为每一次日出、草木无声的生长而欣喜不已，不在生活的表面游荡不定，而是深入进去，聆听生活本质的呼唤，让生活变得更有意义。

每一个人都说，在这个时代里，我们不再自然，不再简单。每一个人又说，我们要求的只是那一点心灵的舒服，对于生命，我们要求的并不多。可是，我们不肯舍下那么重的负担、那么多柔软又坚韧的网，却抱怨人生的劳苦愁烦。不知自己便是住在一颗星球上，为何看不见它的光芒呢？

我们大多数人的一生就是为欲望所左右，浪费在衣、食、住、行之类的琐事中，失去了原来的天性。对一个纯粹的人来说，他所需的并不多。纵使良田万顷，广厦千间，一个人一辈子能享受的东西实在太少了。生活的是否幸福又怎能由物质财富决定？对于物质财富，人们的欲望是无穷的，难以满足。为了获得尽可能多的财富，有的人甚至不惜铤而走险。

许多人说，身体形式都不重要，境由心造，一念之间可以一花一世界，一沙一天堂。这是不错的，可是在那么复杂拥挤的环境里，你的心灵看见过花吗？只一朵，你看见过吗？只是一朵简单的非洲菊，你看见过吗？我们一生复杂，一生不断在追求，总觉得幸福遥不可及。不知那朵花啊，那粒小小的沙子，便在你的窗台上。你那么忙，当然看不见了。

对于这样的生活，我们往往会为它安一个美丽的代名词，叫做“深刻”。简单的人，也有一个形容词，说他们是笨、呆板。每天面对着复杂的生活，人们怨天怨地，却不肯简化。一切单纯的东西，都成了不好的。

古希腊哲学家第欧根尼反对人们无休止地追逐欲望，崇尚简单自然的生活。

第欧根尼在市场里放了一个大木桶，他晚上就睡在那里面。有人指责他生活在肮脏的环境中，他回答说：“太阳也光顾臭水沟，却从未被玷污。”有一天，第欧根尼看到过路人用手捧水喝，于是他把水杯摔碎了。又有一天，他看到别人用面包片卷着菜吃，他就把饭碗扔了。第欧根尼抛弃了所有不必要的财产，只留下一根拐杖、一件破衣服和一个讨饭袋。

据说，第欧根尼“像狗一样”活到了80多岁。他的门徒在他的坟墓上立了一座狗的雕像，纪念他自由的一生。对于第欧根尼来说，什么是有意义的生活？自然的生活，不为财富和欲望所累的生活。

第欧根尼用自己的实际行动向人们阐释了什么才是真正的生活。他无所欲求，饿了就吃、渴了就喝、累了就睡，不追求身外之物。他追求的是自然地生活，抛开那些造作虚伪的习俗，摆脱那些繁文缛节和奢侈享受，不被东西束缚，才能获得心灵的自由。

我们由人而来，便喜欢再回到人群里去。明知生是个体，死也是个体，但是我们不肯探索自己本身的价值，过分看重他人在自己生命里的参与。于是，孤独不再美好，失去了他人，我们惶惑不安。

于是，人类顺其自然地受捆绑，衣食住行永无宁日的复杂，人际关系日复一日的纠缠，头脑越变越大，四肢越来越退化，健康丧失，心灵蒙尘。我们不再怀念稻米单纯的丰美，也不认识蔬菜的清香。我们不知四肢是用来活动的，也不明白穿衣服只是使我们免于受冻。灵魂，在这一切的拘束下，不再明净，感官退化到只有五种。

我们往往这样赞颂现代人的智慧：从别人简单的一句话就会看出他“暗藏的心机”，从人的穿着打扮就可以看出他的品位，甚至一个眼神就能看出他的心思。如此看来人真的是太聪明了，想象力太丰富了，可实际上并不是这么回事，山就是山，水就是水，而你却将山看做了水，将水误以为山了。所以你看不到山的青翠，你也看不到水的清澈。实际上，这样的个性，往往容易被自己误导，因为太过敏感和自作聪明，但现代社会有一些价值观，却在鼓吹这个，真是让人遗憾。

我们自以为的聪明恰恰只是一种污浊。正是这样的污浊，让我们看到困境时，也会看到种种可怕的不如意，所以心生胆怯，实际上，不如意的人生比比皆是，如果看淡一点，就没有什么能够打扰你，很泰然，很宁静。

正如三毛曾经说过的一段话那样：“我避开无事时过分热络的友谊，这使我少些负担和承诺。我不多说无谓的闲言，这使我觉得清畅。我尽可能不去缅怀往事，因为来时的路不可能回头。我当心的去爱别人，因为比较不会泛滥。我爱哭的时候便哭，想笑的时候便笑，只要这一切出于自然。我不求深刻，只求简单。”

当我们返璞归真，就会感到是早晨醒来时没有那么深的计算和迷茫。我们不吃油腻的东西，我们不过饱，这使我们的身体清洁。我们不做不可及的梦，这使我们的睡眠安恬。我们不穿高跟鞋折磨我们的脚，这使我们的步子更加悠闲安稳。我们不跟潮流走，这使我们的衣服常新。我们不止于活动四肢，这使我们健康敏捷。我们避开无事时过分热络的友谊，这使我们少些负担和承诺。我们不多说无谓的闲言，这使我们觉得清畅。我们尽可能不去缅怀往事，因为来时的路不可能回头。我们用心地去爱别人，因为比较不会泛滥。我们爱哭的时候便哭，想笑的时候便笑，只要这一切出于自然。

当我们每个人都这样自然而简单，那么世界还会有多复杂呢？

保留属于青春的生命本色

每一个人在刚走入社会时，都是满怀着希望与抱负的，然而一些人在遭受了多次挫折之后，经历了艰难困苦之后，一颗原本质朴的心就变了：爽直的人变得吞吞吐吐，心灵也渐渐歪曲了，抱负已然丧失了，失掉了本分做人的原则，最后变得窝囊了。大多数人都在浮华过后才意识到真实自己的珍贵。

正所谓质本洁来还洁去，有时人应该成为一块拒绝雕琢的“原木”，抛弃那些聪慧机巧与自私自利的贪图之心，保留人性中单纯、善良、朴实的东西，不要让外在的雕饰破坏自然的本质。

世界并不完美，人生当有不足，没有遗憾的过去无法链接人生。对于每个人来讲，不完美是客观存在的，无须怨天尤人。智者再优秀也有缺点，愚者再愚蠢也有优点。对人对己多做正面评估，不以放大镜去看缺点，活出真实的自己。

人活在世上，最重要的目的就是幸福，幸福是一种很简单的东西。它是一种源自内心深处的平和与协调，一个人幸福与否，过得好与不好，最终都得回归自我，都得听从心灵的声音。只要你觉得自己是幸福的，你就是幸福的；反之，如果自己感觉不幸福，无论在别人的眼里如何风光，你的心里仍然只会充满寂寞和怅惘。无论幸福与否都要活出真实的自己，无须在意别人的看法，回归本色自我。

有一个男人，他一辈子独身，因为他在寻找一个完美的女人。当他70岁的时候，有人问他：“你一直在到处旅行，从喀布尔到加德满都，从加德满都到果阿，从果阿到普那，你始终在寻找一个完美的女人，难道一个也没找到？”那老人变得非常悲伤，他说：“是的，有一次我碰到了一个完美的女人。”那个发问者说：“那么发生了什么？为什么你们不结婚呢？”他变得非常非常伤心，他说：“怎么办呢？她正在寻找一个完美的男人。”最终他还是孤独终老。

故事的主人公认为只有找到完美的人才会幸福，才会完美。可这个世界上根本没有完美的人，只有真实的人，缺点就是真实的写照。人们以为只要当他们找到一个完美的男人或一个完美的女人，他们才会爱。那么，你将永远找不到他们。请记住这样一个忠告：世界上根本就不存在任何一个完美的事物，活出真实的自己才最重要。

在纷繁复杂的社会大染缸中，我们很多人会被染成五颜六色、绚烂多彩，而自己本身的颜色早已经分不清了，以至于后来都忘记了自己当初的颜色。保持本色似乎就如同阳春白雪一样稀有，所以保持本色十分珍贵，

一位叫珍妮的美国小姑娘以12岁的小小年纪，多次向世界网球冠军赛叩关。她在自己的青少年时期就已经跃升为第一级选手，她向许多实力极强的成人明星球员挑战，并获得了胜利。

当有人问她是不是希望当第二个克莉丝·艾芙特时，珍妮回答说：“不，我要当第一个珍妮。”这种当仁不让的自信心，和她在球场上的表现是一致的，因为她知道，成功的唯一途径就是展现自我，而不是模仿别人，成为别人的影子。

每个人都有自己的角色和人生，只有当他演好自己的角色时，他才会拥有一个快乐的人生。如果你想让自己拥有快乐、幸福的人生，就要找到自己的角色，而不要去模仿别人，活出真实的自己才精彩。

花样的年华、青春的气息、迷人的笑容、健康的身体，我们每个人都有属于自己的最本色的东西。本色就是不矫揉造作，不过分修饰，把自己最本真的一面呈现出来。现实生活中的我们往往试图通过学习和模仿别人来改变自己，让自己变得更酷，或者更有所谓的“魅力”，但到最后却丢掉了自己。因为不管你模仿得如何逼真，终归是假。你永远做的是别人第二，永远不会超越别

人，反而丢失了自己。

每个人都是世界上独一无二的，别人完全无法复制。一个人，最重要的是要有自己的特色，清纯率真也好，朴实木讷也罢，不要盲目崇拜别人。固然，学习别人的长处是为了弥补自己的短处，但是为了学习他人而把自己的长处丢掉，便是贻笑大方的事了。宁做自己第一，不做别人第二。保持一个真实和真诚的自己，谁能说你的“本色”不是这个时代正在寻找的“新面孔”呢?

天地辽阔而人生短暂

天地如此辽阔浩渺，而我们却渺小得如同沧海一粟。在这广袤的天高地阔中，我们有一种恒久不变的情怀，那就是人生短暂，且行且珍惜。在短暂的生命中畅游，肆意地活在天地间，也不失为人世间最大的智慧之一。

在《游园惊梦》一书中，于丹教授为大家讲述了自己研读昆曲时候的感悟，其中有一段讲到悲壮之美，提到了这样的话：“看戏初入门是看情节，看到最后是看人性；刚开始看的是场面，而到最后是看名角，看这个角儿怎么演活了这出戏。”

“人生如戏”，我们既是戏中的演员也是观众，就像站在桥上看风景，看风景的人也在桥上看我们，我们彼此装点的都是各自的梦。我们在这无限的时空里，微如尘埃，沧海一粟，实在不该再庸庸碌碌地过活一生。中国文人常常将这份苍凉写进诗词中，张若虚说：“江畔何人初见月？江月何年初照人？人生代代无穷已，江月年年只相似。不知江月待何人，但见长江送流水。”刘希夷说：“年年岁岁花相似，岁岁年年人不同。”他们常常感叹，宇宙无穷而人生有限，天地辽阔而人生短暂。这是一种悲天悯人的大情怀，是将生命浓缩成一杯美酒后的微苦与甘甜。

当然，面对同样广阔的人生，也有人可以看淡人生中的很多事，因为短暂，所以懂得珍惜当下的幸福，忘记生死，忘掉名利，做一株幽幽的忘忧草。

《庄子》中有：“不忘其所始，不求其所终；受而喜之，忘而复之；是之谓不以心捐道，不以人助天，是之谓真人。”这段话的意思是，不忘记自己从哪儿来，也不寻求自己往哪儿去，承受什么际遇都欢欢喜喜，忘掉生死，像是回到了自己的本然，这就叫做不用心智去损害大道，也不用人为的因素去帮助自然。这就叫“真人”。

在庄子看来，这就是人生活着的价值。不去追究最初的动机是什么，也不要追求结果怎么样。忘记无始无终的时空观念，对现有的生命悠然受之，天冷了就穿衣服，天热了就脱衣服，受而喜之，顺其自然，活在当下。

我们之所以总是会有这样或者那样的烦恼，是因为我们总生活在过去或未来，往往被我们所忽视或者并不予以理会的则是我们生活的“当下”。一个真正懂得“活在当下”的人便能“快乐来临的时候就享受快乐，痛苦来临的时候就迎着痛苦”，在黑暗与光明中，既不回避，也不逃离，以坦然的态度面对人生。其实，人生是否美满，只是一念之间。

人们无法阻止时空的脚步，但是可以决定自己走到哪里去，不同的只是选择的方向。我们的人生就像一场旅行，每个人都只是一个过客，有出发的起点，也有结束的终点。和那些高山流水相比，和日月星辰相比，和明月清风相比，我们的生命实在短暂而微小。于是在这辽阔天地和短暂人生中，就不免生出些许悲凉。如果我们不在乎永恒，只在乎沿途的风景和看风景的心情，说不定，我们可以更加愉快地完成这场人生的穿越，尽情地享受生命，在辽阔的天地间自由驰骋。

人生是短暂的，但正因如此，我们才更应该珍惜眼前的每一分每一秒，做自己喜欢做的事，不拘泥于任何形式与教条，把自己与天地联系在一起，这样的人生才别具意味。

参透为何，定能接受任何

青春不过是一趟不可逆转、不容许回头的单程车，所有走过的、所有经历过的都会成为不可更改的事实；所有欢欣的，所有悲伤的，无论你愿意接受还是不愿意接受，都成为生活的真相，且成为不可更改的历史。顺承生命中的变化，正如尼采所说："参透为何，定能接受任何。"然后用自己的方式给予回应，还有比这更完美的事吗？

在中国，每个朝代灭亡之时，总会有一些士大夫以自绝的方式为自己生活且服务的朝代进行激烈决绝的殉葬。一百多年前，清朝初亡，民政部员外郎梁济问儿子梁漱溟说："这个世界会好吗？"父子对谈后几天，梁济投积水潭自尽。他留下万言遗书，希望以其一人殉身而唤起国人之国性。

中国文人胸怀经世之志、头顶灿烂星辰，以一生、全身心去履践忠孝节义的思想和意义，春夏秋冬，周而复始，前仆后继，仅此一点就令人动容。

时间向前推去，明朝灭亡时也有一个人，为留守气节，不仕清朝，留下一首《绝命词》："图功为其难，洁身为其易。吾为其易者，聊存洁身志。含笑入九泉，浩然留天地。"自沉于寓山住所梅花阁前的水池中，他就是祁彪佳。

那些坚强活在满目疮痍中的人们，相较于那些以肉身之死来呼唤、剖白自己的人，他们是活生生的，不断地创造着奇迹的人，就像祁彪佳的遗孀商景兰。

商景兰能书善画，德才兼备，16岁时嫁入山阴祁家，与当时著名藏书家祁承㸁之子祁彪佳成婚。祁彪佳寝馈于书卷之中，仕途上少年早达，在学术上精文墨、通戏曲、擅文才，生活上颇具雅趣。二人伉俪相敬，琴瑟相和，无论从性情上、生活上、学术上都十分契合，时人赞其为"金童玉女"。

他们相濡以沫二十五载，若说生活中有何憾恨，那就是他们生活在那个奄奄一息的明朝。彼时，大明江山气数将尽，清军南下，眼看大明朝的半壁江山也难以保全。

不久，崇祯帝自缢于北京，清兵正式进驻中原。而弘光小朝廷偏安江南一隅，仍内斗不休。商景兰虽为女子，却深晓大义，她知明朝的一切都难以挽回，于是，就日祝于佛前，只愿丈夫能安然无恙。

国家已然破碎，小家更不能就此离散。出于女性的直觉，和对丈夫的了解，商景兰心里一直有隐隐的不安，所以她多次劝祁彪佳能向朝廷请辞归家。与其让丈夫为朝廷之事忧心，不如夫妻俩归守田园，不问世事，继续从前的美好生活。

世事急转恰如燎原大火，压根由不得人控制。一时间，种种情势齐发，相逼之下，祁彪佳采取了最决绝的方式来表示无声的抗议，而属于商景兰幸福的生活自此戛然而止。

祁彪佳刚死，大明朝紧接着也灭亡了。接踵而至的家国之难重重地给了商景兰两击。故国沦丧、夫君死别所带来的悲痛，让商景兰一时间无所适从。但她膝下有儿女，不能轻言生死，只得将那些排解不去的悲痛诉诸笔端。

商景兰也出生于仕宦之家，并不像那些小家碧玉，只贪恋儿女之情。她心中有着对国家、对生命的大悲切，从她留世的诗作中可见其内心悠悠的故国之思和苍苍的身世之感。

同时，商景兰的内心也是柔软的，对自己的丈夫有着深切的怜惜，她曾看到他在暮色的沉默里徘徊，她知道他内心曲折，也知他心中定有所缺，为国、为家，她猜测着最坏的情形。她知道，她会全身心地支持他的决定，她会如经冬犹绿的江南丹橘，体贴地为他遮挡风雨，让他去后的一切简淡无瑕。

但是，她毕竟只是尘世一凡俗女子，经历此变故，她也总不免要有种种抹不去的宛转曲折。“公无渡河，公竟渡河！堕河而死，将奈公何！”想必商景兰也和《公无渡河》中的女子一样，有过如此无奈的悲怆。只是，她没有如那位女子一般随丈夫投河而死，她没有忘记自己是一位母亲，也没有忘记初嫁时祁公对她的嘱托：“区处家事，训诲子孙，不堕祁氏一门。”

不管现实多么不堪，商景兰依然努力让自己活得丰盛。她以一己之力，成就一门的传奇。儿子为反清复明抛头洒血，女儿媳妇以诗歌吟咏人生，祁氏门中出现了盛极一时的女性家庭创作团体，开创了清朝闺阁聚会联吟联句的风气。

生命经历大苦难，自会迎来大蜕变。只是蜕变之后，没有人能预测更好还是更坏。但是成长总有其必经的过程，生命自有其一定的轨迹。当我们能够穿过这些艰难险阻，参透其中的种种曲折蜿蜒，我们也许能够更坦然地接受命运给予我们的这一切，且能将其视为恩惠，照单全收。

其实，在残酷的现实面前，死是最容易的一件事，而那些坚韧的人选择了活下来，静然面对满目疮痍，按部就班地遵循生命的轨迹，经历这些过程，不堕一门，不庸碌一生。